基于新型光子器件的高频宽带微波光子相移技术研究

翟文胜　许　丽　著

·北京·

内 容 提 要

本书详细介绍了相移技术的演进、微波光子相移技术的国内外发展状况、微波光子相移技术的应用前景，包括远距离探测、DACSR 信号合成、副载波复用、新型光子器件原理及使用方法、相位补偿的光子相移技术、光谱分离的光子相移技术、负反馈补偿的射频信号远距离光纤稳定传输技术、基于轨道角动量（OAM）通信系统、基于谱域光真延时及射频 OAM 模式、基于 OTTD 新型光控波束形成、光空分复用技术在雷达中的应用等，为分布式相参雷达的发展提供了理论参考。

本书融入了作者丰富的教学和实践经验，力求语言精炼、知识点介绍准确，而且配备了详细的操作过程和结果验证，便于读者掌握微波光子相移原理。

为更好地适应高职院校的"通信新时代"引领教学模式，本书精心组织安排内容，使之符合当前高职院校改革及科学研究的特点，并特别强调所学知识与时代同步，尽量将新的光通信技术融入其中。

本书可作为相关科研人员及高职高专院校学生的入门教材，也可作为微波光子学及相关应用人员的参考手册。

图书在版编目（ＣＩＰ）数据

基于新型光子器件的高频宽带微波光子相移技术研究／翟文胜，许丽著．-- 北京 ：中国水利水电出版社，2020.4 （2021.9重印）

ISBN 978-7-5170-8424-2

Ⅰ．①基… Ⅱ．①翟… ②许… Ⅲ．①微波理论－光电子学－应用－相控阵雷达－赋形波束天线－研究 Ⅳ．①TN82

中国版本图书馆CIP数据核字(2020)第028179号

策划编辑：陈红华　责任编辑：陈红华　加工编辑：王玉梅　封面设计：梁　燕

书　　名	基于新型光子器件的高频宽带微波光子相移技术研究 JIYU XINXING GUANGZI QIJIAN DE GAOPIN KUANDAI WEIBO GUANGZI XIANGYI JISHU YANJIU
作　　者	翟文胜　许　丽　著
出版发行	中国水利水电出版社 （北京市海淀区玉渊潭南路 1 号 D 座　100038） 网址：www.waterpub.com.cn E-mail：mchannel@263.net（万水） sales@waterpub.com.cn 电话：（010）68367658（营销中心）、82562819（万水）
经　　售	全国各地新华书店和相关出版物销售网点
排　　版	北京万水电子信息有限公司
印　　刷	三河市元兴印务有限公司
规　　格	170mm×240mm　16 开本　12.5 印张　232 千字
版　　次	2020 年 4 月第 1 版　2021 年 9 月第 2 次印刷
印　　数	3001-4500册
定　　价	64.00 元

前　　言

光子相移技术已成为微波光子学的关键技术之一，其应用在光控波束成形网络（OBFN）相控阵天线中，有利于改善系统的波束延时精度、频率稳定度和输出稳定性等参数。基于光子相移技术的分布式阵列相参合成雷达（DACSR）具有重量轻、体积小、波束延时精度高等优势，进而其在新型雷达、智能天线、远距离探测和星际通信等各领域的应用日益得到重视。另外，由于光子信号频率远远高于射频信号频率，光信号处理相对于传统电域处理具有高频、超宽带、传输损耗低与可调谐等优势。同时，光子相移技术有利于微波光子处理系统和 DACSR 系统光纤拉远实现，动态范围大、频率稳定度高。

本书围绕提高微波光子相移器（MWPPS）的波束延时精度、频率稳定度和输出稳定性等科学问题和关键技术展开，对相关思路和方案进行深入的理论分析、仿真和实验研究。本书以电相移技术理论为基础，引领光控相移技术成为新技术的支撑点，推出了新型光控相移技术的研究方案，搭建了基于相位补偿技术、光谱分离处理技术、射频信号远距离光纤传输的实验平台。实验实现了波束延时精度高、频率稳定度好和输出稳定性强的光子相移系统，同时用基于光子相移系统的负反馈技术来抑制相位漂移，实现射频信号光纤远距离稳定传输。考虑到调制信息安全性，为了减少噪声干扰，结合光载波不携带调制信息的原理，提出光谱分离技术处理方案。在光控 DACSR 光纤拉远分布系统中，光纤容易受到温度和机械应力等因素的影响，易引起传输信号相位漂移和输出功率抖动，系统的波束延时精度、频率稳定度和输出稳定性等参数会受到影响。为解决相关问题，可采用负反馈技术抑制 RF 信号相位漂移。还在高频宽带的范围内，改善波束的延时精度、频率稳定度和系统输出，进而提高 DACSR 远距离分布及各子雷达准同步的数量级。本书还探讨了以基于 OAM 的新型通信方式来提高频谱利用率和通信维度。同时，又对新型的通信方式进行了探索，为微波光子雷达的发展提供了理论支撑。

编　者

2020 年 1 月

目　　录

第 1 章　绪论

1864 年，英国科学家麦克斯韦（Maxwell）预言光波是电磁波，且光的波谱是电磁波谱的一部分。1888 年，德国科学家赫兹（Hertz）证明了光是电磁波。1893 年，科学家们验证了光速与电磁波速度近似相等。1960 年，美国科学家梅曼（Maiman）研制了首台激光器，给光通信送来了曙光。1966 年，英国标准电信研究所科学家高锟等论证了光纤可用于长距离信息传输。1970 年，美国康宁公司生产出了衰减比较低的光纤；同年，可以连续工作的半导体激光器被美国贝尔实验室研发出来。这两项研究成果打开了光纤通信的大门。1978 年，加拿大通信研究中心（Hill 等）首次研制成光纤光栅。1986 年，南安普顿大学研制出掺铒光纤放大器（EDFA），光信号的传输距离和质量得到提高[1-2]。为了纪念光通信领域的重大科研成果，世界教科文组织把 2015 年定为国际光年。

目前，光子技术理论和器件等均取得了长足发展，其逐步发展为新技术增长点，使通信系统的数据传输速率和容量得到提高。随着新的半导体材料接连被成功研发，新型光子器件也孕育而生，微波光子相移技术也已成为微波光子信号处理技术中最重要的研究分支之一，该技术终将促使原始电控相移技术发生质的蜕变。

1.1　研究背景

在信息化战争中，雷达对空间目标的探测、跟踪与识别能力已经成为决定战争胜负的关键。由于其全天候的工作特点，以及对战场信息的实时感知能力，雷达自出现以来便受到了各国的重视，在作战系统中发挥着重要作用，雷达已成为现代战争中的“火眼金睛”。它能搜索、捕捉和识别敌方武器装备、军事行动等情报，为军事行动提供有利的信息支持。在电子侦察装备中，分布式相参合成雷达（DACSR）作为一种新体制雷达，不仅能够探测卫星、飞机、舰船和导弹等运动目标，估计其运动轨迹和运动状态，还能对其进行高分辨率的多维成像，这些在战略战术方面有着重要的应用价值[1]。因此，自 DACSR 技术于 2003 年初提出以来，有关 DACSR 系统结构、波形设计、参数估计、成像算法和组网部署等方面的研究一直是电子侦察和雷达领域的热点。电分布式阵列相参合成雷达 AN/PS 85 如图 1-1 所示。

不断发展中的电控雷达技术需要宽带化、抗干扰、灵活性高、波束精度高、探测能力强及频率稳定度高等，这些优势一直是研究者们所追逐的，但这些指标升级都相当有难度。近年来，在相控阵技术的研究领域，科研人员不断探讨研发新技术、新材料，不断探索新的方法，提出了用光子技术的方法来产生和处理微波信号，同时新型的光子器件已成为研究者们关注的方向。微波光子技术研究不断得到重视，推出的新的控制技术被用来促使电相移技术的革新。

图 1-1 电分布式阵列相参合成雷达 AN/PS 85

伴随新型光子技术的进步，光纤链路的优势体现在超宽带、低损耗、抗电磁干扰等方面。随着微波技术和光通信技术融合度不断加深，其应用性不断得到加强和拓宽。微波光子处理系统具备体积小、低损耗、抗干扰、大带宽、低色散和高通量等优势，其工作波段已达到毫米波范围，频率可覆盖至 300GHz，逐步向 THz 延伸。微波光子处理技术具有很广阔的前景，可完成光电变换、光子处理、光纤传输和电光转换，促使微波系统向高频和超宽带方向发展。这一过程可用图 1-2 所示的微波光子处理系统一般模型来粗略地概括。

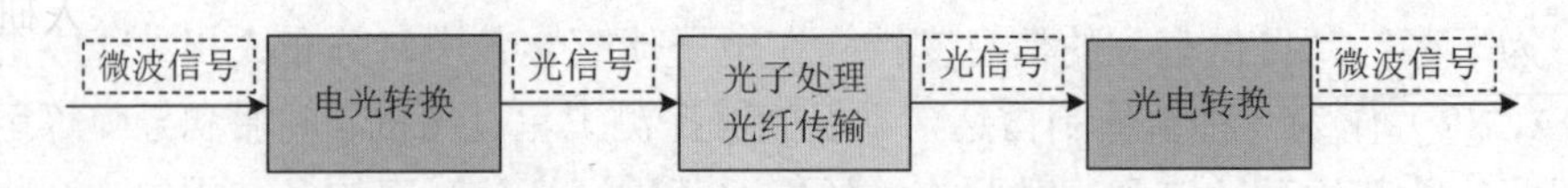

图 1-2 微波光子处理系统一般模型

微波光子处理技术的重大应用包括智能天线、光控分布式阵列相参合成雷达系统和光纤拉远等。光控相移技术可以完成 RF 信号多信道功率分配、合成和相移等，实现 RF 信号空间分布。光控相移器具有重量轻和体积小的特点，适合小型平台，如星载、舰载和机载等。在通信中，该技术用在可调谐阵列天线中，可以生成可控波束，其具有通信容量大、强捷变能力、抗电磁干扰、波束延时精度高、频率稳定度高等优点，同时可以支持更高的数据率和分集接收功能[4]。

近几十年来，微波光子学得到不断发展。美国国防部高等研究计划局（Defense Advanced Research Projects Agency）最早开展了大量相关的射频（RF）光子技术研究，研究内容主要有光载无线（RoF）通信、微波光子相移器、微波光子滤波器和全光模数变换等[5]。随后，韩国电子与电信研究所（Electronics and Telecommunications Research Institute，ETRI）研发了多种新型光子器件。日本信息与通信技术研究所（National Institute of Information Communications Technology，NICT）研制了光半导体器件和集成光电模块。加拿大渥太华大学、英国伦敦城市学院、日本东京大学和澳大利亚悉尼大学等也进行了大量的研究。在国内，上海交通大学、清华大学、北京邮电大学、北京大学及华中科技大学等也开展了相关工作。微波光子技术促进我国毫米波雷达系统、宽带无线接入、射电望远镜阵列（FAST）等领域向纵深发展，技术参数向着动态范围大、高频宽带、波束延时精度高等方向发展，为空间探测和星际通信等提供了坚实的平台[6-7]。因此，微波光子相移器的理论与应用研究具有重要意义和价值。近些年，我们课题组主要进行了微波光子相移技术的相关研究，为分布式阵列相参合成雷达系统的发展空间提供了新的支撑点。

1.2 相移器技术的演进

1.2.1 电控相移技术

初级分布式阵列相参合成雷达（DACSR）利用电控相移技术实现天线波束扫描。1930年，德国研制出DACSR系统；1950年，美国研究出AN/SPS-32和AN/SPS-3 DACSR系统；1960年，美国开发出AN/FPS-46和AN/FPS-85等DACSR系统。20世纪70年代，法国的AN/T -25、英国的AR-3D、日本的NPM-510、德国的KR-75等DACSR系统相继问世。从1960年起，我国开始对DACSR技术进行深入研究。1970年，我国研制出7010 DACSR系统。1990年，我国开发出全固态远程警戒型（YLC-2）DACSR系统。2002年，我国又研制出舰载DACSR系统“海之星”[8-9]。面对DACSR系统的显著优势，世界各国研究部门加快了相关的研究步伐。

电控DACSR系统依靠物理转动来实现对空域目标的扫描、搜索和跟踪。例如N个单元阵列，相邻天线间隔为Λ，如图1-3所示。相邻天线等相位均匀分布，相位差为零度。在天线法向正前方，形成最大波束叠加，如图1-4所示。在上述条件下，当相邻天线的固定相位差为φ_0时，干涉生成最大波束指向θ_0空间方向[10]，如图1-5所示。

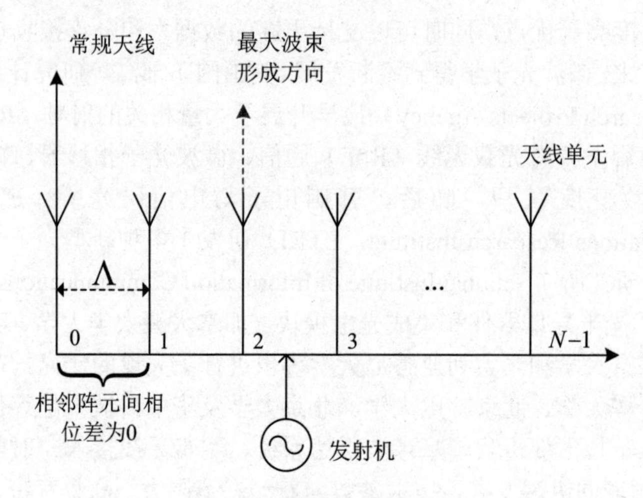

图 1-3　常规天线阵列图

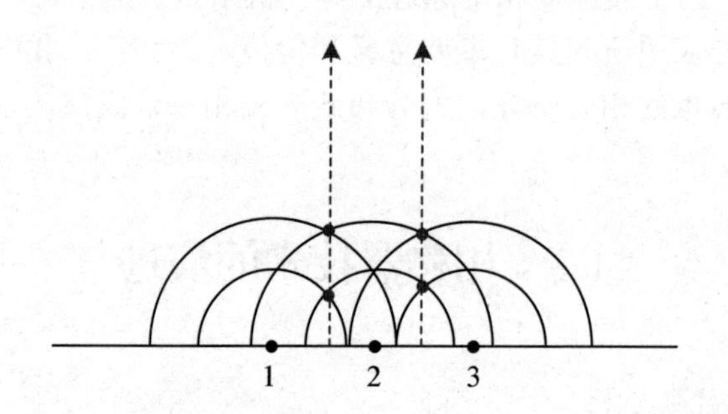

图 1-4　常规天线辐射示意图

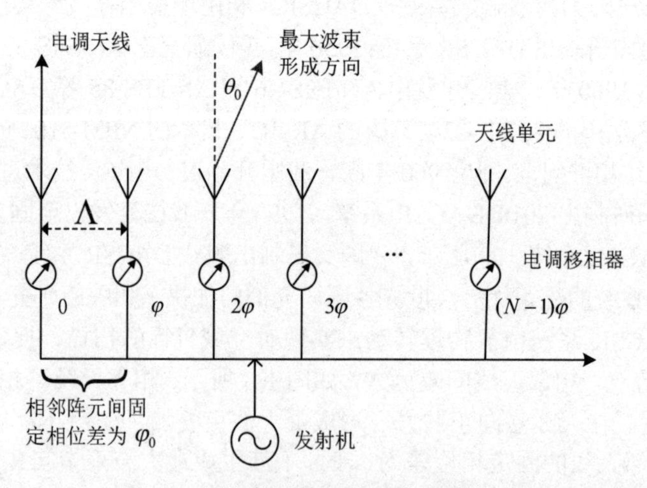

图 1-5　固定相位差电调相移天线阵列图

如图 1-5 所示，相邻阵元辐射信号间相位差 φ_0 是固定的。

$$\varphi_0 = \frac{2\pi}{\lambda}\Lambda\sin\theta_0 \tag{1-1}$$

通过电相移器调整各阵元信号相位，满足电磁波干涉的法则；调谐相邻天线单元的相位差等于 φ_0 时，最强干涉场形成于 θ_0 空间方向，其稳定的干涉场在一个特定的方向上[11]，如图 1-6 所示。

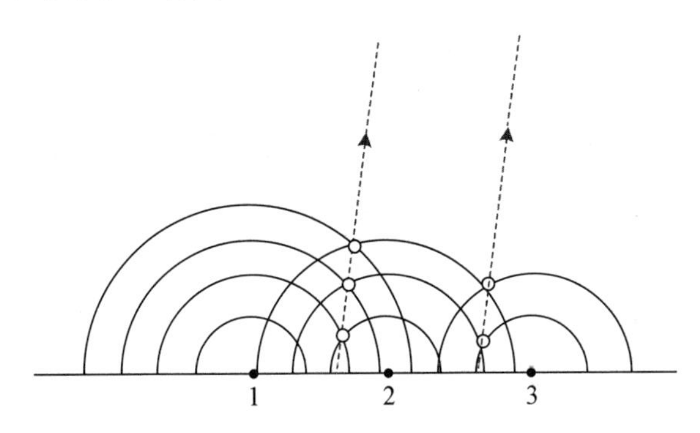

图 1-6 固定相差电调相移辐射示意图

各天线阵元可以采用相位补偿方案，由计算机控制，来获得理想的相参，完成预定的空间扫描、相移精确、频带宽、性能稳定、快速捷变和低插损耗等要求。系统要求所有阵元无方向性、等幅馈电、相邻阵元激励电流相位差为φ。当 DACSR 系统的工作波长和初始相位角满足一定关系时，各天线辐射的电磁波在空间同一波面上的相位差是固定值，在空间生成稳定的干涉叠加，成像清晰，顺利完成在指定相位角 θ 方向的扫描。如图 1-7 所示，各天线阵元之间满足一定的阵元间距 Λ，当波长一定时，天线的出射角 θ 与相邻天线相位差φ满足一定的相参[12]。这样，各波束形成稳定的干涉场，天线出射信号相位法则满足式 1-2。

$$\theta = \sin^{-1}\frac{\varphi}{\Lambda \cdot 2\pi/\lambda} \tag{1-2}$$

式（1-2）为天线波束出射角关系式。通过计算机来控制相移参数，在空间一定方向上，DACSR 系统可完成相应的探测。在远场区，某点电磁波场强的干涉矢量和可描述为

$$E(\theta) = E_0 + E_1 + \cdots + E_i + \cdots + E_{N-1} \tag{1-3}$$

如图 1-7 所示，如相邻天线之间的波程差形成的相位差为φ，为探测到方位角 θ 方向上的物体，在计算机的控制下，调谐的相移量等于相邻天线间的相位差 φ；相移函数满足方程（1-2），在远场区的同一波面上，形成稳定的干涉和最强探测。当等幅馈电时，定义叠加振幅函数为

$$E(\theta)=E\sum_{k=0}^{N-1}e^{jk(\psi-\varphi)}=E\frac{\sin\left[\frac{N}{2}(\psi-\varphi)\right]}{\sin\left[\frac{1}{2}(\psi-\varphi)\right]}e^{j\left[\frac{N}{2}(\psi-\varphi)\right]} \tag{1-4}$$

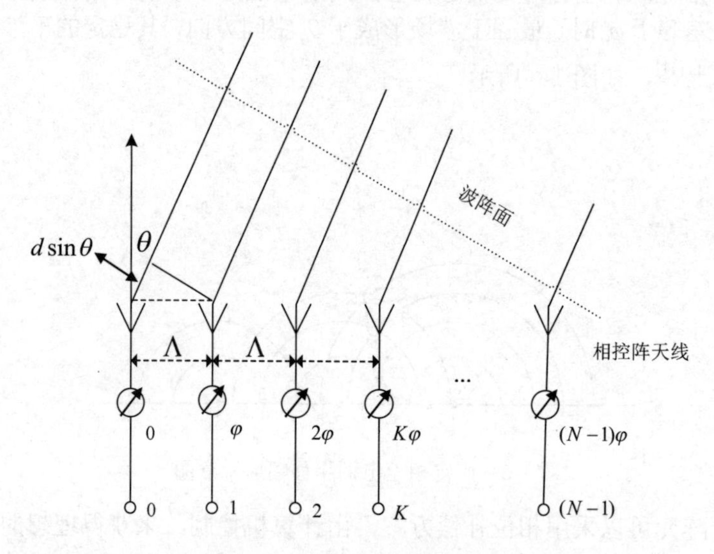

图 1-7 电调相控阵多天线图

辐射场的振幅为E，把 0 号天线的相位当成基准点，式（1-4）中，天线阵列两端相位差参数为ψ，$\varphi=2\pi d\sin\theta/\lambda$为相邻天线引起的 RF 信号相位差。通过计算机控制相移量大小，并调整各天线激励信号相位满足相参法则，实现空间连续相扫。当$\varphi=\psi$时，各信号干涉叠加达到最大，可表示为

$$\left|E(\theta)\right|_{\max}=NE \tag{1-5}$$

定义归一化方向图函数为

$$F(\theta)=\frac{\left|E(\theta)\right|}{\left|E(\theta)\right|_{\max}}=\left|\frac{1}{N}\frac{\sin\left[\frac{N}{2}(\psi-\varphi)\right]}{\sin\left[\frac{1}{2}(\psi-\varphi)\right]}\right|=\left|\frac{1}{N}\frac{\sin\left[\frac{\pi Nd}{\lambda}(\sin\theta-\sin\theta_0)\right]}{\sin\left[\frac{\pi d}{\lambda}(\sin\theta-\sin\theta_0)\right]}\right| \tag{1-6}$$

电磁波出射方向θ由相移量φ来管控。在θ方向，在各天线辐射场，相器引入的相位值等于由波程差引起的相位差φ，各 RF 信号干涉获最大值，即$F_{\max}(\theta)=1$。

从而可通过调谐φ来控制天线出射信号指向角θ，实现波束在空域连续扫描[13]。

目前由于电控 DACSR 系统的相移精度不够理想，从而极大地影响了对目标的成像质量。而相参精度受信号带宽限制，电学手段的相移带宽和相移范围一般较小，且频段受限较大，高频段相移电器件参数很难实现完全匹配，系统工作带宽受到一定限制，这在大规模多频点宽带信号 DACSR 雷达系统设计上是致命的缺陷，制约了 DACSR 的探测成像性能[14-15]。传统的电控 DACSR 技术存在的问题主要包括以下几方面：电控 DACSR 系统瞬时带宽低；频率稳定度不高；系统繁冗笨重；波束精度低，有波束偏斜现象。

考虑到电控相移技术的缺陷，很多研究机构开启了对新型关键光器件及光控相移技术的研究。

1.2.2 光控相移技术

光控相移技术是借助光技术处理平台来处理电相移信号，改善电学处理技术的短板。光信号的频率是微波频率（f_m）的上万倍，从而电信号的“高频”相对光信号成为了“低频”。光控相移器具有高频宽带、传输损耗小、波束精度高和可调谐等优势，通过该技术方法，能够实现电学处理方法无法达到的技术指标[16]。面对 DACSR 技术的发展，光控相移技术能够提供更加精细的窄波束和良好的频率稳定度等。

1985 年，OTTD 相控阵技术由美国人 Gardone Leo 提出。用 EOM 实现电光变换，把已调光信号平均分配到各个信道中，对各个信道上已调光信号进行延时控制，相邻信道间产生相应延时差，映射到由 PD 探测出的 RF 信号的相位参数上，实现波束空域扫描。经过近几十年的研究与发展，光子射频相移技术已取得了实质性进展[17-18]。微波光子相移系统一般模型结构如图 1-8 所示。

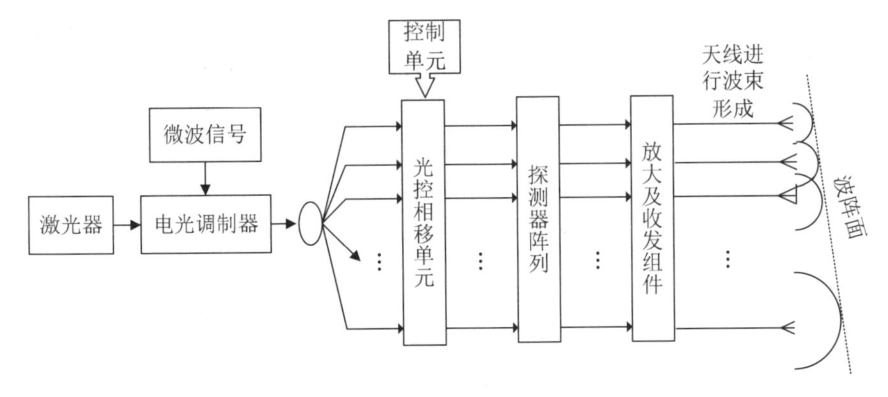

图 1-8 微波光子相移系统一般模型结构

光控相移技术等微波光子信号处理技术最早是在光通信领域中提出，如图 1-9 所示。经多年持续的研究与发展，该技术在通信系统中已经具有了较好的理论和实验基础。其实现了大带宽，提升了 DACSR 的分辨力，同时也实现了相位/延时的精确控制，提高了 DACSR 强捷变能力，并有效提高了 DACSR 分布子雷达间的时间/相位准同步的数量级。特别地，光控相移技术可以解决宽带信号的波束偏斜问题和提高波束指向精度，进而提高 DACSR 系统的分辨力[19]。并且光控相移技术有效解决了单纯电控相移技术所带来的波束偏斜和瞬时带宽受限的问题。同时，光纤链路传输损耗小，有助于提高远距离分布子雷达间的协同匹配能力，提升了子雷达时间/相位准同步的数量级。光控 DACSR 子雷达发出的跟踪波束越窄，其探测得越精准，测得的数据就越准确，对目标辨识的能力就越高，成像也就更加清晰。

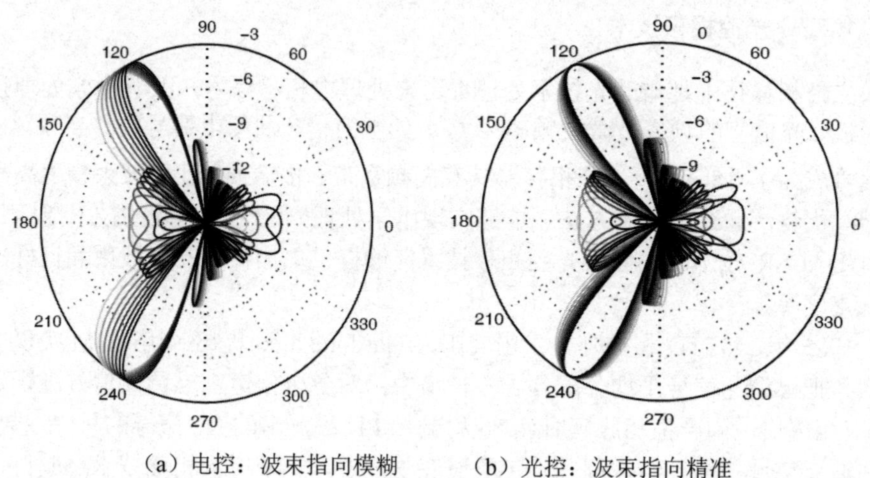

（a）电控：波束指向模糊　　（b）光控：波束指向精准

图 1-9　电控与光控的比较

另外，光控相移技术不仅能提升距离分辨率，也有助于迅速捕捉高速位移的目标。它可以灵活地切换波束宽度，实现扫描模式间的快速切换，如跟踪模式、搜索模式及锁定模式之间的快速切换。同时波束步进精度与雷达在方位角上的分辨率有直接关系。

波束越宽，雷达覆盖的扫描区域越大；波束精度越高，对细小物体的分辨率越高。同时 DACSR 系统的探测距离与天线增益成正比例关系。如图 1-10 所示，DACSR 系统在搜索目标时用宽波束扫描，而一旦搜索到目标之后，切换分辨力较高的窄波束进行跟踪并锁定。当面对高速移动的目标时，时间稍纵即逝，留给雷达捕捉的时间是有限的，电控相移技术很难跟上目标。基于此，利用光控相移技术可以解决以上相关问题。

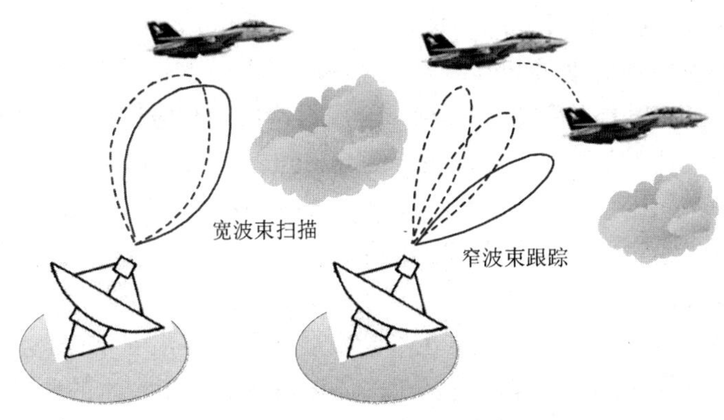

图 1-10　相控雷达扫描模式切换示意图

基于光控相移系统的波束形成技术为分布式 DACSR 系统实现多波束与多频点扫描提供了较理想的技术平台。如图 1-10 所示，对于独立的多波束探测的 DACSR 系统，其能量总资源是一定的，而多频点有利于提升系统的资源利用率。针对不同目标进行多频点、多波束交叉探测，大大提高了雷达的灵活性。另外，这种光控的方式还能有效提升波束频率捷变的响应速度，这有助于提高频率捷变跟踪能力，还能提高频率步进扫描时的步进速度，提高成像清晰度，可以在复杂电磁环境下的信息战中取得优势[20-21]。

综上所述，光控相移技术应用在 DACSR 系统中，可以带来的主要优势包括：①扫描角度和瞬时带宽大；②频率稳定性高；③抗干扰能力强；④波束的延时精度高；⑤消除波束偏斜。

1.2.3　国内外发展状况

在雷达的发展过程中，DACSR 与相控阵雷达的原理是相近的。在某种意义上，DACSR 是对相控阵雷达的进一步发展而产生的一种新体制雷达。雷达系统结构、信号种类等均有长足的改进和发展，对发射波束方面的指标要求也越来越高，这些都促进了性能的提升。同时也对 DACSR 系统的空间同步技术有了更为严苛的要求。对于 DACSR 来说，电域波束形成技术可以满足波束生成的要求，并完成高频高带宽多波束扫描。在众多的波束形成技术中，基于光控相移系统的波束形成技术因网络抗干扰能力强、响应速度快、适合超宽带信号等而特别适用于 DACSR 的波束形成。同时，这种微波光子技术手段也适用于雷达信号空间同步。结合这几种技术，将光控波束形成技术应用在 DACSR 系统中，须先理清它们各自的研究脉络和现有成果。本节将分别介绍和梳理 DACSR 的发展历程、同步技术和光控相移技术存在的问题。

（一）DACSR 雷达及其同步技术

1. DACSR 雷达的发展历程

在追求雷达高性能的驱使下，相参合成雷达的研制应运而生。20 世纪 60 年代初，美国麻省理工学院（Massachusetts Institute of Technology，MIT）林肯实验室 W.E.Morrow 提出用多天线系统实现相参合成，这是最早的相参合成概念。1963 年，美国林肯实验室研发了分布式孔径系统，因受当时硬件发展水平的限制，该项目进展得较缓慢。此后，随着相关技术（如宽带线性调频技术、微波技术等）的不断成熟，分布式相参雷达技术也不断发展。下面将沿着 DACSR 雷达技术发展的历史脉络进行介绍，并单独介绍 DACSR 雷达的同步技术的研究现状。

1988 年，美国导弹防御局（MDA）研制了大型相控阵雷达（XBR）原型样机。该样机具有上万多个收发模块，被称为陆基雷达原型（GBR-P）[图 1-11（a）]，它工作在 X 波段，探测距离超过 2000km，因价格过于昂贵，且系统总重量超过 5 万 t，无法实现机动部署，最终架设在海面钻井平台上，成为可移动的海基 X 波段（SBX）[图 1-11（b）] 雷达 [图 1-11（c）和（d）]。在电气设计上，面积为 $348m^2$，直径 27.8m，增益约为 62.5dB，电扫描范围为 $\pm 12.5^o$。早期美国 MDA 对 XBR 和 SBX 雷达系统均进行了规划和反导设计。截至目前，美国已经大力发展具有该技术特征的前置雷达（FBX-T）和宙斯盾系统（AEGIS BMDS）。这些研究为 DACSR 雷达的发展奠定了一定的基础。

（a）美国 GBR-P 陆基雷达原型

（b）美国海基 X 波段雷达 SBX 照片

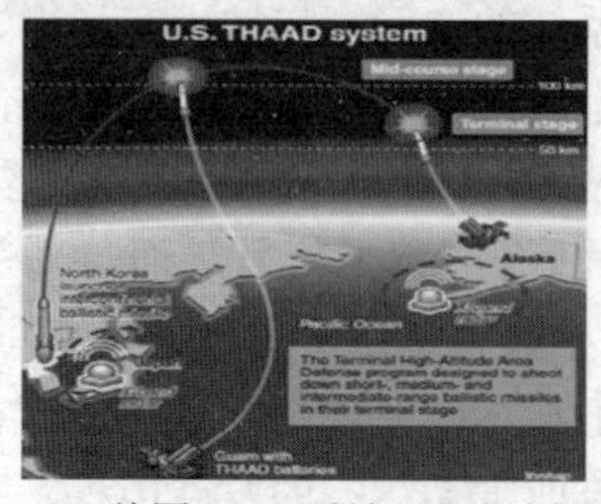

（c）美国 XBR 雷达早期规划图

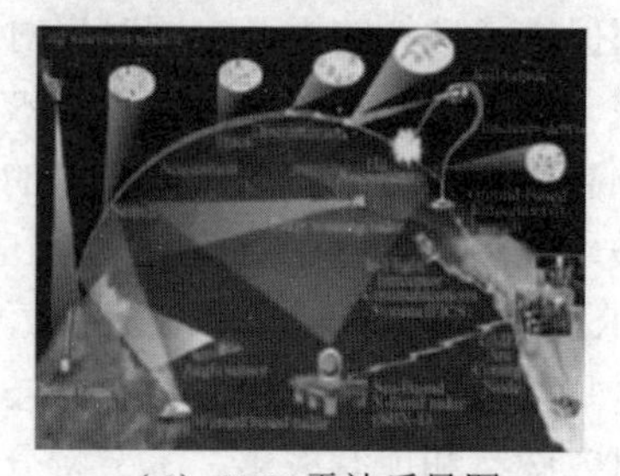

（d）SBX 雷达反导图

图 1-11 雷达

为了克服大孔径雷达的固有缺点，美国林肯实验室在 2003 年提出了 DACSR 雷达的概念。将多个雷达或阵列分散布设，通过对多部雷达的回波进行信号层次的融合，以赶超大孔径雷达的性能，于是开始对 DACSR 的技术进行预先研究。首先研制了 L 波段室内分布式实验系统，完成了接收相参的原理演示。随后又研制了一套 X 波段两单元分布式收发相参实时演示实验系统。图 1-12 所示为实验系统。

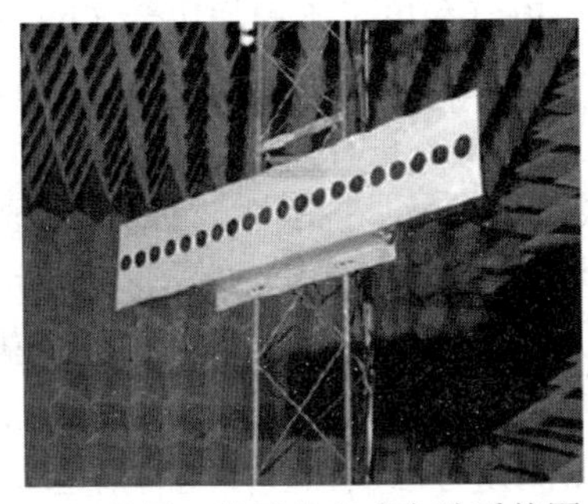

（a）美国 L 波段分布式实验系统图

（b）美国 X 波段分布式实验系统图

图 1-12　实验系统

2004 年，美国林肯实验室在空军雷达实验室（AFRL）的伊普斯威奇天线测试场进行了测试。2005 年，该实验室在白沙导弹靶场（WSMR）采用 X 波段实验系统进行了全相参实验，实验中的被观测对象包括水塔、飞机和火箭等复杂目标（图 1-13）。此实验完成了收发相参测试，实现了接收相参 6dB 和全相参 9dB 的 SNR 增益。同年，对实验系统完成改造并进行实验，取得较大成果。图 1-13 为实验系统及其实验目标。

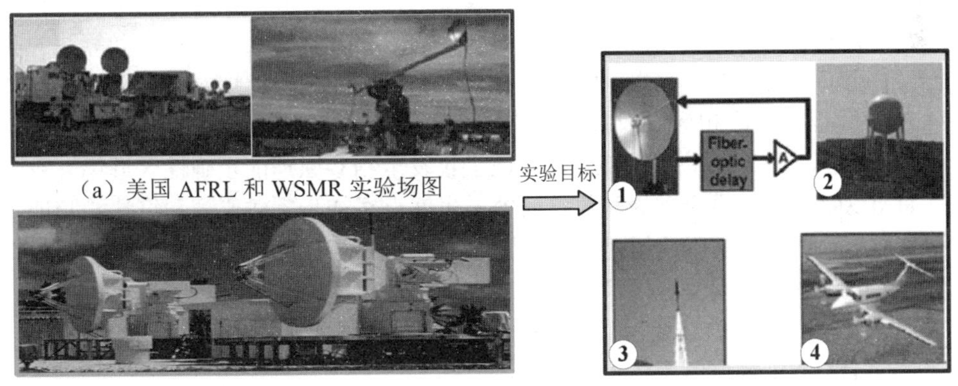

（a）美国 AFRL 和 WSMR 实验场图

（b）位于夸贾林导弹靶场的 AN/MPS-36 雷达图

（c）实验目标（①目标模拟器；②水塔；③火箭；④飞机）

图 1-13　实验系统及其实验目标

2004年，俄罗斯研制的DACSR“天空（Nebo-SV）”米波三坐标雷达为S-300V地空导弹系统（SAM）提供高精度的远程预警与目标指示。该系统采用大孔径的倒T形天线阵，可完成对目标的三坐标测量。同年，瑞典的爱立信微波系统公司也开展了对DACSR的相关研究，对雷达阵列配置和子阵列大小、自适应干扰抑制等方面进行了试验。同期，德国、英国和法国等也进行了厘米波和米波的ALW-3的双波段预警雷达研究。2007年至2008年，电气和电子工程师协会（Institute of Electrical and Electronics Engineers，IEEE）终身会员雷达专家Dr.Eli Brookner在其撰写的相控阵与雷达突破的文章中提到对DACSR进行研究的实验成果，并给予了高度评价。2011年4月，美国成功完成“迄今最具挑战性”的反导试验，首次成功拦截了射程超过3000km的中程弹道导弹。到2013年，美国实际部署了3部（2006年第1部部署在日本，2008年第2部部署在以色列，第3部将部署在高加索地区）前置DACSR雷达。由于保密等因素的影响，国外关于DACSR的相关技术很少公开报道，而有关DACSR的高精度测角方法及相参性能的报道就更少。

目前，国内对DACSR雷达的研究尚处于起步阶段，但该技术的潜在优势和应用前景已经引起了中国航天科工集团二院（航天二院）23所、中国电子科技集团公司第十四研究所（南京14所）、北京无线电测量研究所、清华大学、西安电子科技大学、北京理工大学等国内相关研究所和高等院校的关注，并陆续开展了前期概念研究、试验系统设计及原理验证。北京无线电测量研究所先后完成了DACSR雷达体制的线馈与空馈试验，初步验证了DACSR的接收相参合成机理，而全相参合成技术仍在研究中。北京理工大学等提出了频率分集的DACSR子雷达系统结构。该系统以频率分集的方式降低栅瓣高度，并研究了相参积累检测中的多普勒差异补偿问题，取得初步研究成果，为系统开展关键技术预研攻关和工程实现奠定了一定的基础。此外，航天二院23所完成了DACSR原理和算法的验证，搭建了C波段空馈试验平台，获得了5.7dB的信噪比增益，合成效率达到94.7%，验证了接收相参原理的正确性。同时在收发相参模式下，获得了8.5dB的信噪比增益，合成效率达到88%，验证了收发全相参原理的正确性。近年来我国的DACSR技术偏重于理论和算法研究。虽然已经初步完成原理和算法的验证，但DACSR雷达的实际应用仍与发达国家有一定差距。推动DACSR雷达技术的现场应用是我国雷达反导技术发展的迫切需求，而理论和实用并重必将成为我国DACSR技术发展的未来趋势。DACSR雷达发展时间轴如图1-14所示。

2. DACSR雷达同步技术

DACSR雷达收发分置双（多）基地雷达相比于单基地雷达具有若干独特优势，包括对隐身目标的更强探测能力、接收站更强的隐匿性和更强的生存能力，因而近年来受到越来越多的关注。然而双（多）基地雷达带来的一些相关难题需要解决，其中一个便是收发站之间的同步问题，主要包括时间同步、相位同步、空间同步三个方面。即发射和接收的触发信号的时间同步，接收机本振信号与发射载波间的相位同步，接收和发射波束照射的空间同步。这“三个同步”对双（多）基地雷达探测的性能表现具有很大影响，同时也给 DACSR 雷达正确的波束形成带来了挑战，是波束形成当中必须考虑的环节。

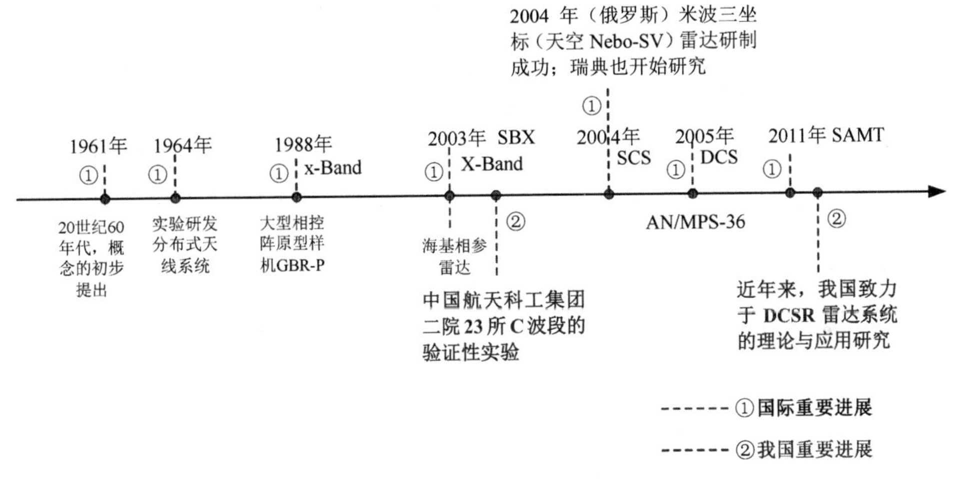

图 1-14 国内外 DACSR 雷达研究部分重大进展时间轴

目前，远场双（多）基地 DACSR 雷达系统同步并没有被广泛地研究与应用，但 DACSR 雷达与相控阵雷达一脉相承，其原理上是相通的，都面临类似的问题与困难。而相控阵雷达空间同步技术已经取得了一定的进展，其采用的空间同步技术主要分为以下三种：脉冲追赶法、多波束接收法、窄波束发射宽波束接收法（图 1-15）。在 20 世纪中后期，美国的科学家对双基地相控阵同步技术开始了研究，包括雷达的成像、自同步构想。1950 年，美国研究的 AN/FPS-23 雷达是用来探测低空飞行的轰炸机的，其系统同步采用了多波束接收技术。1953 年进行了首次现场试验并获得了成功。试验中采用多波束接收同步方法，短期内系统同步性能良好，因其受多通道通信链路的信道影响，抗干扰能力差，系统长期稳定性受到影响。1960 年，加拿大空军试验了一种连续波多普勒双基地雷达，尝试使用了相关接收同步技术，实现了前向散射区的双基地探测。“圣堂（Sanctury）”计划是美国最早（1970 年）提出的双基地雷达系统。该计划主要包括防空双基地雷达系统和空对地雷达系统。其尝试了脉冲追赶式同步技术。1982 年，美国还进行了一项名为“双基地报警和指示（Sanctury BAC）”的计划。它利用控制系统（Awacs）及目标攻击雷达（Jstars）作照射源，用接收机探测近距离的飞机和地面移动目标。

该系统消除数据链带来的站间配准和数据延时误差并提高了雷达的生存能力和截获能力，尝试了脉冲追赶的同步方法。1992 年，英国研究了利用卫星直播电视发射信号的方案，并进行了初步验证。2007 年，美国 Lockheed Martin 公司研制的“沉默哨兵”系统利用广播信号探测空中目标。该系统只要接收到目标反射的三个以上的广播信号，就能依据波的相干原理进行处理，能准确探测和跟踪飞行中的飞机、直升机或火箭等目标。其采用了多波束接收的同步技术，但副瓣影响比较大，在扫描过程中，接收天线主瓣和发射天线副瓣及接收天线副瓣和发射天线主瓣相交时，杂波干扰都会有较强的影响。国内在 20 世纪 80 年代也开始了对双基地雷达技术的研究工作。在早期实验中采用多波束接收的方法完成空间同步，而用微波数传来实现时间和相位同步。这些早期的实验适用于将现役雷达改建成多基地雷达系统，其中具有代表性的是南京 14 所和华东电子工程研究所研究的双基地雷达系统，其采用了脉冲追赶法的空间同步技术，实现了多波束形成。系统采用全球同步定位信号校准的原子钟为双基地雷达提供相位上的同步校准，而数传机传送目标回波及其他数据。总体上来说，国内的实验成果相对较少，理论算法分析较多。

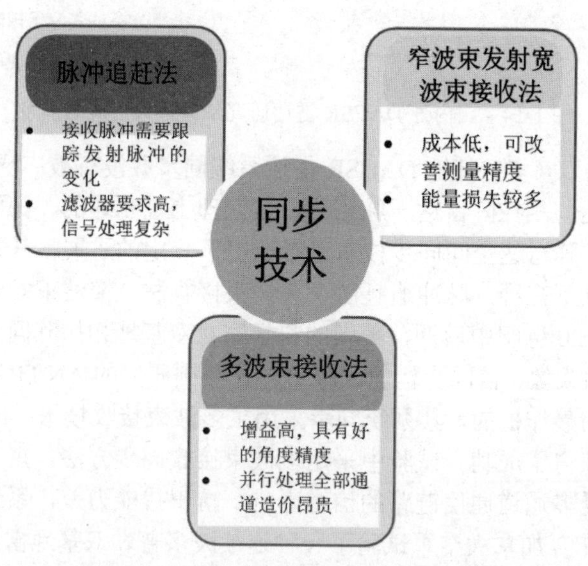

图 1-15 现有相控阵雷达空间同步技术

虽然 DACSR 与相控阵雷达在原理上相通，但探测目标处理的难度和复杂程度不完全相同，所以解决问题的方法并不完全一致。此外，DACSR 对信噪比和分辨率的要求通常高于相控阵雷达，这对雷达的系统设计和硬件实现都提出了更高的要求。而通过微波光子手段实现多基地 DACSR 雷达系统同步，不仅具有高精确性，也具有实时可调性，使系统设计更为简洁。使用同一个中心控制的本振频率并通过光反馈处理技术完成了类似脉冲跟踪同步技术的过程，不但能消除本振频率校准误差，还能提高系统工作效率，支持更多子阵列的雷达系统。同时其光纤传输链路具有更低的信号衰减、更高的可靠性，受外部环境影响也更小，使系统更加安全稳定，保证相移及同步精度。

3. 小结

综上所述，DACSR 雷达的发展目标是信噪比及分辨率越来越高、组网机动灵活、搭载平台越来越通用。为了做到高信噪比，就需要提高能量转换效率；为了做到高分辨率，波束要尽可能精细、信号带宽要尽可能高。同时 DACSR 系统结构具有高的分集增益，也成为了反导雷达的一个发展趋势，然而这又带来了同步问题，需要高同步参数的雷达阵列。为了满足搭载平台通用的要求，雷达向小型集成阵元组成分布式相参雷达发展。单个的雷达天线若要达到高精度的要求需要做得很大，且需要机械旋转，不便于机动部署。使用 DACSR 雷达进行波束形成不仅适应于各移动平台，而且其信号的控制速度决定着波束的扫描速度，要远快于机械旋转速度。因此，高信噪比、高带宽、高分辨率的相控阵模块和同步准确的雷达阵列是目前阶段 DACSR 雷达的发展关键。新型 DACSR 雷达的高精度同步波束形成模块很需要微波光子技术的高带宽、高精度特性和其便于同步的系统结构的支撑。当然，将微波光子技术运用于实际的多基地 DACSR 雷达的波束形成的同步系统中，还有很多地方需要探索，如提高频率稳定度、抑制相位漂移、自适应反馈调节等。

（二）基于光控相移的波束形成技术

基于微波光控相移的波束形成技术是微波光子处理技术在相控阵雷达系统中的具体应用。依据工作原理，微波光子相移技术主要包括：基于光真延时的技术、基于外差混频相移的技术和基于矢量和的相移技术。光控技术手段能够克服电域的波束偏斜、瞬时带宽小及波束精度低等问题，从而能够正确进行宽带波束的形成。由于使用微波光子学手段，其载波达到超高的光频，因此它具有产生一般射频手段不能够产生的超宽频波束的潜力。大带宽、高精度的特性使得光控相移技术十分适合用于 DACSR 的波束形成当中。此外它还有不受电磁干扰的影响等优点。

1984 年，Sheehan 等最早提出微波光子学的光控相移技术，其使用光学方法进行了宽带微波信号的波束形成研究。1989 年后，美国国防部高等研究计划局（Defense Advanced Research Project Agency，DARPA）、美国海军研究实验室和普林斯顿大学主要利用微波光子技术集成器件来处理 500MHz～50GHz 的信号。1999 年，Sang-Shin Lee 等利用嵌套式双马赫曾德尔调制器设计了光子射频相移器，实现了 16GHz 信号相位 0°～108°连续可调。2005 年持续至今，加拿大 MWPLab

开展了光生毫米波/太赫兹波、光纤激光器及放大器、超宽带技术及 ROF 通信等领域的研究，并取得了很多相关研究成果。欧盟多个国家包括西班牙巴仑西亚理工大学、德国的 Heinrich-Hertz 研究所、荷兰埃因霍温理工大学和意大利 ALCATEL 等合作的 OBANET（Optically Beamformed Antennas for adaptive broadband fixed and mobile wireless access NETworks）计划，该计划主要研究了 OBFN 等光集成器件及相关技术。2006 年，Jeehoon Han 等人利用直流平衡臂的调制器来抑制单边带调制信号中的光载波，实现了 20 GHz 信号相位 0°～360°连续可调。2012 年，澳大利亚的悉尼大学开展了以频域的光真延时来实现相移技术的研究，其实现了相移器的设计。2013 年，加拿大渥太华大学采用了矢量和技术进行了 OBFN 的研究，其实现了 360°范围内的相移。2014 年，Xu dong Wang 等利用 FBG 器件实现光子相移系统研究，相位偏差小于 5°。2016 年，澳大利亚悉尼大学 Suen Xin Chew 等人实现了可级联的微波光子带通的信号处理滤波器和相移器，其实现了 0°～215°连续可调，抑制比为 40dB。2018 年，渥太华大学 Weile Zhai 等人研究了基于微盘谐振器阵列的可编程片上光子信号处理器，其具有很强的可重构性和低功耗的并行计算能力。2019 年，加拿大 Jianping Yao 团队设计并制作了一种电可编程非均匀空间采样的硅基片等效相移波导 FBG，并对其在多通道信号处理中的应用进行了实验验证。典型的光控波束形成系统框图如图 1-16 所示。

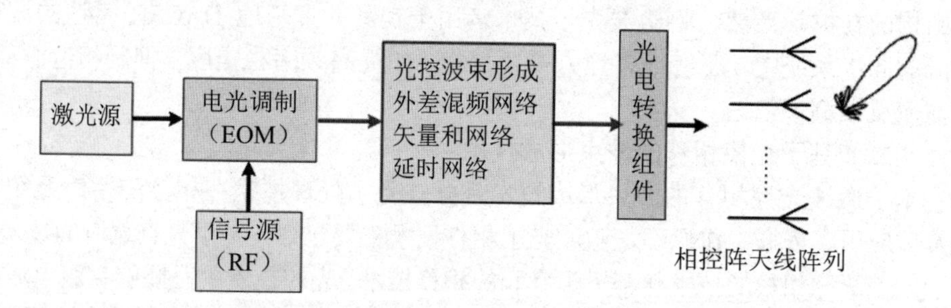

图 1-16　典型的光控波束形成系统框图

国内从“九五”期间就开展了微波光子学的相关研究工作，多家单位针对高带宽、大动态范围的光控波束形成技术、超宽光频谱延时机理与毫米波通信技术等展开了大量的基础理论与应用研究。包括清华大学、北京大学、上海交通大学、华中科技大学、北京邮电大学、暨南大学、南京航空航天大学等高校都做了相关研究。2008 年，清华大学设计实现了基于宽谱光源的波束形成网络，其信号位于 X 波段，延时精度达到 0.67ps。2016 年，北京邮电大学采用外差混频处理技术实现了波束形成，信号带宽为 10～20GHz，其相位偏差小于 1.6°。2017 年，暨南大学利用了双平行调制器（DP-MZM）通过希尔伯特变换实现了光子相移，信号带宽为 2.5～25GHz，其相位偏差小于 2.7°[44]。2018 年，南京航空航天大学利用正交循环的线性极化波长发生器设计了基于偏振的光子微波相移器，实现 0°～360°内连续可调。它具有紧凑的配置和平坦的功率响应以及高速相位编码和大时间带宽信号。2019 年，北京邮电大学设计了基于光子的超倍频程微波相移器，其信号相位 0°～360°连续可调，相位偏差小于 1.49°，幅度波动小于 0.57dB。

此外，随着激光通信和信息处理技术的不断发展，大量的研究者致力于使用不同的调制方法和器件产生频率特性和时域特性可调节的大带宽调制信号。通过光子学调制方式产生的大带宽调制脉冲信号被引入到高精度的采样、度量和数据处理等多个领域，而这也为 DACSR 雷达的进一步发展提供了不可多得的机遇。由于使用微波光子学手段，其载波达到超高的光频，因此具有一般射频手段不能够产生的超宽频波束的潜力。高带宽、高精度的特性使得光脉冲处理技术十分适合用于 DACSR 雷达的波束形成当中。

在上述研究中，光控相移波束形成系统的器件响应的非理想的情况及光通信链路受外界环境的干扰的情况，这样会引入相位抖动，影响系统信噪比、分辨率及同步参数。在一定应用情况下，将合适的光信息处理技术用于 DACSR 雷达的波束形成，有利于改善信噪比及同步参数等。因此，需要深入探索多种相移模式下的高精度方案，以满足当前 DACSR 雷达对信噪比、分辨率及同步的要求。

（三）总结

综上所述，对基于光控波束形成技术已经进行了广泛的理论研究和实验积累。当前研究重点在于突破单路信号的相位控制精度和探测能力瓶颈，以及突破多路信号之间的相位前期同步校准等瓶颈，使之更加适用于在远场多基 DACSR 雷达中完成各种波束形成及同步任务。

1.2.4 主要研究内容

随着信息用户数呈现指数式增长，低频段频谱资源日趋紧张，需要不断向更高频段发展。因此，微波光子学科的兴起是一个必然。在 20 世纪 80 年代，随着光纤通信和微波技术的融合发展，推动了高频带宽的光载无线技术（RoF）和无线接入技术的研发。随着光电子新型材料的出现，光控相移技术应用范围也在不断扩充，如星际通信、雷达系统、电子对抗和远距离探测等各个领域。利用光子技术来间接处理微波信号，比电通信容量提高了上万倍，因此微波光子信号处理技术是非常有前途的。

面对电控阵雷达波束延时精度低、瞬时带宽小、工作频段低等短板，光控相移技术的发展不断被重视，微波光子相移器的高频宽带化得到了推动和发展。这里，我们主要研究采用光子处理技术来改善微波光子相移器波束延时精度，以及射频信号稳定远距离光纤传输，这些工作在提高带宽的同时，也提高了波束延时精度，改善了频率稳定度。因此 DACSR 系统会探测得更远，提高对物体的分辨能力，改善系统的输出稳定性，提高信噪比和可重构性。

目前，微波光子信号处理技术借助光子技术及器件的高频、超带宽优势，通过对光信号的处理实现高频带宽、高速率的处理，有效解决了电子瓶颈的问题。围绕微波光子信号处理技术，面对新兴雷达波段研究领域，光子射频相移技术成为了 DACSR 系统的重要支撑点。面对微波光子学中的较多的科学问题，我们以光子相移技术和基于负反馈技术的射频相移信号光纤远距离稳定传输为重点进行了研究。

随着信息化技术的快速发展，全球空间资源竞争日趋激烈，军事力量呈现空天一体化趋势。在未来战争攻防中，雷达对目标的精确探测、识别以及追踪起着至关重要的作用。DACSR 雷达具有高带宽、探测力强、分辨率高的优势，满足当前远场雷达的战术机动性需求，且制造过程相对简单、成本低，是下一代防御反导雷达的重要发展方向。虽然 DACSR 雷达已实现原理验证，但当前仍处于初期发展阶段，尚存在不少关键技术问题有待研究与改善。

1. 研究架构

（1）光控复用模式波束形成原理及其网络架构。在更高探测能力、更高测距精度的需求驱使下，高频、大带宽、多波束是 DACSR 雷达发展的方向。这推动了集成天线阵元的发展，对雷达信号的波束形成提出了新的挑战。另一方面雷达阵列单元协同工作与分布式雷达的发展，使得中心处理系统控制的 DACSR 雷达成为目前雷达发展的主要方向。针对 DACSR 雷达系统的基本原理，微波光子学将提供比传统的电学手段更加合适的波束形成技术，具体研究内容如下：

- 光控子雷达单波束、多波束形成机理，光控雷达网络信号融合机理，光控雷达网络复用模式波束形成机理及其网络化架构。
- 多波束雷达波的产生机理及相位控制。研究连续可调的光控相移技术和波束宽度迅速切换方法，适用于复杂环境下的目标搜索与探测。研究多波束在小规模组网协作搜索模式下的工作原理。
- 复用模式雷达波的产生机理和应用场景。为了提高 DACSR 雷达系统的交叉探测能力，对具有实际需求的一些复用模式波形雷达波（如光控正交波束、光控椭圆波束等）的探测进行建模、仿真与实验，研究其生成方法、回波多普勒特性和接收机理，针对该波形设计特殊的微波光子学接收处理配置。

（2）高信噪比与高分辨率相位阵列兼顾实现机理。光控波束形成技术在 DACSR 雷达当中的最主要的应用就是迅速产生适应雷达不同功能需要的各种波束，并使子雷达阵列单元优化成网。雷达实现高信噪比和高分辨率的其中一个关键问题在于实现高宽带及精准的相位阵列。研究适用于 DACSR 雷达的高信噪比、高分辨率相位阵列实现机理是一项重点内容。具体研究内容如下：

- 因传统的脉冲压缩处理手段提升雷达信噪比、分辨率的能力受限，基于光脉冲压缩技术的理论机理，研究高带宽、高可靠性的光脉冲压缩技术，寻求高效的相位编码方法，利用相位编码和带宽之间的制约关系，研究更适合DACSR雷达的光控相移阵列方案。同时，进一步探索提升DACSR雷达性能的算法结构。
- 基于光脉冲调制信号的时间一带宽积提升问题，研究从时域和频域两个方面同时增加调制脉冲信号的时间一带宽积。寻求适合 DACSR 雷达的光子学的波形产生方法，探索具有大时间一带宽积的程序可控的相位编码信号，来提高系统信噪比和分辨率，增大系统的无模糊探测距离。同时，对产生大时间一带宽积的可编码的宽脉冲信号进行理论分析，针对所产生信号中存在的相位畸变提出相应的数据处理算法。
- 基于步进波形的 DACSR 雷达相参估计方法，寻求基于步进波形相关系数的高信噪比、高精度探测重建方法。通过仿真验证提出方法在精度与信噪比方面的性能，为实现 DACSR 雷达的高信噪比和高分辨率应用提供支撑。

（3）远场 DACSR 子雷达阵列高精度空间同步机制。目前 DACSR 雷达系统的相参合成需要通过多次的频率信号校准。本课题采用光反馈网络控制实现雷达频率信号稳定远距离传输，实现子雷达发射信号的同时性，减少频率误差影响，提高雷达空间同步的准确性，并利用微波光子相移技术，以满足超大范围相移和高精度的可控系统需求。具体研究内容如下：

- 基于远场 DACSR 雷达的空间同步理论分析。远场 DACSR 雷达在搜索、捕捉和识别工作模式中，实现准确的空间同步是多基地雷达较关键的技术难题之一。寻求适合 DACSR 雷达的空间同步解决方案来提高测量精度，在实现雷达系统时/相同步的前提下，研究发射波束和接收波束照射目标一致性，改善空间同步参数，确保雷达探测准确度。
- 基于保护调制信息的处理技术。信号传输和处理过程中，丰富有效的信息都包含在调制信息中，为了降低调制信息受损的可能性，研究新的光谱处理方式来保护调制信息，降低信号失真情况发生的可能性，提高 DACSR 雷达系统抗干扰能力。同时为提高雷达波束的空间同步准确度奠定基础。
- 相位噪声影响信号的相移精度和同步参数。在微波光子信号远距离通信链路中，相位噪声是不可避免的，它带来射频信号的功率衰减和空间同步难等问题，给需要长期稳定工作的 DACSR 雷达网络带来很大的影响。同时，相位噪声制约雷达系统的带宽，影响雷达组网性能。因此，应研究合适的信号远距离传输系统方案来改善频率稳定度，抑制相位噪声，提升空间同步准确度。

（4）DACSR 雷达波束形成实验验证。

- 天线阵元相关技术的调研与探索。深入研究硬件器件的相关技术参数，搭建多波束形成技术验证平台，对天线性能指标进行测试和分析。
- 雷达信号的压缩与测量技术。探索微波光子学技术，对雷达信号进行脉冲压缩处理分析。包括光脉冲信号多种相位编码测试、波束形状测量描述及脉宽测量等技术。
- 抑制相位抖动。采用光反馈网络处理技术来抑制光信号相位的抖动。对于光链路的机械应力和环境温度的影响等引起的相位抖动，探索合理的方案，能够自适应地抑制相位噪声积累，旨在提高系统的频率稳定度，实现 10^{-17} 量级，使不利因素对多路信号的同步影响降到最低。

2. 预期目标

针对 DACSR 雷达系统的基本原理及发展需求，研究比传统电子技术更加合适的光控波束形成机理，寻求更合理的光脉冲压缩技术，利用相位编码和带宽之间的制约关系，得出更适合 DACSR 雷达的高信噪比和分辨率的相位阵列控制方案。同时，寻求更精准的相位补偿技术，利用相位补偿量与带宽存在的制约关系，得出更适合 DACSR 雷达的相位阵列控制方案。预期突破目前基于光控相移系统的波束形成技术存在的信道不均衡、频率选择性衰落、相位参数与带宽的制约关系、规模不易扩展等瓶颈。实现支持子雷达数目不小于 2，子雷达阵列数不小于 4，可快速实现多波束形成的验证平台。单系统实现不少于 2 段波束分别形成，原理上覆盖 K 波段，单路均方根抖动在皮秒级，相位偏差小于 1°，光控相移实际实现带宽不小于 10GHz。通过理论研究和实验验证，为光控 DACSR 雷达系统的快速发展提供重要支撑。

3. 拟解决的关键科学问题

（1）光控相移的理论机理。实现高信噪比、高带宽、高分辨率、易重构的大动态相移。目前，光控相移系统的波束形成技术存在信道不均衡、频率选择性衰落、相位参数与带宽的制约关系、规模不易扩展等瓶颈，需寻求更合理的光脉冲压缩技术及光脉冲调制技术，得出更适合 DACSR 雷达的准确探测相位阵列控制方案。同时，需要探索多波束多频点形成的相位控制方法，突破单路信号的相移控制精度，在此基础上解决多路复用模式下的相移精确控制，并利用多种手段实现多维准确的波束扫描与集成结构，兼顾高信噪比和高分辨率的宽带雷达波束形成，这也是研究的重点和难点。

（2）适用于远场 DACSR 各子雷达的高精度空间同步机制。在远场 DACSR 雷达搜索、捕捉及识别的工作模式中，空间同步是多基地雷达较关键的技术难题之一。研究合理的空间同步解决方案来提高测量精度和分辨率，既要考虑发射波束和接收波束必须工作在相同的频率下，还要考虑发射波束和接收波束照射目标的同时性，提高空间同步的准确度。在微波光子远距离通信链路中，要实现多个子雷达的空间同步首先需要有稳定的频率信号。目前 DACSR 雷达系统的相参合成首先需要同步信号校准，需要探索采用中心处理系统实现统一的相移管理的机制，并利用光反馈网络处理及相位编码处理技术，减少系统相位误差，以满足超大范围相移、高信噪比和高精度的可控系统需求。

4. 研究方案

立足于 DACSR 雷达的高精度同步波束形成模块需要微波光子技术的高带宽、高精度特性和其便于同步的系统结构的支撑，力争解决现有 DACSR 雷达扫描速度慢、信噪比不高、分辨率低及子雷达空间同步难等问题。通过理论研究和实验验证，实现快速、宽带、精准的光控 DACSR 雷达波束形成系统，为现代雷达系统的升级提供重要支撑。研究方案总体思路参见图 1-17。分析 DACSR 雷达体系架构，探索光控特殊波束形成机制与原理，提高 DACSR 雷达的波束精度及同步准确度。研究合理的光脉冲压缩技术及相位编码技术，得出适合 DACSR 雷达准确探测的相位阵列控制方案。同时，需要探索多波束多频点形成及控制方法。从谱域分析入手，建立支撑多波束的承载架构及处理关键技术等的理论模型。在此基础上，研制测试相位编码的实验系统，通过仿真与实验结合的方式分析验证相关架构、机制和算法的可行性与有效性，并改进优化机制与算法，最终达到研究目标。

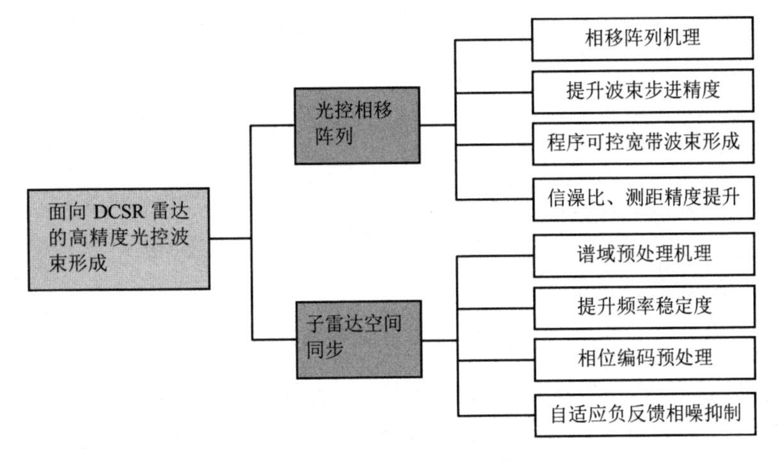

图 1-17 研究方案框图

面向 DACSR 雷达的高精度光控波束形成机理的研究的主要内容包括：光控子雷达单波束形成机制、多波束形成机制、光控雷达网络及其同步机制，新型的雷达部署方法。为实现以上研究内容，需通过探索相移阵列高信噪比、高带宽、高精度的相位机理与实现方法，研究子雷达阵列单元高精度空间同步的机制与实现方法。精准的光控相移阵列研究与子雷达空间同步研究能够有效地支撑面向 DACSR 雷达的信号级融合的实现。针对这几方面内容，研究方案简要阐述如下：

（1）波束形成原理及其网络架构。波束形成是通过调整天线阵列中不同阵元的相关系数来获得有指向性的波束。相参雷达中使用的波束形成有单波束形成，也包含多波束及复用模式波束形成，并组成一个互相协同工作的复用网络。如何设计、优化这种波束形成以及网络架构是 DACSR 雷达波束形成研究的切入点和基础。课题组计划从单雷达、单波束的简单情况入手，最终实现对雷达网络、多波束及程控波束的优化组网。波束形成网络示意图如图 1-18 所示。

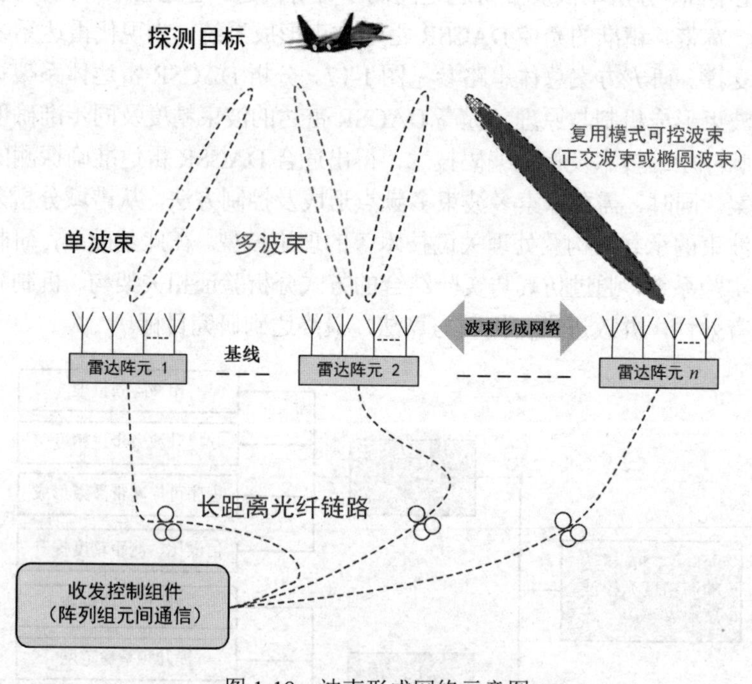

图 1-18 波束形成网络示意图

最简单的相参雷达结构是单雷达情况，即相参雷达系统由单个辐射单元组成。而多雷达情况即 DACSR 雷达系统由多个分立的子雷达阵列单元组成，每个分立的子雷达阵列单元各有一个天线阵，其复杂程度大幅提高。同样，使用天线阵产生多波束比产生单波束更加复杂，对网络部署有更高的要求，因此在涉及具体实现之前，课题组需要利用各种网络分析手段，参考微波光子学技术的特点，设计和优化网络拓扑，寻找适用于各种 DACSR 雷达的网络架构。同时，使用复用波束波形等进行实验探测，增加 DACSR 雷达的载波数，提高雷达通信容量，使整个雷达网络系统应用更加广泛，更具拓展性。

（2）光控相移阵列。对于微波光子相移系统来说，在一定的相移范围和带宽内，主要考虑的是波束相移精度和提高输出功率的稳定性。波束相移精度越高，越有利于提高 DACSR 雷达系统的精确探测和增强雷达探测细小物体的能力，同时雷达指向越准确。输出功率的稳定性越好，DACSR 雷达系统的信噪比越大，径向识别能力越强，这样雷达捕捉目标的能力更强。为了获得准确的波束指向，需要在每个天线阵元处达到精度需求及准确的微波光子相移效果。拟采用结合谱域处理和可编程处理的新型光控相移技术来解决高精度、大带宽、高信噪比和分辨率等问题。

光控相移系统的相移参数与光路的器件参数有关，而相移参数的大小乂与光波长、色散系数及折射率等有关。图 1-19 为基于双平行调制器的微波光子相移方案。其采用两个集成的双平行调制器（DPMZM）和一个相位调制器，通过控制 DPMZM 两臂的电压，实现单边带调制控制。下通道也采用相同的双平行调制器，其起到平衡光路的作用。通过调节相位调制器（PM）的电压，实现对光信号相移的调节。相位调制器控制电压的变化映射为光信号的相移量，最后映射为微波信号的相移变化量。频率从 7GHz 到 17GHz，相移范围从–40°至 30°连续可调。系统可以工作在更高的带宽。随着光信号处理器件生产制作技术水平的发展，可提供高精度、大相移的相移模块，其操作方便、成本下降、体积缩小。该方案可适用于高频宽带的波束形成系统，能够满足 DACSR 雷达系统的需求。

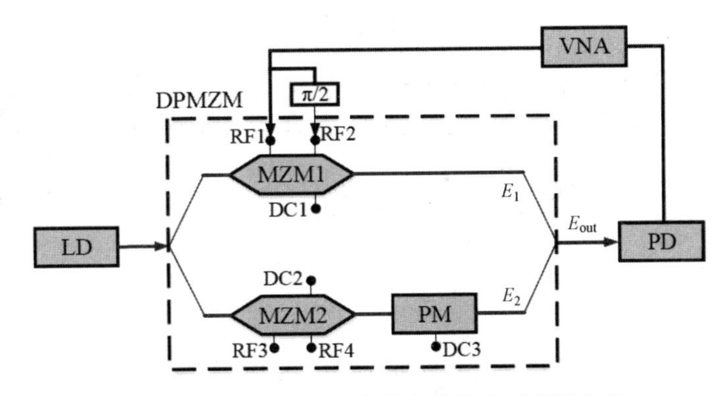

图 1-19　基于双平行调制器的微波光子相移方案

光路的相移与调制器的折射率有关，而折射率的改变量与调制器两臂所加的控制电压相关。因此在光域操作，改变相移的方法可总结为下面的表达式：

$$I(t) \propto \cos\left[\omega_{\mathrm{RF}} t + \left(\varphi_1 - \frac{\varphi_0}{2} - \frac{\pi V_{\mathrm{DC3}}}{2V_{\pi 3}}\right)\right] \tag{1-7}$$

式中，φ_0、φ_1 为上通道信号的初始相位；$\frac{\pi V_{\mathrm{DC3}}}{2V_{\pi 3}}$ 为相移量参数。

从上式可以看出，光信号相移的改变可以通过改变相位调制器的控制电压 V_{DC3} 改变光信号的相位参数。类似实现相移的方法很多，例如改变折射率 $\Delta n(\lambda)$、色散系数 $D(\lambda)$。改变波长 $\Delta\lambda$ 来改变相移的手段属于谱域的处理方法。

基于光谱处理的相位编码微波信号产生的测距方案可实现编程、远程控制等。可提升雷达系统的组网灵活性，改善信噪比，提高控制精度。此外，相位编码处理技术会促使雷达系统向着可重构的方向发展。

基于双偏振调制器的相位编码微波信号产生结构如图 1-20 所示。双偏振调制器（DPMZM）是一种紧凑型集成调制器。连续的光信号经过偏振控制器（PC）送入偏振分束器（PBS），转换成正交模式光信号，分别经过双偏振调制器处理，X 模式的光信号被射频（RF）信号调制，Y 模式的光信号被相位编码脉冲信号调制。接下来处理后的两路信号进入偏振合成器（PBC）重新合成。经过偏振控制器送入平衡探测器（BPD）完成光电转换，产生相位可编码微波信号。通过相关处理，不同频率信号的幅度和相位都可编程、可控。这种方法利用编程来灵活地控制信号的幅度和相位，从而通过光相位编码处理技术改善信噪比，提高测量精度。另外，光相位编码处理技术发展的方向会向着集成化、可重构的方向发展。同时，使得系统的可控性和兼容性得到升级，满足雷达系统发展的新需求。

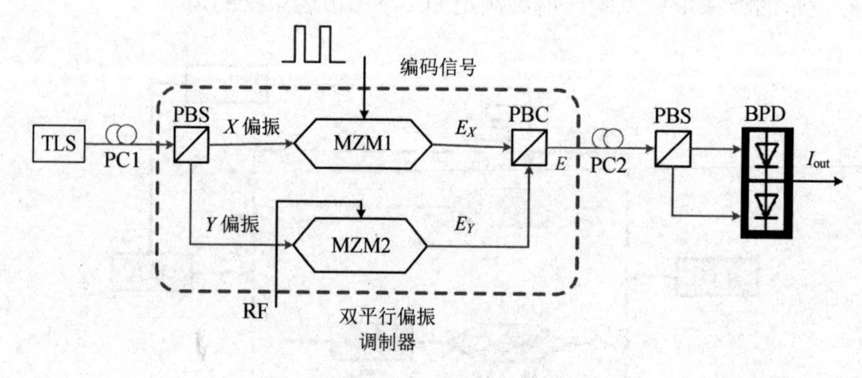

图 1-20 相位编码微波信号产生结构

从上面的分析可以看出，谱域处理和可编程处理各有自己的优势。因此，将采用谱域处理和可编程处理相结合的光控相移阵列方案，如图 1-21 所示。从系统结构上来看，谱域处理和可编程处理相结合增加了系统的灵活性，更有利于相移阵元的拓展。同时，该方案将分析不同的谱域处理和可编程处理模块，并以不同的“融合”方式使各种成像算法更高效，提升雷达系统兼容度和组网灵活性，从而确定最佳的适合不同应用场景的光控相移方案。

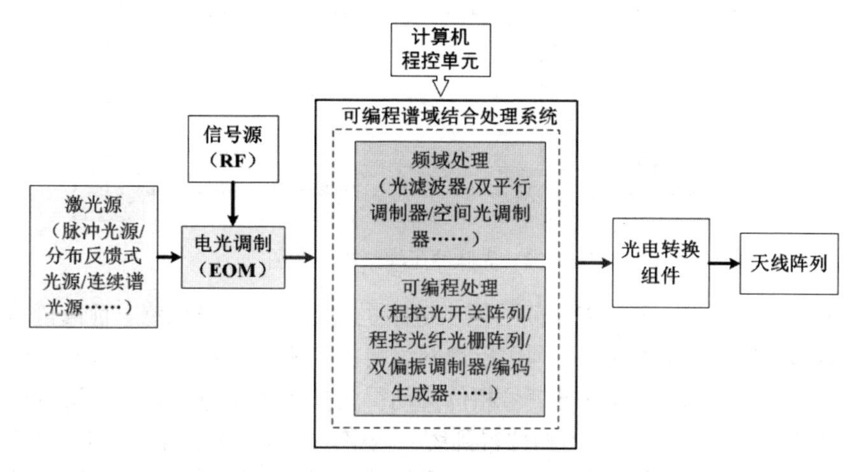

图 1-21 采用谱域处理和可编程处理结合的光控相移阵列方案

另一方面，为了提高雷达的信噪比和分辨率，早期电域常用模拟脉冲压缩处理技术来达到此目的。其常使用的器件是声表面波器件。较早研发与应用的脉冲压缩信号是线性调频信号，由于线性调频信号具有较高的距离分辨率，这方面对目标探测来说具有很大的优势。随着雷达升级发展，模拟脉冲压缩方式远不能满足雷达高信噪比及高精度的要求。同时，它还存在一定的多普勒－距离耦合误差，这会影响雷达的测距精度，且其主瓣宽度与距离旁瓣也较大，因此其应用受到了限制。

由于信号的频宽不断加大，噪声影响更为明显，电路的工作带宽受限于器件的参数，无法满足课题需求。因此我们拟采用光脉冲压缩来降低噪声影响，探索采用多波长光脉冲压缩处理技术来提高探测距离与分辨率，研究方案（光脉冲压缩结构示意图）如图 1-22 所示。方案中采用宽谱光源生成多波长信号，光信号经可编程光滤波器处理。处理后的光信号与线性调频波作用完成电光调制。而后信号进入光脉冲压缩处理环节，寻求效率较高的光脉冲压缩处理方案，提高雷达探测距离与分辨率。

（3）子雷达空间同步。DACSR 子雷达阵列单元内部的天线必须高度同步才能实现正确的波束形成。由于战场环境瞬息万变，子雷达阵元之间需要机动部署。

为确保子雷达本振频率的准确度，采用光控中心处理系统实现统一的相移分配管理，所有雷达阵元通过远距离光纤收到同步信号之后，需要调节相应的频率参数来进行空间同步校准。本课题组将从谱域和可编程结合处理、提升频率稳定度、进行光脉冲相位编码和反馈相位抖动抑制等方面进行研究。

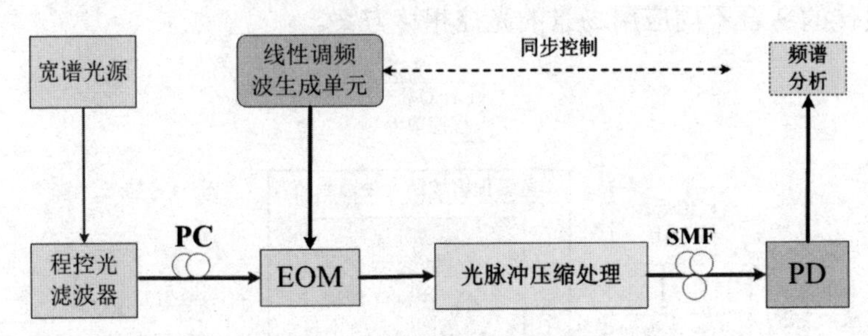

图 1-22　光脉冲压缩结构示意图

如图 1-23 所示，各子雷达间的同步链路主要由反馈处理网络、前向链路、反馈链路和前端处理模块组成。利用反馈网络将携带相位噪声的远端信号反馈到输入端进行处理，使得系统输出信号相位抖动得到抑制，从而降低相位噪声对同步参数的影响，多路雷达信号的相位得到统一调整，提高子雷达阵元间的参数同步。为了减少多种设备所带来的系统误差，雷达波由同一信号源产生，通过电光调制把雷达波传输给远场子雷达。采用光频域及可编程处理等一些较为经典的相移方法，产生相对同步的雷达波，再由反馈网络统一进行实时调整，保证各支路上的同步信号质量。这种自适应的“反馈”处理方式可以降低后台运算量，提高系统的相参合成的准确度。同时，这类方法可重构性强，提高了资源利用率。反馈处理网络中结合可编程处理，系统的自适应性更强。理论上拟采用的相位噪声抑制函数关系式为

$$\varphi_{\text{error}} = f(\varphi_0, \varphi_p, \varphi_{\text{com}}) \tag{1-8}$$

式中，φ_0 为初相位；φ_p 为相位漂移变量；φ_{com} 为反馈补偿变量；φ_{error} 为相位误差。相位误差为初相位、相位漂移变量和反馈补偿变量的函数。相位误差越小，说明相位噪声的抑制效果越明显。上述的深入研究可以有效地提升系统同步精度，优化组网架构。

本课题拟采用相位误差跟踪补偿的方法来抑制相位噪声，改善相位噪声对系统的影响。拟采用的实施方案（相位误差补偿方案）如图 1-24 所示。首先对本振光信号进行相移处理，携带有相移信息的光信号通过光纤传递到远端节点。中心控制站收到远端信号，经由相位抖动信息提取单元，采用示波器实时监测相位噪声表现，即可获取远端信号相位抖动情况，然后将处理后的信号反馈给相位误差

补偿单元，对相位参数进行补偿，达到能够自适应的抑制相位抖动，从而提高系统的频率稳定度，提高 DACSR 雷达阵列单元的空间同步准确度，实现 10^{-17} 量级，使外部因素对多路信号的同步影响降到最低。

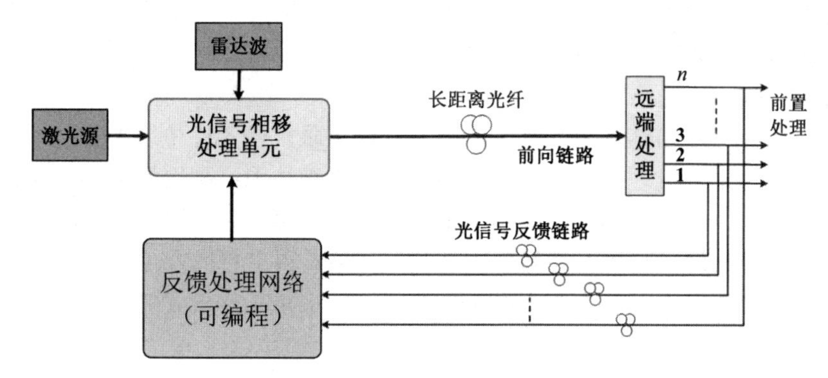

图 1 23　远场同步链路结构示意图

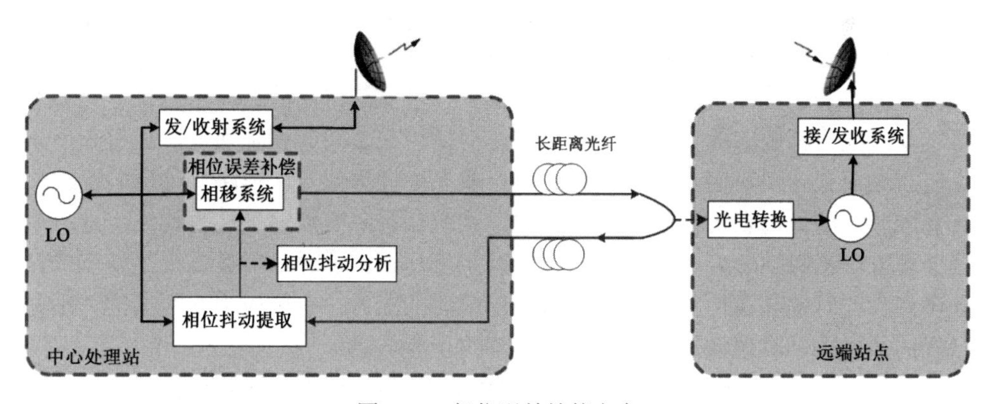

图 1-24　相位误差补偿方案

5．可行性分析

课题组对“微波光子相移器”“光信号编码处理”“光控相控天线阵列”和“新型光子高速器件”等具有一定的研究基础和积累。课题组在无线电通信、微波光子技术、光纤通信等方面已有一定的工作基础。同时，课题组在可编程逻辑控制和嵌入式系统方面也有一定的研究基础。申请人参与完成国家 973 课题等多项科研任务，基于实验室建立的软、硬件平台，在光通信与无线通信融合技术、微波光子学、光控波束形成技术等方面已初步取得一些基础研究成果，围绕光控波束形成相关研究申请了多项专利并发表了多篇论文。

在国内外广泛调研的基础上，着重解决适用于 DACSR 雷达的波束形成及同步问题，研究方案综合考虑了包括本课题组在内的众多研究单位的研究成果，提出了应用光控优势实现雷达的波束形成的解决思路，具有一定的创新性和代表性。在研究过程中尽量采用成熟的方法去研究创新的问题，同时推动理论和技术本身的不断发展。课题组对研究内容已进行了反复的斟酌和完善，研究方案也经过不断论证并证明原理可行。这些都为深入开展本课题的研究奠定了良好的基础，从而保证了本课题研究方案的可行性。

6. 创新之处

针对 DACSR 雷达系统的基本原理及升级需求，研究比传统电子技术更加优异的光控波束形成机理；寻求更合理的光脉冲压缩技术；利用相位编码和带宽之间的制约关系，提升 DACSR 雷达的信噪比和分辨率，寻求更精准的相位补偿技术，利用相位补偿量与带宽之间的相互制约关系，得出更适合 DACSR 雷达的宽带相位阵列控制方案；在快速实现 DACSR 雷达多重工作模式的要求下，设计光控波束形成系统。研究工作着眼于拓展和提升光控 DACSR 雷达的功能。

创新之处如下所述。

（1）提出多种谱域处理及可编程处理融合的光控相位阵列方案。该方案结合了频域处理及可编程处理的优点。在可编程处理方面，使用计算机软件和可编程光器件结合的方法，既能获得大的调谐范围，也能获得高的相移精准性；该方案可实现窄波束精确成像模式与宽波束快速捕捉模式之间的相互切换，也有望解决目前雷达模式转换较慢、波束扫描不准、成像模糊等问题。在频域处理方面，结合光脉冲压缩处理和可编程处理等技术，系统获得高响应速度和重构性。这种融合处理方法也特别适合多频点的同时转换，可增加雷达通信容量、提高信噪比及分辨率，同时提高雷达对多目标物体进行探测的能力，有望应用在复杂的、瞬息万变的战场中，实现快速识别真伪目标等的功能。

（2）提出采用光控中心控制处理系统，实现统一的相移分配管理子雷达空间同步方法。该方法在保证子雷达本振频率一致的前提下，较大程度地提高子雷达空间同步的准确度。它将利用上述频域和可编程结合处理的方法提高精确性，并利用反馈网络回路等来抑制相位噪声，提升雷达空间同步准确度和系统的稳定性。

1.3 微波光子信号处理技术系统原理

经过多年的研究和探索，微波光子信号处理技术逐步发展成为微波光子学开发与应用中的热点研究问题。微波光子技术的内涵就是借助光子技术处理平台对微波信号进行加工处理。这里，以微波光子技术的处理系统为例，微波信号首先需要经过 E/O 转换器，将其搬迁到光域，其目的在于将微波信号转化成为相应的光信号，利用光信号的处理技术优势来处理电信号，也可以通过光纤传输到远端节点，光信号在远端节点经过探测器转化成为微波信号。这个过程完成了对光信号的加工和传输工作，可以实现通信节点的拉远处理，加强了可重构性，可以完成超大范围的覆盖。随着新型材料和技术工艺的出现、新型光器件的不断更新问世、相应的技术参数的不断优化，不同规模的微波光子系统被研发出来。微波光子信号处理系统具有重量轻、能耗低、体积小、可靠性高等优点，该技术已渗透到各个领域并获得重视和发展。因此微波光子技术的研究得到迅速发展。常用的微波光子信号处理系统原理图如图 1-25 所示。

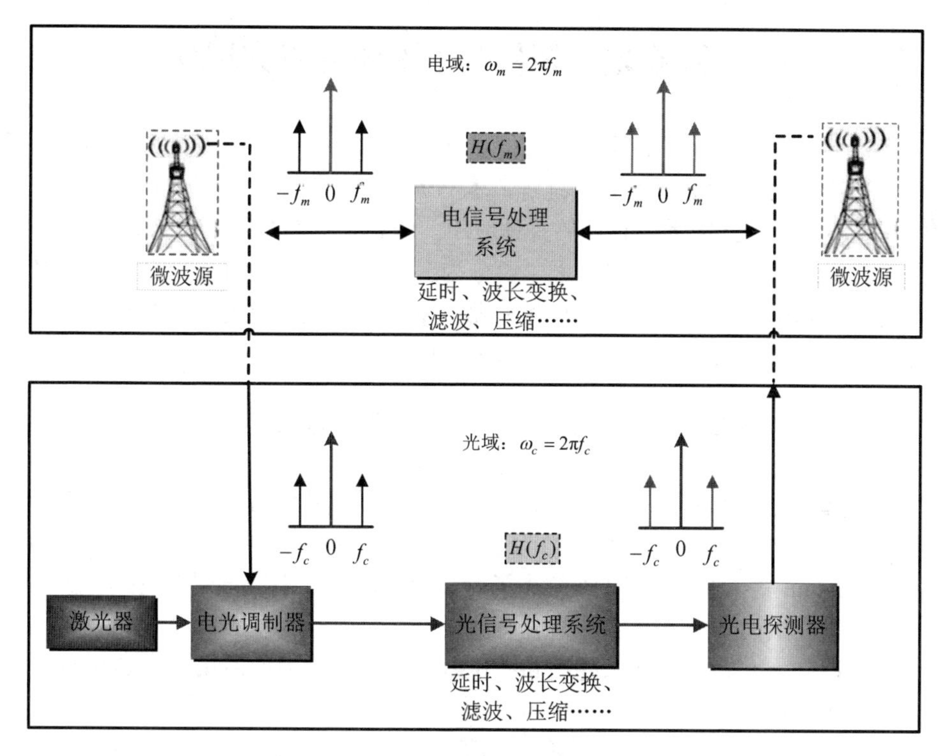

图 1-25 微波光子信号处理系统原理图

我们需要进一步掌握微波光子信号处理的流程、原理及实现过程，为以后相关研究做好铺垫。利用光学手段来处理电信号，首先需要光学到电学或者电学到光学的转换器件。目前常用的器件有相位调制器（PM）、双驱马赫曾德尔调制器（DDMZM）、双平行马赫曾德尔调制器（DPMZM）、偏振调制器（POLM）、强度调制器（I-MZM）和光电探测器（PD）等。调制器把 RF 信号转换为光信号，实现了频谱搬移；然后耦合到光信号处理系统，完成诸如波长变换、延时、加权、滤波等处理；最后，光信号经 PD 恢复成 RF 信号。电光与光电转换单元是电和光之间的桥梁和纽带，结合光信号具有的特性和现有的光子器件，采取相应的光学处理手段来解决电域的技术瓶颈，如实现损耗低、高频带宽和抗干扰等，具有调谐速度快，可重构等优势，这是传统电学方法很难做到的[22-23]。

总之，本书涉及了 MZM 等新型光学器件的原理与模型、基于新型光子器件的微波光子相移处理关键技术和相移 RF 信号稳定远距离光纤传输系统及其应用问题等方面的内容，并按照理论分析、实验验证、结果分析的思路阐述各项技术与系统设计方案。

1.4 微波光子相移技术国内外研究现状

经过多年对微波光子技术的研究，目前该技术呈现多元化发展方向，如光子集成、光控相控阵天线和 RoF 系统等。本书提出的光控相移技术，是微波光子处理技术在光控 DACSR 系统领域的具体应用。作为光控 DACSR 系统的关键技术，依据工作原理，微波光子相移技术主要分为三个研究方向：①基于 OTTD 的光控相移器；②基于矢量和技术的光控相移器；③基于外差混频的光控相移器[24-25]。下面简单介绍以上技术的研究内容和国内外的发展情况。

1.4.1 基于光真延时（OTTD）的光子射频相移技术

以光真延时技术来实现电域的微波相移，使得微波信号在空间最佳分布的实现与射频信号的频率没有关系，消除了宽带信号出现的波束倾斜问题。自 1984 年 P.G.Sheehan 等人提出 OTTD 的光子射频相移技术以来，该研究受到各国的重视，各国研究机构基于该技术的研究有序进行。目前，实现 OTTD 的结构方案可以分为光程交换、光信号技术处理和光色散链路方案。下面对第一类 OTTD 技术的实现给予简单介绍。

第一类 OTTD 技术的实现是将 RF 信号调制到光载波上，不同已调光光程不同，相应产生的延时也不同[26-27]。目前实现 OTTD 的结构方案包括：

（1）以单一光信号作载波。这种方法的特点是多路 RF 信号共用单一光载波。具体有以下三种方案：①电开关法；②光开关法；③空间光路转换法。

（2）以频率不同的多个光信号作载波。这种方法的特点是 RF 信号分用多个不同波长的光波。实时改变光波波长，使已调光信号在光处理单元中经历不同的路径，产生不同的延时，实现不同的相移。此类光真延时系统的一般模型结构如图 1-26 所示。

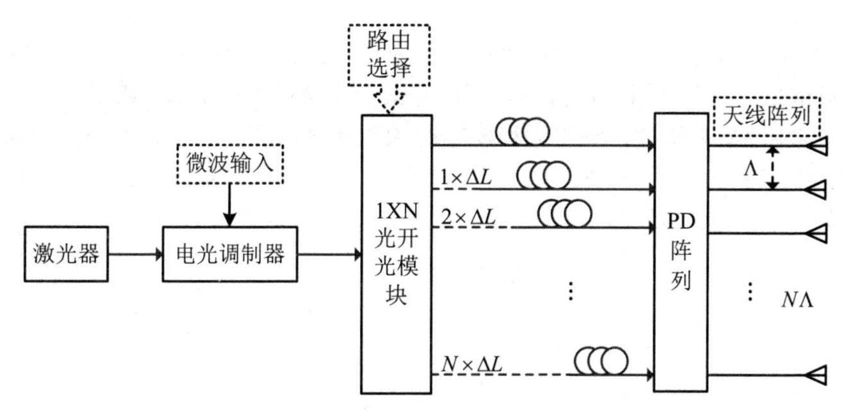

图 1-26　光真延时系统的一般模型结构

20 世纪 90 年代，国外对 OTTD 的研究发展迅速，相关的技术也已经非常成熟。在 2006 年，美国德克萨斯大学的 Jian Tong 等人报道了基于光波导开关的 OTTD 模块，其光开关平均插入损耗大约为 6dB，开关速度达到 ns 数量级，最大延时 20ns[28-29]。在国内，多家研究机构开展了相关的研究，也取得了一定成果。

（1）2005 年，加拿大 MWPLab（Microwave Photonics Research Laboratory）的光真延时波束形成网络技术研究计划，同时实验室开展了对全光微波混频与滤波、光纤传感器、ROF 通信、光生毫米波、光纤激光器和光放大器等领域的研究。其研究团队在 OSA 和 IEEE 等所属的高水平期刊和国际会议上对相关研究成果进行了报道。

（2）近年来，我们课题组也对该技术进行了深入的研究，取得了一定的研究成果。我们利用了空间光调制技术、射频涡旋探测技术、毫米波信号再生技术、光相位补偿技术、光控相移技术等来实现微波光子波束形成。经过努力，在 IEEE 和 OSA 等所属的高水平期刊和国际会议上，相关研究团队报道了很多研究成果。在 2013 年，Yongfeng Wei、Chaowei Yuan 等人提出了基于光栅棱镜二维相控阵天线阵列的光真延时系统。该系统中使用了可调的光栅棱镜（FGP），光栅之间的栅距可灵活调节。在实验中采用了 8×8 的二维天线阵列，通过 TLS 改变波长，在不同的通道产生不同的延时。结果显示该系统具有灵活性高、大带宽、精度高等优势[30-31]。

1.4.2　基于外差混频技术的光子相移技术

基于外差混频技术（HMT）的光控相移技术受到人们的重视，其中间单元结构是典型的马赫曾德尔干涉仪，它的两个膀臂一个是 PM，一个是频移器。一路光波在直流电压的控制下，光信号的相位可调。另一路实现频移；然后通过的光信号经光耦合器进行合成；最后经探测器恢复出相位可控的 RF 信号。1999 年，Sang-Shin Lee 等人利用一种新型非线性光聚合物材料制作了 DDMZM，其主要用频移器和相移器来搭建，利用频移器实现 RF 频谱搬移，调节相移器上的偏置电压来控制光载波的相位，终端拍频得到相位可控的 RF 信号[32]。外差混频技术处理系统一般模型结构如图 1-27 所示。

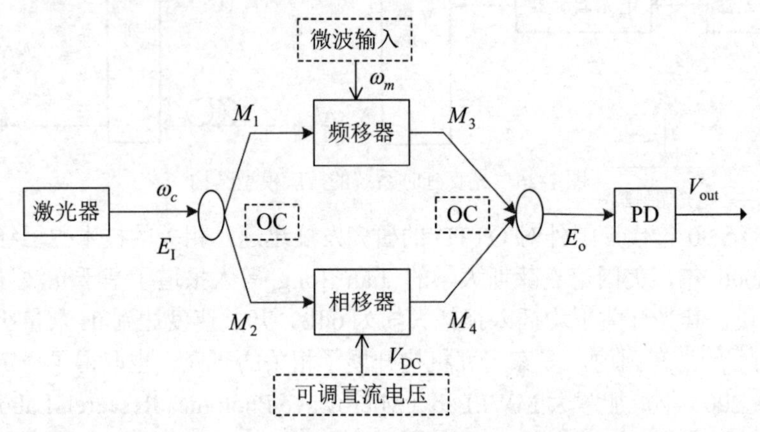

图 1-27　外差混频技术处理系统一般模型结构

如图 1-27 所示，外差混频技术结构简单、重构性强、易操作，该处理技术已经成为研究的热点。接下来介绍一下相关的研究。

1999 年，Sang-Shin Lee 等人提出了基于电光聚合物材料（CLD2-ISX）的集成光子射频相移器系统。其相移的范围超过 108°，射频信号为 16GHz。该技术只是光相移技术的初步研究阶段[33]。

2012 年，Shilong Pan 和 Yamei Zhang 等人提出了基于单边带偏振调制与偏振镜的可调宽带微波光子相移系统。该系统包含 POLM 和偏振镜（Polarizer）。通过 POLM 的两个正交态的单边带调制信号相位差为 π。通过改变偏振镜的角度，可以实现–180°～+180°的相移[34]。

2014 年，Xudong Wang、Erwin H.W.Chan 等人提出了基于布拉格光纤光栅的光子相移系统。利用 FBG 的滤波特性，其反射谱函数对上边带信号发生作用，上边带产生一个相移，这样，光信号相位的变化映射到 RF 信号上，实现 360°的相移，相位偏差小于 5°[35]。

1.4.3　基于矢量和技术的光子相移技术

1993 年，J.F.Coward 等人对矢量和技术进行了研究。两支路要求光信号频率相同，幅度、初相位不同的正弦信号。各支路信号经光衰减器控制调节，经过干涉叠加后合成幅度和相位可控的信号。射频信号相位变化可以通过信号的幅度比值来控制，幅度比值可以通过信号的幅度大小和相位差函数来调节。下面总结矢量和技术的光子 RF 相移器的实现过程,矢量和技术系统一般模型结构如下图 1-28 所示。

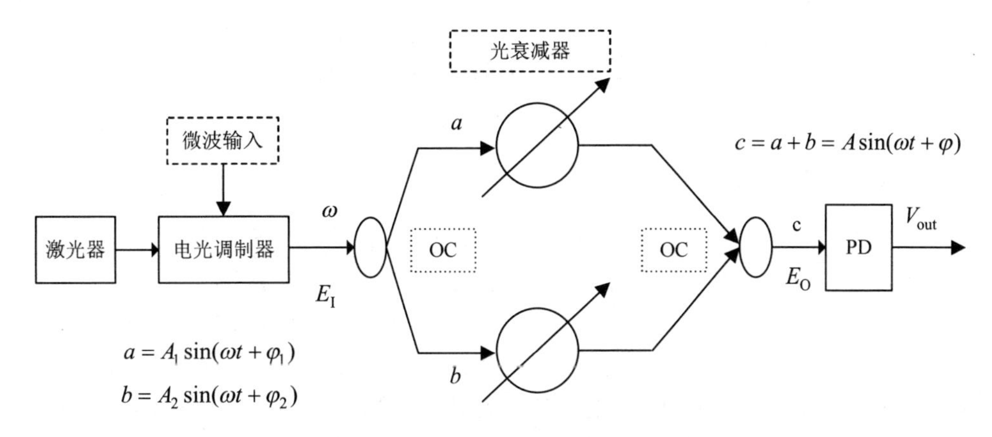

图 1-28 矢量和技术系统一般模型结构

首先两个具有不同强度、相同角频率而有固定相位差的已调光正弦信号，分别通过两个衰减器来调控其幅度，这两路信号可分别表示为

$$\begin{aligned} a &= A_1\sin(\omega t + \varphi_1) \\ b &= A_2\sin(\omega t + \varphi_2) \end{aligned} \tag{1-9}$$

式中，A_1 和 A_2 为振幅；φ_1 和 φ_2 为初始相位。将这两路信号合路后的输出信号为

$$c = a + b = A\sin(\omega t + \varphi) \tag{1-10}$$

式（1-10）中

$$A = \sqrt{A_1^2 + A_2^2 + 2A_1A_2\cos(\varphi_1 - \varphi_2)} \tag{1-11}$$

$$\varphi = \tan^{-1}\left(\frac{A_1\sin\varphi_1 + A_2\sin\varphi_2}{A_1\cos\varphi_1 + A_2\cos\varphi_2}\right) \tag{1-12}$$

由式（1-12）可以看出，通过灵活设置初始相位 φ_1、φ_2，调整 A_1、A_2 的比值，就可以实现 φ 在 0°～360°的连续可调[36-39]。

2005 年，Kwang-Hyun Lee 等人提出了一种基于矢量和技术的 MWPPS 系统。该系统用保偏光纤（PMF）作为两路光通道的传输介质，通过控制 PMF 的偏振状态及 MZM 的偏置电压可以实现相位从 0°～360°的变化，RF 信号频率为 30.48GHz[40]。

2012 年，Erwin H. W. Chan、WeiWei Zhang 和 Robert A. Minasian 等人实现了

基于光信号的幅度和相位可控的 MWPPS 系统。该系统中使用了 DPMZM，调节 DPMZM 的偏置电压，控制已调光载波的幅度和相位，PD 解出相位连续可调的 RF 信号，幅度保持稳定。带宽范围为 2～16GHz，实现了 360°的相移。相位偏差小于 2°，幅度变化小于 3dB[41]。

1.5 微波光子相移技术应用前景

1.5.1 远距离探测

现在人们追求的是看得远一些，听得远一些，所以远距离探测成为研究人员的科研目标。目前安装在地面上的射电天文望远镜是进行远距离探测的一个重要工具。它可以捕捉来自天体和宇宙空间的射频微波信号。我们通过微波信号的频率、强度、偏振等基本物理参量，根据特征分析来推断数亿光年以外的宇宙情况，进一步了解宇宙的变化规律。射电天文望远镜的原理是将频率高达 30GHz 到 1THz 的微波信号通过大半径的抛物面天线接收下来，经过高增益的放大器放大后，通过变频器将频率变换到 10～12GHz 的中频，最后传输到中心控制站进行处理。射电天文望远镜的最重要技术指标是灵敏度和分辨率。宇宙中距离地球极其遥远的恒星角径非常小，从而导致难以分辨能量源，因此提高射电天文望远镜的分辨率就显得极其重要。提高分辨率的方法有两种。第一种方法就是架设两个或者两个以上的射电天线，利用射电干涉的方法来获得高分辨率。第二种是采用较大半径的信号接收天线（半径越大分辨率越高）。这种方法的效果比第一种明显得多。天线之间的距离叫作基线，从理论上说，基线越长，观测分辨率越高。为了从多个角度更加清晰地进行观测，从 20 世纪 80 年代开始，欧美发达国家架设并投入使用了超长基线的射电天线阵列。其中美国的超长基线阵列基线长度达到了 8000km，观测精度是哈勃太空望远镜的 500 倍。于是，世界各地出现了很多超大尺寸的射电天线（最大的半径达到 150m）。这个方法在提高接收机灵敏度的同时还可以提高分辨率。关于其功能的形象的说法是“可以让一个在纽约的人看洛杉矶的报纸”。

微波信号在长距离传输的过程中，较长的基线对信号的损耗较高，这是必须要解决的问题，需要寻求新型的介质来替代原来的同轴电缆传输线。光纤的损耗只有同轴电缆损耗的万分之一，采用光纤传送信号成了必然的选择。另外，想要天线阵列协同工作就必须要在时间和频率上精确地将变频器需要的本振（LO）信号发送到各个天线。环境温度、振动、机械应力等导致的信号相位抖动，最终会影响 LO 的频率和相位噪声。因此，对于这种应用场景，如何设计频率和时间稳定的远距离传输的微波光子系统是应当考虑的。这也是提高射电天文望远镜精度的一个重要环节。

进入信息化社会，世界各国加大了在该方面的研发投入，制造出了由更多数量抛物天线组成的天线阵列来提高灵敏度。2004年，在美国的新墨西哥州索克璐以西海拔约为2124m、长达80km的达利小镇附近建立了Karl G. Jansky超大阵列的天文望远镜，主要用来观测年轻的原行星以及黑洞。图1-29所示即该阵列天线的实物图，它可探测74MHz～50GHz的频率范围。这个系统由27个直径为25m的抛物天线组成。2013年，美国为了进一步扩大望远镜的测量精确度和工作频段，又在阿塔卡玛（Atacama）附近海拔高达5000m的圣佩德罗（San Pedro）区域，建造了当时世界最先进的天线阵列——阿塔卡玛超大毫米波阵列。并将光载无线传输技术和高频毫米波产生技术等微波光子学技术运用在该系统中。该阵列由64个直径为12m的抛物天线组成；工作频率为30～950GHz。

图1-29　美国新墨西哥州的超大阵列射电天文望远镜

随着时间的推移和科技的进步，微波光子学大大促进了射电天文望远镜朝着更高的工作频率、更高的灵敏度和更高的分辨率方向发展。而微波光子学中高频毫米波产生、光载无线通信以及光学锁相技术已经投入了应用。随着相关光器件的工艺和指标的成熟，未来有望在天线后端形成全光接收。

1.5.2　分布式阵列相参合成雷达

为了快速搜索捕捉目标信息，现代的雷达系统需要有宽带和快速捷变的能力。传统的机械旋转雷达受限于电机的旋转速度而完全不能满足这一要求。随着技术的进步，美国率先研究了分布式阵列相参合成雷达（DACSR）来解决相关问题。它的原理是将很多天线排列成一个阵列平面，然后通过控制每个天线的发射频率或者相位，将发射的波束合成并且指定扫描方向。到了20世纪80年代，分布式阵列相参合成雷达已具有高数据率、多目标探测能力、高抗干扰能力等优点，在相关应用领域取代了传统的机械式雷达。进入 21 世纪以来，人们对分布式阵列相参合成雷达的性能提出了更高的要求，这些要求主要集中在两个方面：一是需要更大的瞬时带宽；二是要有更高的工作波段。大的瞬时带宽可以使雷达具有高成像分辨率和识别能力；高的工作波段可实现多目标跟踪和多功能同时协调工作。这是因为雷达工作在不同的波段其工作性能有不同的特点。例如，雷达的搜寻模式工作在低频的 L 波段，而高分辨率跟踪则工作在频率较高的 S 或者 X 波段。

传统的电子分布式阵列相参合成雷达把发射机的功率分配到每一个天线的端口。同时，利用电可调相移器和可变衰减器对每一个阵列单元进行控制，从而实现波束形成和扫描。当阵列数量很大时，对波束形成的硬件控制将变得非常复杂和困难，因此带宽和频段受到很大的限制。

光控分布式阵列相参合成雷达恰恰将光波极大的带宽、极高的瞬时响应特性与分布式阵列相参合成雷达技术相结合，解决了目前面临的问题。此外，光控分布式阵列相参合成雷达还有传输损耗低、调谐能力强、体积小、重量轻以及频率响应平坦等诸多优点。因此，光控分布式阵列相参合成雷达得到了广泛的重视。图 1-30 给出了一个典型的光控分布式阵列相参合成雷达的理论示意图，不难发现，光子相移器也是其中的一个核心组成部分。

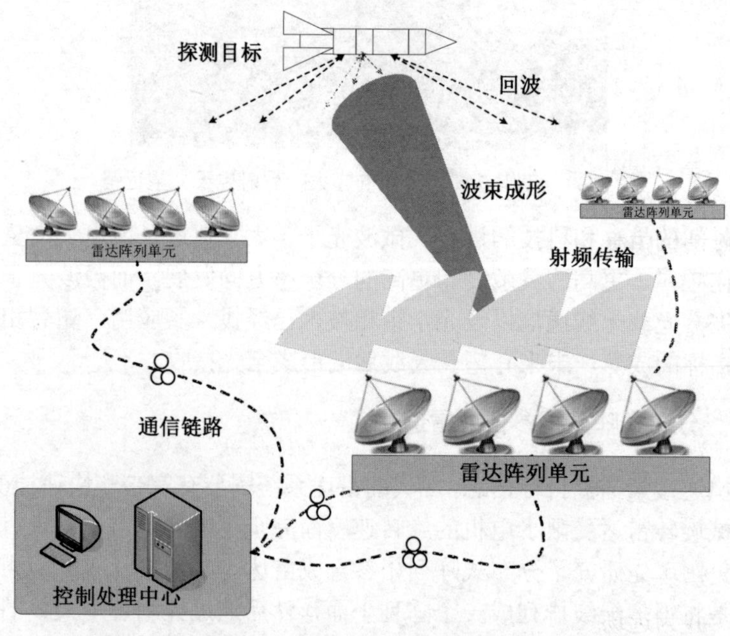

图 1.30　光控分布式阵列相参合成雷达的理论示意图

随着研究的进一步深入，基于交叉相位[79]和受激布里渊[80]等非线性效应的宽带光子射频相移器也相继被报道。该方法实现的光子射频相移器结构简单，也是光子射频相移技术可选用的方法之一。

1.5.3 副载波复用简析

近几年来，微波光子技术的发展和应用技术迅速发展。根据宽带业务网距离短和信息量大的特点，目前主要采用多信道复用的传输技术，其中包括光信号的波分复用（WDM）、空间复用（SDM）、频分复用（FDM）以及信号的副载波复用等技术。从成本和技术难度方面考虑，传输系统用副载波复用可实现数字信号和模拟信号的传输，这是很好的选择。这里讨论的主要内容是模拟信号副载波复用调频的信息传输形式（SCM-FM）的光纤传输技术。

副载波复用技术是将多种不同频率的信号分别加载到不同的频率载频上，然后用光载微波技术将多个载波同时加载到光上，用光纤来传输相关信息。这样，一是简化了系统的结构，减少了微波信号的调制系统。二是可以减少电信号调制对光源稳定性的影响，减少了光源调制的副载波分量。三是可以降低对微波副载波稳定性的过高要求。因为在模拟信号传输时，一定要求载波源有较高的频率稳定度。因为调制信号的频带都比较窄，如果载波频率很高，与调制信号的最高频率相差甚远，为了减少载波频率不稳定而引起的频率变化对调制信号边频的影响，多个信道同时使用带来了较宽的频谱范围；同时在解调端面临需要特殊设计的接收机才可以将多种复用载波分开的难题。通常解决这两个问题可以采用相干解调或者前置光滤波器的方式。在数字信号传输时，副载频的调制方式有 FSK、ASK、PSK 形式。当容量和带宽发生矛盾时，载频不能适当配置。在光纤 SCM 传输系统中，解调信号的信噪比（SNR）由模噪声、光源噪声、光纤的带宽劣化及光电检测器的噪声等因素来决定。解决的思路是：将光路分路，采用不同本振信号进行频率变换，然后在输出端采用匹配的电带通滤波器，就可解调出不同信道的信号。这样可提高系统的灵活性。

1.6 本章小结

综上所述，基于光控波束形成技术已经进行了广泛的理论研究和实验积累。当前研究重点在于突破单路信号的相位控制精度和探测能力瓶颈，以及突破多路信号之间的相位前期同步校准等瓶颈。同时，本章对微波光子技术的应用前景进行了阐述，并为远场多基 DACSR 雷达提供了理论支撑。

1.7 参考文献

[1] 顾畹仪．光纤通信系统 [M]．3 版．北京：北京邮电大学出版社，2013.

[2] 邢志忠．国际光年的缘起[J]．科学世界，2015（1）：110.

[3] 庆宇．分布式阵列相参合成雷达数据处理及其仿真技术[M]．北京：国防工业出版社，1997.

[4] J.Stulemeijer, F.E.vail Vliet, K.W.Benoist, et a1.Compact Photonic Integrated Phase and Amplitude Controller for Phased-Array Antennas[J].IEEE Photonics Technology Letters,1999,11(1),122-124.

[5] B. Ning, P. Du, D. Hou, et al. Phase fluctuation compensation for long-term transfer of stable radio frequency over fiber link[J]. Opt.Express, 2012, 20(27):28447-28454.

[6] Vidal B, Mengual T, Ibanez-Lopez C. Optical Beamforming Network Based on Fiber-Optical Delay Lines and Spatial Light Modulators for Large Antenna Arrays[J]. Journal of Lightwave Technology, 2006, 17(24):2590-2592.

[7] Li W, Li M, Yao J. A narrow-passband and frequency-tunable microwave photonic filter based on phase-modulation to intensity-modulation conversion using a phase-shifted fiber Bragg grating[J]. IEEE Transactions on Microwave Theory and Techniques, 2012, 60(5):1287-1296. http://www.site.uottawa.ca/~jpyao/mprg/.

[8] D. Hou, P. Li, C. Liu, J. Zhao, et al. Long-term stable frequency transfer over an urban fiber link using microwave phase stabilization[J]. Opt. Express, 2011, 19(2): 506-511.

[9] Fenn A J, Temme D H, Delaney W P, et al. The development of phased-array radar technology[J]. Lincoln Laboratory Journal, 2000, 12(2):321-340.

[10] 王雪松．分布式阵列相参合成雷达天线最佳波位研究[J]．电子学报，2003，31（6）：805-808.

[11] 陈义群. 论探地雷达现状与发展[J]. 工程地球物理学报，2005，2(2)：149-155.

[12] 陈立．分布式阵列相参合成雷达的发展[J]．舰船电子工程，2009，5（179）：13-17.

[13] Aumann H M, Fenn A J, Willwerth F G. Phased array antenna calibration and pattern prediction using mutual coupling measurements[J]. IEEE Transactions on Antennas and Propagation, 1989, 37(7):844-850.

[14] Horikoshi S, Yamazaki S, Narita A, et al. A novel phased array antenna system for microwave-assisted organic syntheses under waveguideless and applicatorless setup conditions[J]. RSC Advances, 2016, 6(115):113899-113902.
[15] 魏永峰．微波光子信号处理中光子射频相移技术的研究[D]．北京：北京邮电大学，2014.
[16] 候承昊．可控相移器研究现状及其发展前景[J]．智能电网，2014，1：004.
[17] Albrecht H E, Damaschke N, Borys M, et al. Laser Doppler and phase Doppler measurement techniques[M]. Springer Science & Business Media, 2013.
[18] Wilson R N. Reflecting telescope optics II: manufacture, testing, alignment, Modern Techniques[M]. Springer Science & Business Media, 2013.
[19] Liu W, Yao J. Ultra-wideband microwave photonic phase shifter with a 360° tunable phase shift based on an erbium-ytterbium co-doped linearly chirped FBG[J]. Optics letters, 2014, 39(4):922-924.
[20] Wang W Q, So H C. Transmit Subaperturing for Range and Angle Estimation in Frequency Diverse Array Radar[J]. IEEE Trans. Signal Processing, 2014, 62(8):2000-2011.
[21] 周文辉. 分布式阵列相参合成雷达及组网跟踪系统资源管理技术研究[D]. 长沙：国防科学技术大学，2004.
[22] 李建强．基于铌酸锂调制器的微波光子信号处理技术与毫米波频段 ROF 系统设计[D]．北京：北京邮电大学，2009.
[23] Minasian R A. Photonic signal processing of microwave signals[J]. IEEE Transactions on Microwave Theory and Techniques, 2006, 54(2):832-846.
[24] 廖进昆，刘永智，侯文婷，等．集成光子学微波相移器研究进展[J]．激光与红外，2007（09）：806-808.
[25] 马文英，董玮，刘彩霞，等．光子射频相移器研究与进展[J]．半导体技术，2007（04）：281-283.
[26] 高欣璐．光真延时技术及其在无线通信系统中的应用[D]．北京：北京师范大学，2015.
[27] Ng W, Walston A A, Tangonan G L, et al. The first demonstration of an optically steered microwavephased array antenna using true-time-delay[J]. Journal of Lightwave Technology, 1991(9):1124-1131.
[28] Dolfi D, Michel-Gabriel F, Bann S, et al. Two-dimensional optical architecture for time-delay beamforming in a phased-array antenna[J]. Opt Lett, 1991 (4):255-257.

[29] 王伟南，郑小平，周波，等．基于宽谱光源的光控微波延时技术[J]．中国激光，2006（09）：1239-1242.

[30] Fan C, Huang S, Gao X, et al. Compact high frequency true-time-delay beamformer using bidirectional reflectance of the fiber gratings[J]. Optical Fiber Technology, 2013, 19(1):60-65.

[31] Wei Y, Huang S, Gao X, et al. Programmable RF photonic phase shifters based on FD-OP for optically controlled beamforming[J]. Optical Fiber Technology, 2015, 24:115-118.

[32] L. S. Ma, P. Jungner, J. Ye, et al. Delivering the same optical frequency at two places: Accurate cancellation of phase noise introduced by an optical fiber or other time-varying path[J]. Opt. Lett, 1994, 19(21):1777-1779.

[33] Lee S S, Udupa A H, Erlig H, et al. Demonstration of a photonically controlled RF phase shifter[J]. IEEE Microwave and Guided wave letters, 1999, 9(9):357-359.

[34] Zhang H, Pan S, Huang M, et al. Polarization-modulated analog photonic link with compensation of the dispersion-induced power fading[J]. Optics letters, 2012, 37(5):866-868.

[35] Wang X, Chan E H W, Minasian R A. Optical-to-RF phase shift conversion-based microwave photonic phase shifter using a fiber Bragg grating[J]. Optics letters, 2014, 39(1):142-145.

[36] Lee K, Jhon Y M, Choi W. Photonic phase shifters based on a vector-sum technique with polarization-maintaining fibers[J]. Optics letters, 2005, 30(7):702-704.

[37] M. Fujieda, M. Kumagai, T. Gotoh, et al. Ultrastable frequency dissemination via optical fiber at NICT[J]. IEEE Trans. Instrum.Mease,vol, 2009, 58:1223-1228.

[38] Öztürk E, Tekin İ. A novel three vector sum active phase shifter design for W - band automotive radar applications[J]. Microwave and Optical Technology Letters, 2014, 56(7):1715-1721.

[39] Mohsenpour M M, Saavedra C E. Variable 360 Vector-Sum Phase Shifter With Coarse and Fine Vector Scaling[J]. IEEE Transactions on Microwave Theory and Techniques, 2016, 64(7):2113-2120.

[40] Lee K H. Responses of floating wind turbines to wind and wave excitation[D]. Massachusetts Institute of Technology, 2005.

[41] Chan E H W, Zhang W W, Minasian R A. Photonic RF phase shifter based on optical carrier and RF modulation sidebands amplitude and phase control[J].

Journal of Lightwave Technology, 2012, 30(23):3672-3678.

[42] Yang X , Yin P , Zeng T , et al. Applying Auxiliary Array to Suppress Mainlobe Interference for Ground-Based Radar[J]. IEEE Antennas and Wireless Propagation Letters, 2013, 12:433-436.

[43] L. M. Zhang, L. Chang, Y. Dong, et al. Phase drift cancellation of remote radio frequency transfer using an optoelectronic delay-locked lopp[J]. Opt. Lett.vol, 2011,36:873-875.

[44] Horne A M, Yates G. Bistatic synthetic aperture radar. IEEE Radar Conference, 2002-6-10.

[45] L. Zhang, A. K. Poddar, U. L. Rohde, et al. Self-ILPLL using optical feedback for phase noise reduction in microwave oscillators[J]. IEEE Photon. Technol. Lett., 2015, 27(6):624-627.

[46] Jian L., P. Stoica. MIMO Radar with Colocated Antennas[J]. IEEE Signal Processing Magazine, 2007, 24(5):106-114.

[47] Brown W M, Fredricks R J. Range-Doppler Imaging with Motion through Resolution Cells[J]. IEEE Transactions on Aerospace & Electronic Systems, 1969, AES-5(1):98-102.

[48] Weiss H G. The Millstone and Haystack radars[J]. IEEE Transactions on Aerospace & Electronic Systems Aes, 2001, 37(37):365-379.

[49] Guo L., Deng H., Himed B., et al. Waveform Optimization for Transmit Beamforming with MIMO Radar Antenna Arrays[J]. IEEE Transactions on Antennas and Propagation, 2015, 63(2):543-552.

[50] Skolnik M, King D. Self-phasing array antennas[J]. IEEE Transactions on Antennas and Propagation, 1964, 12(2):142-149.

[51] Sea-based X-Band Radar(SBX) Sourcebook, Version of 2007-07-24[R]. Jul., 2007.

[52] An SBX Sourebook, Volue II, Version of 2011-11-07. Nov., 2011.

[53] Frank C. Robey, Scott Coutts, Dennis Weikle Jeffrey C. Mc Hrg, et al. MIMO radar theory andexperimental results[C]. IEEE Thirty-Eighth Asilomar Conference on Signals, Systems and Computers, 2004, 1:300-304.

[54] S. D. Coutts, K. M. Cuomo, J. C. Mc Harg, F. C. Robey, D. Weikle. Distributed coherent aperture measurements for next generation BMD radar[C]. Fourth IEEE Workshop on Sensor Array and Multichannel Processing, Waltham, MA, Jul. 2006:390-393.

[55] Eli Brookner. Phased-Array and Radar Breakthroughs[C]. IEEE Radar Conference, 2007: 37-42.
[56] E. Brookner. Phased-array and radar astounding breakthroughs-an update[J]. IEEE Radar Conference, Rome, Italy, May, 2008:1-6.
[57] V. Cheanyak,I.Immoreev, B. Vovshin.70 years of Russian radar industry[C]. International Conference on Radar systems, Toulouse ,France, 2004:1-8.
[58] J. E. Nillson, H. Warston.Radar with separated subarray antenna[C]. Radar conference, Adelaide, Australia, 2003:194-199.
[59] E. F. Knott, J. F. Shaeffer, M. T. Tuley.Radar Cross Section[M]. NC:Scitech, 2004.
[60] Eli Brookner. Phased-array and radar astounding break-throughs-an update[C]. IEEE Radar Conference: 2008,1-6.
[61] Couttss，et al. Distributed Coherent Aperture Measurements for Next Generation BMD Rad[C]. IEEE Workshop on Sensor Array and Multichannel Signal Processing，2006,390-393.
[62] 曹哲，柴振海，高红卫．分布式阵列相参合成雷达技术研究与试验[J]．现代防御技术，2012，40（4）：1-11.
[63] Jiang wei, Wang Ju, Wu Siliang,et al. Coherent detection and ambiguity for frequency diversity separated subarray radar[C]. Proc. of ICSP, 2008: 2364-2367.
[64] Kirk D R, Bergin J S, Techau P M, et al. Multi-static coherent sparse aperture approach to precision target detection and engagement[C].Proceedings of IEEE International Radar Conference. Alexandria, VA: IEEE,2005:579-584.
[65] 鲁耀兵，张履谦，周荫清，等．分布式阵列相参合成雷达技术研究[J]．系统工程与电子技术，2013，35（8）：1657-1662.
[66] Grisham. Method of satellite operation using synthetic aperture radar addition holography for imaging, US patent. 1986, 22(7). 4602257.
[67] Powell N F, Mallean H G. Autonomous synchronization of a bistatic synthetic aperture radar system: U.S. Patent 5,113,193[P]. 1992-5-12.
[68] Skolnik M.I. Fifty Years of Radar[J]. Proc IEEE, 1985, 73(2):182-197.
[69] Skolnik M.I. Radar Handbook. Second edition. New York. Mc Graw-hill. 1990.
[70] Stove A G. Linear FMCW radar techniques[J]. IET Radar and Signal Processing, 1992, 139(5):343-350.
[71] Glase J.I. Bistatic radars hold promise for future systems[J]. Microwave Syst News, 1984, 10:119-136.
[72] Espeter T, Walterscheid I, Klare J, et al. Synchronization techniques for the

bistatic spaceborne/airborne SAR experiment with TerraSAR-X and PAMIR[C]. IEEE International Geoscience and Remote Sensing Symposium, 2007: 2160-2163.
[73] Subbaraman H, Chen M Y, Chen R T. Photonic crystal fiber-based true-time-delay beamformer for multiple RF beam transmission and reception of an X-band phased-array antenna[J]. Journal of Lightwave Technology, 2008, 26(15):2803-2809.
[74] Subbaraman H, Chen M Y, Chen R T. Simultaneous Dual RF Beam Reception of an X-Band Phased Array Antenna Utilizing Highly Dispersive Photonic Crystal Fiber Based True-Time-Delay[C]// Optical Fiber Communication (OFC), 2008. Aoe. 2008:1-3.
[75] Lee S S, Udupa A H, Erlig H, et al. Demonstration of a photonically controlled RF phase shifter[J]. Microwave & Guided Wave Letters IEEE, 1999, 9(9):357-359.
[76] Minasian R A. Photonic signal processing of microwave signals[J]. IEEE Transactions on Microwave Theory and Techniques, 2006, 54(2):832-846.
[77] Lee S S, Udupa A H, Erlig H, et al. Demonstration of a photonically controlled RF phase shifter[J]. IEEE Microwave and Guided wave letters, 1999, 9(9):357-359.
[78] K.-H. Lee, J.-Y. Kim, W.-Y. Choi. A 30-GHz self-injectionlocked oscillator having a long optical delay line for phase-noise reduction[J]. IEEE Photon. Technol. Lett, 2007,19(24):1982-1984.
[79] Wang X, Chan E H W, Minasian R A. Optical-to-RF phase shift conversion-based microwave photonic phase shifter using a fiber Bragg grating[J]. Optics letters, 2014, 39(1):142-145.
[80] Chew S X, Nguyen L, Yi X, et al. Distributed optical signal processing for microwave photonics subsystems[J]. Optics express, 2016, 24(5):4730-4739.
[81] Zhang W, Yao J. Programmable On-Chip Photonic Signal Processor Based on a Microdisk Resonator Array[C]//2018 International Topical Meeting on Microwave Photonics (MWP). IEEE, 2018:1-4.
[82] Zhang W, Yao J. Electrically Programmable Equivalent-Phase-Shifted Waveguide Bragg Grating for Multichannel Signal Processing[C]//Optical Fiber Communication Conference. Optical Society of America, 2019:W3I.6.
[83] Zhou B, Zheng X, Yu X, et al. Continuous optical beamforming networks based

on broadband optical source and chirped fiber grating[J]. IEEE Photonics Technology Letters, 2008, 6353(9):733-735.

[84] Wensheng Zhai, Xinlu Gao, Wenjing Xu, Mingyang Zhao, Mutong Xie, Shanguo Huang, and Wanyi Gu. Microwave photonic phase shifter with spectral separation processing using a linear chirped fiber Bragg grating[J]. Chinese Optics letters, 2016, 14(4):040601-1-4.

[85] Wang X, Niu T, Chan E H W, et al. Photonics-based wideband microwave phase shifter[J]. IEEE Photonics Journal, 2017, 9(3):1-10.

[86] Zhang Y, Pan S. Broadband microwave signal processing enabled by polarization-based photonic microwave phase shifters[J]. IEEE Journal of Quantum Electronics, 2018, 54(4):1-12.

[87] Mingzheng Lei, Zhennan Zheng, Jinwang Qian, Mutong Xie,Xinlu Gao, Shangguo Huang. Photonics-assisted super-octave microwave phase shifter[J]. IEEE Photonics Journal, 2019.

[88] J. Li, P. Stoica, Z. Wang. On robust Capon beamforming and diagonal loading. IEEE Transactions on SP, 2003, 51(7):1702-1715.

第 2 章　微波光子相移系统设计与实现的关键问题

2.1　引言

在微波光子相移系统（MWPPS）研究中，要熟练掌握新型光子器件结构及其工作原理，及其正确的使用方法，明确系统所要解决的科学问题。这样，在设计具体方案时，通过不断讨论和分析，选出最优方案。本章内容主要为以下章节所提出的方案提供理论支撑。

2.2　微波光子相移系统的链路模型及关键问题

我们知道高频宽带、大动态、低损耗和抗电磁干扰等是微波光子技术的优势所在，但也会伴随有一些性能限制，如功率弥散、系统带宽无法满足需求、非线性失真、动态范围受限和频率稳定度低等。掌握问题产生的原因，并提出相应的解决方案，把它们相应的影响降到最低，使得 MWPPS 系统能够持续良好地工作。

2.2.1　链路模型

微波光子系统主要包括激光发生器、电光调制、光信号预处理、光谱处理单元、光电转换器件和光纤等。图 2-1 描述了微波光子链路的一般模型及主要噪声分布情况。系统器件之间的匹配度和固有属性都会对系统稳定性造成一定的制约。例如，激光谐振腔生成光信号，此时热噪声、相对强度噪声等会伴随光信号送出，从而影响到光信号的频率稳定性。例如，在 EDFA 放大信号的过程中，热噪声会伴随产生等，这些均对系统稳定运行有一定的影响。在光电转换的过程中，受到 PD 带宽和响应度的影响，会滋生相应的复合噪声、热噪声等。在设计系统的过程中，应把这些不利因素考虑进去，找出解决问题的最优方案。

当激光信号通过 MZ 调制器时，在调制器的两臂加载 RF 信号，使得晶体材料的折射率变化（Δn_{eff}）跟随 RF 信号的规律变化。光信号的强度会跟随射频信号的规律变化，但调制过程中容易产生谐波失真和互调失真。再者，频段和频率大小不同，放大倍数也会不同，光信号预处理单元会引入一定的起伏噪声和自发辐射噪声等。同时，光纤信道必须具有平坦的幅度和群延迟响应才能保证通带内的信号线性失真降低[1]。为了保证系统能够稳定地连续工作，应提高可靠性并减少偶然误差，所以对噪声的研究是很有必要的。

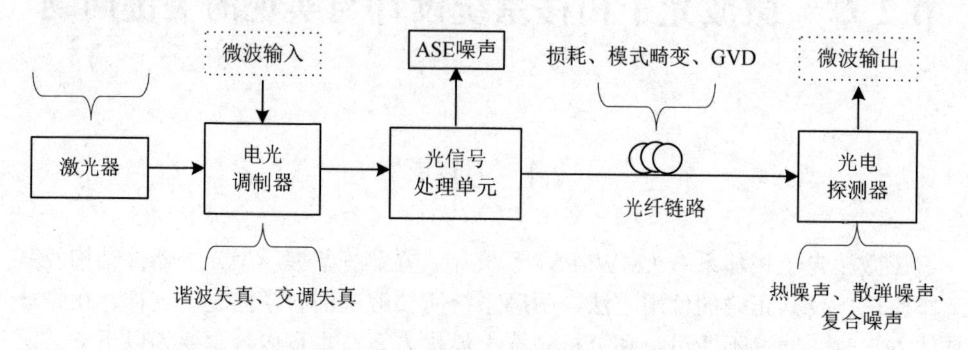

图 2-1　微波光子链路的一般模型及主要噪声分布

2.2.2　关键问题

对于 MWPPS 系统，应考虑和分析影响信号传输和处理的相关因素，如链路增益、噪声系数、非线性失真、动态范围、系统带宽和频率稳定度等，这些系统参数的优劣程度直接影响到信号处理效果和传输质量。

1. 链路增益

光链路系统增益主要包括光信号增益和 RF 信号增益。光信号增益定义为光功率检测器检测的光功率与输入光功率之比，RF 信号增益是表征微波光子信号处理系统的放大性能的参数。在图 2-2 所示的系统中，RF 信号增益用 g_t 表示，其定义为光探测器输出的射频信号（f_m）功率 P_O 与输入的射频信号（f_m）功率 P_I 的比，即

$$g_t = \frac{P_O}{P_I} \tag{2-1}$$

如用分贝（dB）为单位表示 RF 增益 G_t，于是 $G_t = 10\lg g_t$。如果 $G_t < 0$，则表示链路中有一定的损耗。光子链路增益一般模型结构如图 2-2 所示。

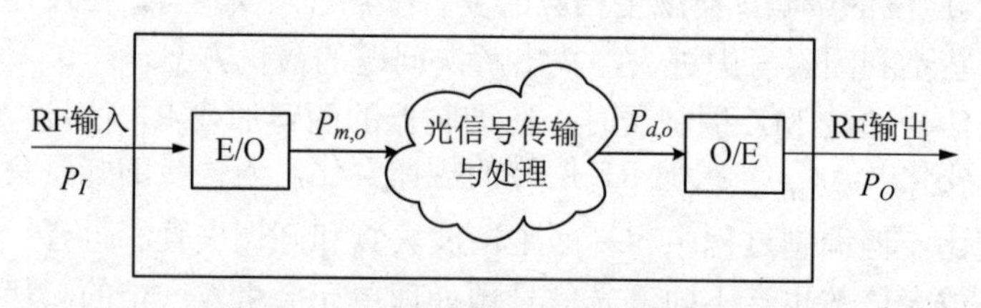

图 2-2　光子链路增益一般模型结构

在图2-2中，$P_{m,o}$是调制器输出的光信号功率平均值，$P_{d,o}$是输入到PD中的光信号功率的均方根，注释下标o代表光，下标m表示注入光纤的调制光载波，下标d表示射入PD的已调光载波，则有表达式：

$$P_{d,o} = T_{M-D} P_{m,o} \tag{2-2}$$

式中，T_{M-D}是光纤链路各器件单元引起的损耗总和，其包括光纤的传输损耗和耦合损耗等。由于$P_{m,o}$与RF信号的电压成比例关系，因此$P_{m,o}^2$与功率P_I呈现比例关系。由光电探测器产生的RF电流与$P_{d,o}$成比例，同时链路输出的RF功率与光电流的平方成比例，因此$P_{d,o}^2$与P_{LO}（表示负载功率）也存在一定的比例关系，可以表示为

$$\mathrm{g}_t = \left(\frac{P_{m,o}^2}{P_I}\right) T_{M-D} \left(\frac{P_{LO}}{P_{d,o}^2}\right) \tag{2-3}$$

式（2-3）转换为以分贝（dB）为单位的式子，则可表示为

$$G_t = 10\lg\left(\frac{P_{m,o}^2}{P_I}\right) + 20\lg T_{M-D} + 10\lg\left(\frac{P_{LO}}{P_{d,o}^2}\right) \tag{2-4}$$

经分析，限制系统增益的因素主要包括MZM的半波电压、探测器响应度和光源光功率，探测器响应度与光波长密切相关，其响应度理论上可以做到0.56A/W以上。对于MZM来说，MZM半波电压越低，其灵敏度越高，调制效率越高。例如，假设MZM的半波电压从6.7V降低为2V，那么系统增益增加为16dB以上。

对于简单化微波光子链路系统，仅仅认为电光调制器和光电探测器在系统增益中起主要作用，串联链路增益可简单表示为

$$g_i = S_m^2 \rho_d^2 \tag{2-5}$$

式中，S_m为EOM的斜率效率；ρ_d为PD的响应系数，也叫响应度。属性参数通常由光器件自身决定。但是在实际应用系统中，影响链路增益的因素主要包括系统器件的性质参数S_m和ρ_d。由于S_m和ρ_d都小于1，因此链路增益不会大于1。对于串联系统、并联系统和混合系统来说，它们增益的计算方法是不同的。例如，串联系统的增益等于各个分立器件增益的乘积[2-4]。

2. 系统带宽

串联系统是由器件级联完成的，系统的带宽会受到系统中分立器件的最小带宽所制约。若系统想要保持正常工作，需要各个单元的带宽相互匹配完成，即分立的器件带宽要大于整体系统带宽。

在系统通带内，信道带宽是将输入信号功率值下降 3dB 对应的频率范围。微波光子信号处理系统所处理的信号带宽取决于系统所能处理的最高和最低 RF 信号频率。例如，使用带宽 100GHz 的探测器可以还原出 100GHz 以下的频率信号，但若传输的 RF 信号带宽大于 100GHz，将无法恢复出 RF 信号[5-6]。光器件带宽越高，价格越高，这成为延缓光通信技术迅速实用化的一个因素。

3. 噪声指数

在微波光子信号处理链路中，PD、EOM 及有源光器件等引入的噪声是要重点考虑的对象。考虑系统的固有噪声，例如有色噪声和白噪声，在整个频域内，功率谱密度遵循均匀分布规律。在频域上，如果噪声功率谱密度分布是不均匀的，则称其为有色噪声。这里我们所考虑的噪声属于有色噪声范围。

噪声系数（noise figure）等于系统输入和输出信噪比的比值大小，其含义表示系统的信噪比恶化的程度，可表示为

$$NF = 10\log_{10}\left(\frac{S_i/N_i}{S_o/N_o}\right) = 10\log_{10}\left(\frac{N_o}{g_t N_i}\right) \tag{2-6}$$

从式（2-6）可以看出，系统的增益影响到噪声系数值的大小，也受输出和输入噪声功率的比值制约。本节主要讨论微波光子信号处理系统中的噪声，主要包括热噪声、散粒噪声、相对强度噪声。噪声总功率等于分噪声功率的代数叠加。

热噪声（thermal noise）是由自由电子的布朗运动引起的噪声，即由导体中自由电子的热运动引起，这种运动产生一个交流电流成分，是热噪声的主要成分。依据分布特点，统计服从高斯分布，满足中心极限定理的条件。热噪声的表达式为

$$I_t^2 = \frac{4kTB_W}{R_L} \tag{2-7}$$

式中，R_L 为电阻参数；T 为开尔文温度；K 为玻尔兹曼常数；B_W 为系统带宽。在系统带宽一定的情况下，认为热噪声强度不变。在恒定的温度环境中，热噪声的影响是相对较小的，于是常常忽略热噪声对系统的影响。

散粒噪声（shot noise）是一种量子噪声，由载流子随机、独立运动形成。在 PD 探测中，自由电子发生一系列独立随机的激励跃迁，从而使光电流转化为射频电流。因此，散弹噪声会加载到射频电流信号上，其噪声功率谱密度为

$$I_{ns}^2 = 2QI_D B_{ns} \tag{2-8}$$

式中，I_D 为 PD 产生的光电流（包括平均光电流和暗电流两部分）；Q 为电子电荷量；B_{ns} 为等效噪声带宽。经测验，在室温下 30Ω 的电阻产生的热噪声相当于 1mA 光电流产生的散粒噪声强度。一般情况下，光电探测器中的散粒噪声会强于热噪

声。在工作中，有的光电探测器的光电流会高于 1mA。

相对强度噪声（relative intensity noise）是激光器输出功率的随机抖动产生的噪声，主要由光子的自发辐射或受激随机辐射导致。噪声电流定义为

$$I_{rin}^2 = 10\lg\left(\frac{2\overline{i}_{rin}^2(t)}{\overline{I}_D^2 \cdot \Delta f}\right) \tag{2-9}$$

式中，$\overline{I}_D^2$ 为激光器输出的光电流的平均强度；$\overline{i}_{rin}^2(t)$ 为相对强度噪声的平均电流强度；Δf 为偏移中心波长的频率漂移量。

4. 非线性失真与动态范围

微波光子相移系统的非线性失真的主要因素来自 EOM 和 PD 等光器件。例如 EOM 的调制特性呈现余弦函数的特性；当输入信号为多个频率时，系统处理后会产生一定的谐波失真、增益压缩和交调失真等效应，使得射频信号调制后的光场分布中产生非谐波信号和交调边带。分析系统非线性参数，把器件的传输函数按照泰勒级数展开是最常用的方法。这里，以马赫曾德尔调制器为例，以直流偏置点作为泰勒级数的展开点，调制器输出光功率表达式如下：

$$H(v_i) = \sum_{N=0}^{\infty} \frac{(v_i - a)^N}{N!}\left(\frac{\mathrm{d}^N H}{\mathrm{d}v_i^N}\right)_{v_i=a} = 1 + \sum_{N=1}^{\infty}(v_i - a)^N a_N \tag{2-10}$$

式中，$a_N = \frac{1}{N!}\left(\frac{\mathrm{d}^N H}{\mathrm{d}v_i^N}\right)_{v_i=a}$ 为展开项各阶系数；a 为直流偏置点；$H(v_i)$ 为调制器的传递函数。

对于单一频率 ω_0 输入系统来说，假设输入为 $v_i(t) = v_0 \cos\omega_0 t$，谐波失真主要表现为输出信号中存在频率为 $2\omega_0$、$3\omega_0$ 的高阶谐波。在谐波失真的情况下，某些光电子器件的输出信号中，频率 ω_0 等谐波分量的电压增益是没有线性关系的，输出信号将出现失真现象，这种失真属于增益饱和失真。系统线性动态响应曲线如图 2-3 所示，在小功率输入情况下，响应曲线呈现线性关系。如果输入功率增加到一定程度，系统容易进入饱和区。我们设置 1dB 压缩点用 $P_{1\mathrm{dB}}$ 表示，即从理想特性下降 1dB 的输出功率电平所对应的点。P_I(dBm) 为输入功率，P_O(dBm) 为输出功率，在一定的输入功率内，线性网络或者器件均有一个正常的工作范围，在还原输出信号的过程中，非线性失真和噪声不会对其造成致命的影响，这个范围称为动态范围。当噪声的功率大于系统的噪底时，将会对系统的工作造成一定的干扰。

例如，考察交调失真的情况，一般以两个频率值很接近的信号作为考察对象，这里来衡量交调失真的影响是以双音频信号作为系统的输入信号。假如双音频信

号的幅度相等，令幅度等于 1，记 $v_i(t)=\cos\omega_1 t+\cos\omega_2 t$，角频率分别为 ω_1 和 ω_2。在满足 $|\omega_1/\omega_2|\approx 1$ 的情况下，交调失真的影响是存在的。例如，假设光载波信号为 $E_i(t)=E_o\cos(\omega t+\varphi)$，$\varphi$ 为初始相位。双音频信号通过光调制器被搬移到光域，MZ 调制器的调制系数为 ρ，则调制器输出的光信号可以表示为

$$E_o(t)=E_o\cos\omega t\cos\left\{j\left[\frac{\varphi}{2}+\frac{\rho}{2}(\cos\omega_1 t+\cos\omega_2 t)\right]\right\} \tag{2-11}$$

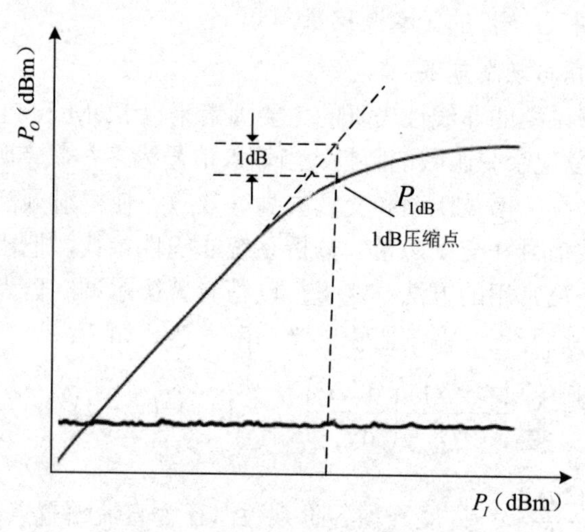

图 2-3　系统线性动态响应曲线

利用贝塞尔函数方法展开式（2-11）：

$$E_o(t)=\frac{E_o\cos\omega t}{2}\sum_{M=-\infty}^{+\infty}\sum_{N=-\infty}^{+\infty}a_{M,N}e^{j(M\omega_1+N\omega_2)t} \tag{2-12}$$

式中，$a_{M,N}=j^{M+N}\left[\exp\left(j\frac{\varphi}{2}\right)-(-1)^{M+N}\exp\left(-j\frac{\varphi}{2}\right)\right]J_M J_N$，$J_M$ 和 J_N 与调制器的调制系数存在一定的函数关系。经过 PD 输出后，输出信号中包含 $\alpha\omega_1+\beta\omega_2$ 频率信号。其中，α、$\beta=0,\pm1,\pm2,\pm3,\cdots,N$，为二阶、三阶交调频率分量参数，如图 2-4 所示。交调失真产物的功率相等，其将导致系统性能严重恶化，无法稳定工作。

无杂散动态范围（SFDR）的定义是这样的，当信号的输出功率大于噪声的输出功率、三阶交调信号的输出功率与噪声功率相等时，一阶信号功率和噪声功率之差的范围区域，如图 2-5 所示。SFDR 可衡量微波光子链路工作保真度和其抗非线性及噪声的能力。例如某一光器件的 SFDR 为 70dB，要求输出信噪比为 10dB，SFDR 等于 70dB 减去 10dB，即等于 60 dB。SFDR 与 PD 响应度、EOM 偏置点等有关。首先可以选取稳定性高的光源，对于放大器和探测器，线性范围要大，噪

声本底要低。考虑系统的非线性效应，其主要是由光电调制器、探测器等光器件产生的。目前，改善动态范围的技术有很多，如数字化后补偿、前向预处理和低偏置调制等[8-9]。

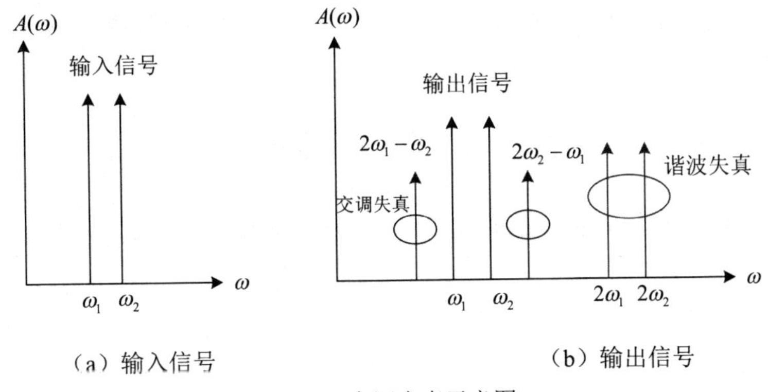

（a）输入信号　　（b）输出信号

图 2-4　交调失真示意图

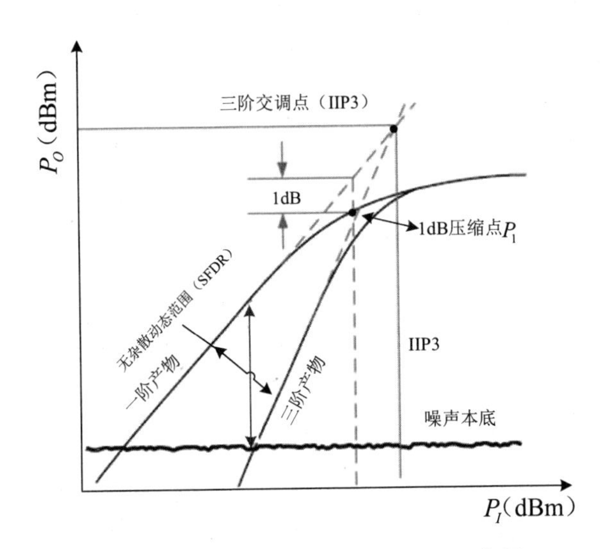

图 2-5　无杂散动态（SFDR）范围示意图

5. 色散因数

当不同频率光信号以不同的速度在光纤中传播时，传输一定距离后必然会产生码间干扰、脉冲展宽、功率衰落等，这种现象称为色散或弥散。经分析，色散会对不同的频率增加一个附加的相位，这是色散导致功率衰落的原因。而调制信号的不同边带有不同的光波频率，由此会造成附加相位差。当这个相位差随着传

输距离达到π时，将会出现功率零点。为了解决色散引起的功率衰落，可以采用SSB调制方式。这里，色散表达式为

$$\phi = \beta_0 z - \beta_1 \omega z + 0.5\beta_2 \omega^2 z \tag{2-13}$$

式中，ω为光波频率；Z为传输距离；β_1为群速度的倒数；β_2为群速度色散参量。本书研究所用的RF信号是模拟信号，采用的是单边带调制，不考虑色散对系统的影响[10-11]。

2.3 光子器件及原理

光子链路系统包括许多光器件，例如光耦合器（OC）、光滤波器（OBPF）、波分复用器（WDM）、马赫曾德尔调制器（MZM）、光开关器（SOA）、光放大器（OSA）、光隔离器（ISO）、光环形器（OCL）和光分插复用器（OADM）等。光器件的性能直接影响着通信系统的稳定性和可靠性，系统的稳定性不仅和单元器件参数有联系，与单一的器件参数也有必然的联系，所以在设计方案及搭建系统之前，我们需要对光子器件的结构、原理和使用方法有一定的了解和掌握，这样在排除系统故障时才有章可循。这里分别介绍几种主要的光器件的原理和结构。

2.3.1 激光器

激光器是光通信系统中的核心器件之一，说它是光通信系统的“心脏”也不为过。根据激光器的设计和工作原理，其包括光纤激光器、固体激光器和半导体激光器等。随着技术的不断进步，激光器的种类越来越多。在半导体激光器中，分布反馈激光器（DFB）的功能比法布里－珀罗（FP）激光器、谐振腔型激光器和垂直腔面激光器（VCSEL）等的要好。评价激光器性能的参数主要有光波长、光谱宽度、功率稳定性、光束质量和效率等。下面主要介绍激光光束质量和效率这两个重要性能指标。

（1）光束质量。光束质量是影响光源系统稳定性的主要因素之一。在1990年，Siegman提出了光束质量的M^2因子理论。M^2是光束传输因子，其表示为光束的束腰宽度与远场发散角的乘积的实际值和理想值之比：

$$M^2 = \frac{BP}{BP_0} = \frac{\pi}{\lambda} W_0 \theta \tag{2-14}$$

式中，B为光束的束腰宽度；P为远场发散角。M^2因子的倒数称为K因子：

$$K = \frac{1}{M^2} \tag{2-15}$$

式（2-15）中，高斯光束为理想光束。当$M^2 \geqslant 1$（$K^2 \leqslant 1$）时，M^2越小，光束质量越高。

（2）效率。激光器的效率与器件结构、模式结构和泵浦方式等都有关系。激光器的总效率为输出光功率与泵浦光功率的比值，用η_{tot}来表示：

$$\eta_{tot} = \frac{P_{\text{out}}}{P_p} \tag{2-16}$$

式中，P_{out}为输出光功率；P_p为泵浦光功率。η_{tot}比值越大，说明能量转化效率越高。

2.3.2 电光调制器

电光调制就是用射频信号去控制光载波参数的过程，使得光载波的能量分布遵循射频信号的规律变化。光调制器能承担这个功能转换任务。这个光波参数可以是光波的幅度、相位、偏振态或频率。作为微波光子信号处理系统中电光转换平台的电光调制器（EOM），直接影响系统状态的是其效率。电光调制可以实现射频信息的搬移。EOM 的材料主要是铌酸锂（$LiNbO_3$）和 III-V 族半导体化合物（GaAs）等。因铌酸锂具有较高的调制效率，EOM 较多采用的是铌酸锂材料。因晶体效应的作用，晶体材料的折射率会跟随射频信号变化的规律发生变化。同时折射率的变化会影响光波传输的速度，从而光信号的相位被改变，实现对光波相位的调制。也可以通过不同的控制方式，将相位调制信息转换为不同的调制信息。

1. 物理背景

电光调制器的制作工艺和方法遵循磁光效应、电光效应或者声光效应。例如利用电信号来控制光波的强度、偏振态和频率相位等参量，完成相应的功能。铌酸锂（$LiNbO_3$）晶体材料制成的马赫曾德尔调制器目前在光通信领域中被广泛应用。当在传输光的介质上面施加电场时，可引起电吸收效应、折射率效应和散射效应等物理现象。实验分析均证明电场可引起折射率变化。例如，针对一定的入射偏振光，外加电场E和晶体的折射率n的函数关系展开成泰勒级数的数学表达式：

$$n = n_0 + \gamma E + \delta E^2 + \cdots \tag{2-17}$$

式中，当电场$E = 0$时，晶体的折射率大小为n_0。这里一阶、二阶电光系数分别用γ和δ表示，其大小与晶体轴线和偏振面的取向有一定关系；因为其他高阶项幅度很小，即能量很小，可以忽略。在取向发生变化的过程中，当$\delta = 0$时，n与E存在电光效应比例变化关系。当$\gamma = 0$时，n与E^2存在二次电光效应比例变

化关系。此时，晶体材料被施加上电场 E 后，引起的折射率变化函数关系可以表示为

$$\Delta n = \frac{n_0^3}{2}\alpha_{ij}E_j \tag{2-18}$$

式中，α_{ij} 为线性电光系数，其值与光波的晶轴和偏振方向有关；i、j 表示轴线方向。高阶电光效应作用比一阶电光效应作用要弱得多。

这里采用折射率椭球法来说明 LiNbO3 调制器的原理过程。有两种方法对电光效应进行描述和分析：一种是数学推导相当烦琐的电磁理论方法；另一种是分析直观方便的折射率椭球。本书描述的 $LiNbO_3$ 晶体的电光效应采用的是折射率椭球法。在无电场的情况下，在各向异性晶体的主轴坐标系中，标准折射率椭球方程可以表示为

$$\frac{x^2}{n_x^2}+\frac{y^2}{n_y^2}+\frac{z^2}{n_z^2}=1 \tag{2-19}$$

式中，n_x、n_y、n_z 分别为椭球的主轴折射率。x、y、z 为介质的主轴方向，这些方向的电场强度和电位移矢量是互相平行的。对于 $LiNbO_3$ 晶体来说，$n_x = n_y = n_0$，$n_z = n_e$。n_0 和 n_e 分别为寻常光折射率和非常光折射率，且 $n_e < n_0$，因此 $LiNbO_3$ 晶体呈现负单轴晶体特性，其折射率椭球方程可以表示为

$$\frac{x^2}{n_0^2}+\frac{y^2}{n_0^2}+\frac{z^2}{n_e^2}=1 \tag{2-20}$$

当在晶体上面施加电场后，其椭球折射率会随着电场的变化发生形变，椭球方程可表示为

$$\begin{aligned}&\left(\frac{1}{n^2}\right)_1 x^2+\left(\frac{1}{n^2}\right)_2 y^2+\left(\frac{1}{n^2}\right)_3 z^2+2\left(\frac{1}{n^2}\right)_4 yz+\\&2\left(\frac{1}{n^2}\right)_5 xz+2\left(\frac{1}{n^2}\right)_6 xy=1\end{aligned} \tag{2-21}$$

椭球折射率的系数变化量为

$$\Delta\left(\frac{1}{n^2}\right)=\sum_{j=1}^{3}\alpha_{ij}E_j \tag{2-22}$$

式中，α_{ij} 为线性电光系数，i 分别取值 1、2、3、4、5、6；j 分别取值 1、2、3。式（2-22）表示成张量的矩阵形式：

$$\begin{bmatrix} \Delta\left(\frac{1}{n^2}\right)_1 \\ \Delta\left(\frac{1}{n^2}\right)_2 \\ \Delta\left(\frac{1}{n^2}\right)_3 \\ \Delta\left(\frac{1}{n^2}\right)_4 \\ \Delta\left(\frac{1}{n^2}\right)_5 \\ \Delta\left(\frac{1}{n^2}\right)_6 \end{bmatrix} = \begin{bmatrix} \alpha_{11} & \alpha_{12} & \alpha_{13} \\ \alpha_{21} & \alpha_{22} & \alpha_{23} \\ \alpha_{31} & \alpha_{32} & \alpha_{33} \\ \alpha_{41} & \alpha_{42} & \alpha_{43} \\ \alpha_{51} & \alpha_{52} & \alpha_{53} \\ \alpha_{61} & \alpha_{62} & \alpha_{63} \end{bmatrix} \cdot \begin{bmatrix} E_x \\ E_y \\ E_z \end{bmatrix} \tag{2-23}$$

式中，E_x、E_y、E_z 分别为电场沿主轴的分量。将 $LiNbO_3$ 晶体的电光张量矩阵表达式代入式（2-23）中，折射率变化矩阵的表达式可表示为

$$\begin{bmatrix} \Delta\left(\frac{1}{n^2}\right)_1 \\ \Delta\left(\frac{1}{n^2}\right)_2 \\ \Delta\left(\frac{1}{n^2}\right)_3 \\ \Delta\left(\frac{1}{n^2}\right)_4 \\ \Delta\left(\frac{1}{n^2}\right)_5 \\ \Delta\left(\frac{1}{n^2}\right)_6 \end{bmatrix} = \begin{bmatrix} 0 & -\alpha_{22} & \alpha_{13} \\ 0 & \alpha_{22} & \alpha_{13} \\ 0 & 0 & \alpha_{33} \\ 0 & \alpha_{42} & 0 \\ \alpha_{42} & 0 & 0 \\ -\alpha_{22} & 0 & 0 \end{bmatrix} \cdot \begin{bmatrix} E_x \\ E_y \\ E_z \end{bmatrix} \tag{2-24}$$

当外加电场平行于光轴方向，即 $E_x = E_y = 0$，$E_z = E$ 时，椭球折射率方程可写成

$$\frac{x^2}{n_0^2} + \frac{y^2}{n_0^2} + \frac{z^2}{n_e^2} + \alpha_{13}E_z x^2 + \alpha_{13}E_z y^2 + \alpha_{33}E_z z^2 = 1 \tag{2-25}$$

因 α 很小，可利用微分关系 $\mathrm{d}\left(\frac{1}{n^2}\right) = -\frac{2}{n^3}\mathrm{d}n$，即 $\mathrm{d}n = -\frac{1}{2}\mathrm{d}n^3\left(\frac{1}{n^2}\right)$，得到

$$\begin{aligned} \Delta n_0 &= -\frac{1}{2}n_0^3\alpha_{13}E_z \\ \Delta n_e &= -\frac{1}{2}n_e^3\alpha_{33}E_z \end{aligned} \tag{2-26}$$

这样新的椭球折射率方程可以表达成

$$\frac{x^2}{\left(n_0+\Delta n_0\right)^2}+\frac{y^2}{\left(n_0+\Delta n_0\right)^2}+\frac{z^2}{\left(n_e+\Delta n_e\right)^2}=1 \tag{2-27}$$

由式（2-27）可以得出，在晶体上面施加了电场后，单轴晶体椭球轴向并未发生旋转，只是折射率发生了相应的变化，说明外加电场和晶体折射率存在一定的函数关系[15-17]。

2. 常用的新型调制器

依据电光晶体的折射率与外加电场的关系，可以实现不同功能的新型调制器，主要有双驱马赫曾德尔调制器（DDMZM）、双平行调制器（DPMZM）、偏振调制器（PolM）、相位调制器（PM）以及其他功能的调制器。为了能更好地利用这些新型的光子器件，首先要熟悉其原理和结构，以及正确的使用方法。

（1）双驱马赫曾德尔调制器。依据外加电场和电光晶体的折射率的关系，可以制作类型繁多的电光调制器。在调制器上加 RF 信号，当通过调制器的光信号的相位变化为 π 时，所加的 RF 信号电压（V_π）称为半波电压，晶体介质中折射率变化为 Δn。此时，在一般情况下，电光效应作用下的折射率变化量 Δn 不明显，需要施加较大的电压信号才能产生较明显的调制效果。在调制器的使用过程中，半波电压越低越好。半波电压越低，调制器的价格越高。为了提高调制效率并防止烧坏器件，要求半波电压 V_π 控制在 15V 以下。

对于 MZM 结构，它由控制电极和相应的两个支路波导组成。输入光波被分成两个支路，功率相等，通过光波导传输。随外加电压的变化，光波导的折射率也发生相应的变化，从而使两束光信号产生相位差。若两个光信号满足干涉法则，强度则加强；若不满足干涉法则，强度则相消。这样，可以根据调制信号及相位差来控制输出的光强度；通过控制 RF 驱动信号量的大小，可以对输出光信号的调制方式进行灵活调控。

如图 2-6 所示，假设输入光信号表达式为 $E_{\text{in}}(t)=E_0\exp(j\omega_c t)$，$E_0$ 和 ω_c 分别为光信号幅度和中心角频率；调制器两臂上所加的调制信号通常包含射频信号和直流信号，即一般表达式为 $V(t)=V_{\text{DC}}+V_{\text{RF}}\sin(\omega t+\varphi)$，其中 V_{DC} 为直流偏置电压，ω、V_{RF} 和 φ 分别为 RF 信号角频率、幅度和初始相位。假如两个光信号具有良好的 3dB 特性，则输出光信号可以表示为

$$\begin{aligned}E_{\text{out}}(t)&=\frac{\sqrt{2}}{2}\left[\frac{\sqrt{2}}{2}E_{\text{in}}\exp(j\varphi_1)+\frac{\sqrt{2}}{2}E_{\text{in}}\exp(j\varphi_2)\right]\\&=E_{\text{in}}\cos\left(\frac{\varphi_1-\varphi_2}{2}\right)\exp\left(\frac{\varphi_1+\varphi_2}{2}\right)\end{aligned} \tag{2-28}$$

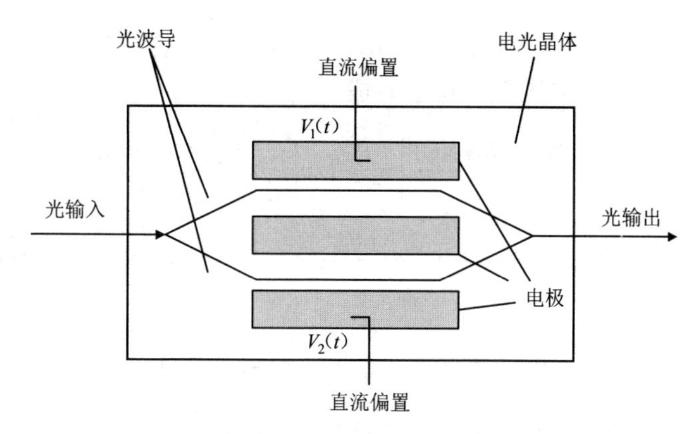

图 2-6　马赫曾德尔干涉仪型调制器结构图

式（2-28）中，参数 $\varphi = \pi V_{\mathrm{DC}}(t)/V_{\pi}$ 为直流偏置电压产生的初始相位，半波电压 V_{π} 是由调制器本身性能所决定的。两臂所加的 RF 信号相同，即 $V_1(t)=V_2(t)=V(t)$，$\omega=\omega_1=\omega_2$。对式（2-28）进行贝塞尔函数展开，输出光信号级数可描述为

$$
\begin{aligned}
E_{\mathrm{out}}(t) &= \frac{E_{\mathrm{in}}}{2}\exp\left[j\pi\frac{V_{\mathrm{DC}_1}+V_{\mathrm{RF}}\sin(\omega t+\varphi_1)}{V_{\pi}}\right]+\frac{E_{\mathrm{in}}}{2}\exp\left[j\pi\frac{V_{\mathrm{DC}_2}+V_{\mathrm{RF}}\sin(\omega t+\varphi_2)}{V_{\pi}}\right] \\
&= \frac{E_{\mathrm{in}}}{2}\sum_{n=-\infty}^{+\infty}\left\{J_n(\beta)\left[\exp\left(jn\omega t+j\varphi_1+j\frac{\pi V_{\mathrm{DC}_1}}{V_{\pi}}\right)+(-1)^n J_n(\beta)\exp\left(jn\omega t+j\varphi_2+j\frac{\pi V_{\mathrm{DC}_2}}{V_{\pi}}\right)\right]\right\} \\
&= \frac{E_0}{2}\exp[j(\omega_c t+n\omega t)]\sum_{n=-\infty}^{+\infty}J_n(\beta)[\exp(jn\varphi_1+j\phi_1)+(-1)^n\exp(jn\varphi_2+j\phi_2)]
\end{aligned}
\tag{2-29}
$$

式（2-29）中，调制指数 $\beta=\pi V_{\mathrm{RF}}/V_{\pi}$；两臂直流偏置作用生成的相位差 $\Delta\phi=\Delta V_{\mathrm{DC}}\pi/V_{\pi}$。我们常采用推挽模式，选择推挽模式的优势在于输出信号不容易发生失真，为下一级链路提供很强的驱动能力，这时为仅有一个 RF 驱端口的强度调制器（I-MZM）。上述输出光信号表达式的推导是根据 Postive 类型 DDMZM 给出的，工作在推挽方式。如果 DDMZM 类型为 Negative 类型，下臂所加电信号（直流偏置和 RF 信号）引起的相位变化与上臂所加电信号引起的相位变化呈现反向变化的趋势，那么输出光信号表达式为

$$
\begin{aligned}
E_{\mathrm{out}}(t) &= \frac{E_{\mathrm{in}}}{2}\exp\left[j\pi\frac{V_{\mathrm{DC}_1}+V_{\mathrm{RF}}\sin(\omega t+\varphi_1)}{V_{\pi}}\right]+\frac{E_{\mathrm{in}}}{2}\exp\left[j\pi\frac{V_{\mathrm{DC}_2}+V_{\mathrm{RF}}\sin(\omega t+\varphi_2)}{V_{\pi}}\right] \\
&= \frac{E_{\mathrm{in}}}{2}\sum_{n=-\infty}^{+\infty}\left\{J_n(\beta)\left[\exp\left(jn\omega t+j\varphi_1+j\frac{\pi V_{\mathrm{DC}_1}}{V_{\pi}}\right)+(-1)^n J_n(\beta)\exp\left(jn\omega t+j\varphi_2+j\frac{\pi V_{\mathrm{DC}_2}}{V_{\pi}}\right)\right]\right\} \\
&= \frac{E_0}{2}\exp[j(\omega_c t+n\omega t)]\sum_{n=-\infty}^{+\infty}J_n(\beta)[\exp(jn\varphi_1+j\phi_1)+(-1)^n\exp(jn\varphi_2-j\phi_2)]
\end{aligned}
\tag{2-30}
$$

为了方便使用和便于器件连接，在 MZM 中，常将这种推挽模式的 MZM 封

装成只有 RF 输入端口的结构。即只有 RF 输入端口和直流偏置端口的形式成为常用的强度调制器，其信号函数式可以写成

$$
\begin{aligned}
E_{\text{out}}(t) &= \frac{E_{\text{in}}}{2}\exp\left[j\pi\frac{V_{\text{DC}}+V_{\text{RF}}\sin(\omega t+\varphi)}{V_{\pi}}\right]+\frac{E_{\text{in}}}{2}\exp\left[-j\pi\frac{V_{\text{DC}}+V_{\text{RF}}\sin(\omega t+\varphi)}{V_{\pi}}\right] \\
&= \frac{E_{\text{in}}}{2}\sum_{n=-\infty}^{+\infty}\left\{J_n(\beta)\left[\exp\left(jn\omega t+j\varphi+j\frac{\pi V_{\text{DC}}}{V_{\pi}}\right)+(-1)^n J_n(\beta)\exp\left(jn\omega t+j\varphi+j\frac{\pi V_{\text{DC}}}{V_{\pi}}\right)\right]\right\} \\
&= \frac{E_0}{2}\exp[j(\omega_c t+n\omega t)]\sum_{n=-\infty}^{+\infty}J_n(\beta)[\exp(jn\varphi+j\phi)+(-1)^n\exp(jn\varphi-j\phi)]
\end{aligned}
\tag{2-31}
$$

由式（2-31）可知，通过灵活设置 MZM 所加 RF 信号的幅度、初始相位和直流偏置的量，我们可以根据需要获得相应的调制类型。

由式（2-28）可得到，MZM 输出光信号功率可以表示为

$$
P_{\text{out}} = \left|E_{\text{out}}\right|^2 = E_0^2\cos^2\left(\frac{\varphi_1-\varphi_2}{2}\right) = P_{\text{in}}\cos^2\left(\frac{\varphi_1-\varphi_2}{2}\right) \tag{2-32}
$$

式（2-32）是在定义单位电阻的情况下推导出来的结果。这里 MZM 调制器传输响应函数为

$$
H = \cos^2\left(\frac{\varphi_1-\varphi_2}{2}\right) = \frac{1}{2}[1+\cos(\varphi_1-\varphi_2)] \tag{2-33}
$$

通过式（2-33）可以得出调制器的传输响应函数是余弦函数，以两臂所加的 RF 信号为自变量，可以推出其传输响应曲线。典型 MZM 的传输响应曲线如图 2-7 所示。

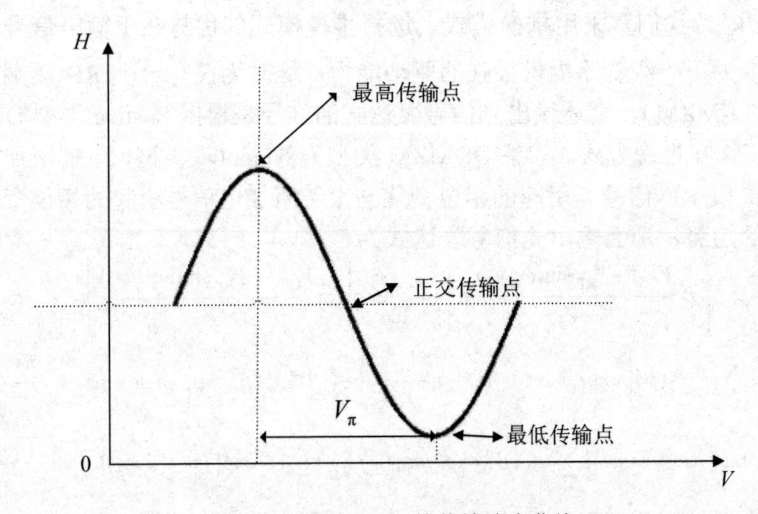

图 2-7　典型 MZM 的传输响应曲线

从图 2-7 中可以比较直观地确定其半波电压值。MZM 数学模型简单，可以实现高带宽的调制，利用马赫曾德尔干涉仪结构可以实现相位调制到强度调制的转化[18-19]。目前商用的 MZM 调制器带宽可达 70 GHz，甚至可以超过 100 GHz。

（2）双平行马赫曾德尔调制器。在 MZM 的基础上，研制出了一种新型的双平行强度调制器（DPMZM），它的结构是将两个 MZM 分别放置在第三个 MZM 的两臂上，然后再对上下两路强度调制信号进行干涉处理。这种 DPMZM 结构采用单电极的 I-MZM 结构形式。具体的结构如图 2-8 所示。

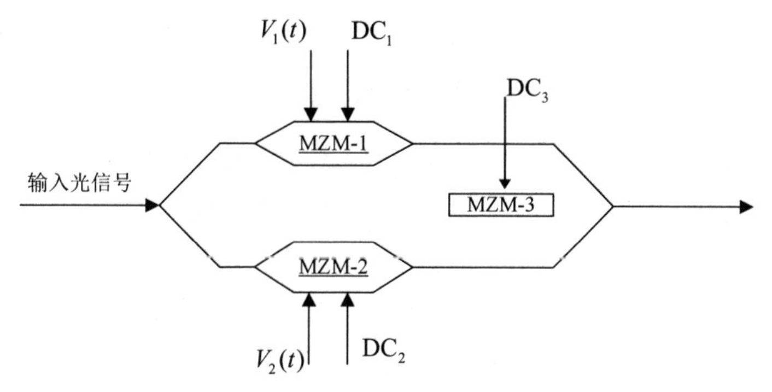

图 2-8 双平行 MZM 调制器结构

下面以结构最简单的 DPMZM 为例来说明其工作原理。在图 2-8 中，由于 DPMZM 控制变量较多，同时也较复杂，我们可以从频谱成分的角度来对其进行分析。为了在第三个 MZM 调制器输出时将某些边带抑制掉，通常控制调整上下两个子 MZM 的信号之间的相位关系。同时调谐直流偏置和 RF 信号，可以获得灵活的调制方式，则 MZM-3 输出光信号可以近似表示为

$$
\begin{aligned}
E_{\text{out}}(t) = {} & e^{j\frac{\pi V_{\text{DC}_5}}{V_\pi}} \sqrt{E_o} e^{j(\omega_o t+\varphi_0)} e^{j\frac{V_{\text{DC}_1}+V_{\text{DC}_2}}{2}} \sum_m J_m(\beta) e^{jm\omega t} e^{jm\left(\frac{\varphi_1+\varphi_2}{2}\right)} \cos\left(\frac{m\Delta\varphi_1}{2}+\frac{\pi\Delta V_{\text{DC}_1}}{2V_\pi}\right) \\
& + e^{j\frac{\pi V_{\text{DC}_6}}{V_\pi}} \sqrt{E_o} e^{j(\omega_o t+\varphi_0)} e^{j\frac{V_{\text{DC}_3}+V_{\text{DC}_4}}{2}} \sum_m J_m(\beta) e^{jm\omega t} e^{jm\left(\frac{\varphi_3+\varphi_4}{2}\right)} \cos\left(\frac{m\Delta\varphi_2}{2}+\frac{\pi\Delta V_{\text{DC}_2}}{2V_\pi}\right)
\end{aligned}
\tag{2-34}
$$

在式（2-34）中，可以调整三个 MZM 的直流偏置电压，以及多个 RF 信号的相位关系，从而可用 DPMZM 实现多种调制方式。这样在光通信系统中，可以增加通信容量[20-22]，并且灵活的调制方式大大提高了链路设计的灵活性。

（3）相位调制器。相位调制器（PM）在外加 RF 信号的控制下可以实现对光信号的相位改变。PM 无直流端口，仅有 RF 端口。RF 端口既可以加直流信号，也可以加 RF 信号。同时，PM 是一个双向器件，光信号可以双向注入和输出。当

方向不同时，在控制信号的改变量相同的情况下，调制效率会不同，即光信号的相位改变量不同。随着 PM 带宽的增加，PM 的价格会增加很多，相位调制器结构如图 2-9 所示。

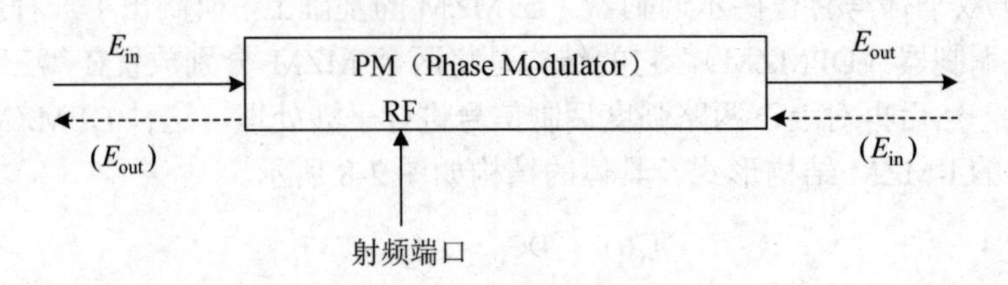

图 2-9　相位调制器结构

在式（2-24）中，由于$\alpha_{33} >> \alpha_{13}$，为了得到较高的调制效率，可利用$\alpha_{33}$对应的 z 轴方向的折射率变化（其折射率变化可以用式$\Delta n_z = -n_e^3\alpha_{33}/2$描述）。通常用符号$n_0$代替式中的$n_e$来表示未加电场之前的初始折射率，用$\Delta n$代替$\Delta n_z$来表示电场作用方向上的折射率变化。当控制信号为直流信号$V_{\text{DC}}(t)$时，则$V_{\text{DC}}(t)$引起的光信号相位变化可以表示为

$$\Delta\varphi = \frac{2\pi}{\lambda_0}\Delta nL = \pi\frac{n_0^3\alpha_{33}L}{\lambda}\cdot\frac{V_{\text{DC}}(t)}{\Lambda} = \pi\frac{V_{\text{DC}}(t)}{V_\pi} \tag{2-35}$$

式中，λ为入射光波长；Λ为电极极板间的距离；L为有效调制长度；V_π为 MZM 的半波电压。从式（2-35）可以看出，当控制信号为直流信号时，相位的变化与直流信号的大小成比例。假设外加电场为射频信号$V_i(t)$，则信号$V_i(t)$引起的相位变化可以表示为

$$\Delta\varphi = \frac{2\pi}{\lambda_0}\Delta nL = \pi\frac{V_i(t)}{V_\pi} \tag{2-36}$$

例如，这里将输入光信号电场表示成复数形式：

$$E_{\text{in}}(t) = E_0 e^{j\omega_c t+\varphi} \tag{2-37}$$

式中，E_0和ω_c分别为输入光信号的振幅和角频率；φ初始相位。如果 RF 控制端口注入射频信号$V_i(t) = A\cos(\Omega t)$，A和Ω分别为电信号的幅度和角频率（假设初始相位φ为零，A的值为单位 1）。这里 PM 的输出光信号可以表示为

$$\begin{aligned} E_{\text{out}}(t) &= E_0\exp\{j[\omega_c t + \beta\times\cos(\Omega t)]\} = \sum_{-\infty}^{+\infty}E_0 j^n J_k(\beta)\exp\{j[\omega_c t + k\Omega t)]\} \\ &= \sum_{-\infty}^{+\infty}E_0 J_k(\beta)\exp\{j[\omega_c t + k\Omega t + k\pi/2)]\} \end{aligned} \tag{2-38}$$

式中，$\beta = \pi V_i(t)/V_\pi$，为调制深度，当 β 较小时，高阶分量可忽略；$j^n = \exp(jn\pi/2)$；$J_{-k}(\beta) = (-1)^k J_k(\beta)$。依据式（2-38）可以描绘出 PM 输出信号的频谱图。

经分析，相位调制频谱为非线性变化，如图 2-10 所示。谐波强度大小随 K 的增大而减小。当 β 较小时，高阶分量不考虑。PM 可以实现类似于 I-MZM 的功能，但对称的上下边带的相位相差为 180°。为了克服直流漂移，PM 没有直流偏置。因相位调制不改变载波幅度，故在 PD 检测时，输出为一条直流分量，在功能上相当于包络检波。相位调制频谱如图 2-10 所示。

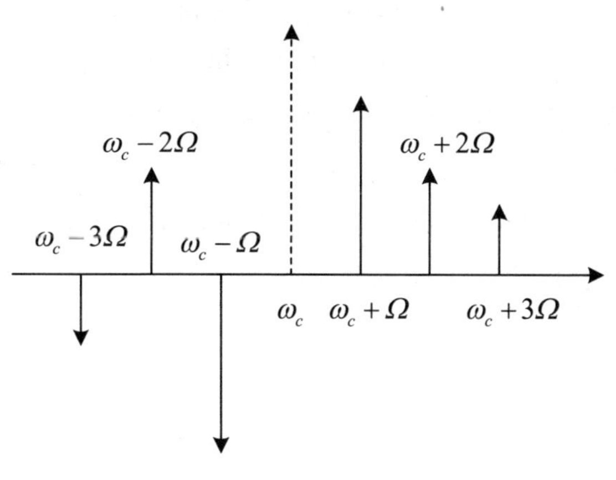

图 2-10　相位调制频谱

再者，PM 的输出可以表示为

$$E_{\text{out}}(t) = E_0 e^{j(\omega_c t + \pi\cos(\Omega t)/V_\pi)} \tag{2-39}$$

式中，φ为光信号在 PM 内传播而引入的固定相移。如果 RF 控制端口加直流信号，PM 的输出响应可以表示为

$$E_{\text{out}}(t) = E_0 e^{j(\omega_c t + \pi V_{\text{DC}}(t)/V_\pi)} \tag{2-40}$$

可以看出，在方案设计中 PM 提供了灵活性，可以直接或者间接地对光信号的相位进行单独的控制[23-26]。其最典型的应用是在相位补偿电路中。基于其独特的功能性质，在未来的光子信号处理技术中的应用会更加广泛。

（4）偏振调制器。偏振调制器（POLM）将入射的信号调制在光信号的偏振态上，输出光信号的偏振态会随着入射信号规律性的变化而变化。将偏振光进行 PBS 处理，将其分为两个正交的偏振态光，然后分别对它们进行相位调制，并且调制指数相反，最后两路光信号 PBC 耦合为一路光。

偏振调制器结构如图 2-11 所示。偏振调制可以看作分别对光的场分量进行相位调制，但调制系数相反。PBS 可以将入射光波的两个正交的偏振光束分开，然后，对这两个光束分别进行相位调制，这样两个偏振方向上光波的相位就会改变。PBC 将两个偏振方向上的光波重新耦合，这时，两个偏振方向的光波的相位差发生了改变。该操作将会引起输出光信号偏振方向的变化。根据分析可以得知，当偏振调制器后面连接起偏器（Polarizer）时，可以等效于 I-MZM 的功能，可以直接通过在 PoLM 与起偏器之间加 PC 来调节两偏振轴的相位差，也可以通过加偏置直流电压来进行控制，这样可以抑制 I-MZM 偏置点漂移，由此得到沿着两偏振轴的输出函数：

$$\begin{bmatrix} E_x \\ E_y \end{bmatrix} = E_{\text{in}} \begin{bmatrix} \cos\alpha \exp j(\omega_c t + \delta \sin\omega_m t + \theta) \\ \sin\alpha \exp j(\omega_c t - \delta \sin\omega_m t) \end{bmatrix} \tag{2-41}$$

式中，E_x 和 E_y 为输出光路中两个正交的偏振方向上的光场；θ 为两偏振轴的相位差；α 可由进入 POLM 前的 PC 来控制；ω_c 为光载波的角频率；δ 为相位调制指数；ω_m 为 RF 信号的角频率[27-28]。基于 POLM 没有偏置点漂移现象，而且消光比接近无穷大，其用途越来越受到重视。

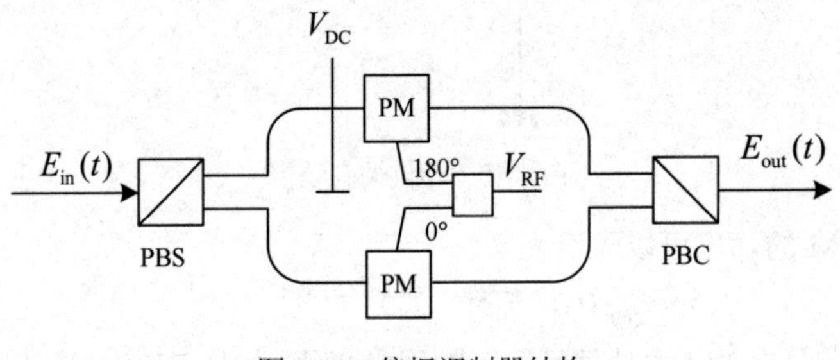

图 2-11 偏振调制器结构

2.3.3 光电探测器

光电探测器（PD）是微波光子信号处理系统中的光电转换（O/E）器件，即光电链路的解调器。PD 的作用是把已调制光信号恢复出微波信号，其输出 RF 信号的强度与入射光功率成正比。因不同半导体材料的截止波长不同，那些截止波长小于 1550nm 的半导体材料不能用来制作工作在 1550nm 波段的 PD。目前，半导体材料有铟镓砷及铟镓砷磷等，常工作在 1550nm 波段，工作在 800nm 波段的硅材料 PD 有着很广泛的应用。PD 是平方率探测器件。用来表征 PD 的参数有很多，如响应度、带宽、饱和功率及线性度等。响应度是描述器件光电转换能力的量，通常用 ρ 表示，其单位为 A/w。

$$\rho=\eta\frac{q}{h\upsilon} \tag{2-42}$$

式中，η 为光电转换功率，该参数与材料有关；h 为普朗克常量；υ 为光频率；q 为电子电荷。当入射光信号稳定时，PD 产生的光电流可以表示为

$$I_{\mathrm{PD}}=\rho\left|E_{\mathrm{o}}(t)\right|^2 \tag{2-43}$$

式中，其 $E_{\mathrm{o}}(t)$ 为入射光场；I_{PD} 为输出光电流大小；ρ 为探测器的响应度，它表示单位光功率最终转化为光电流的能力的大小，其单位是 A/W。目前，在提高 PD 的饱和功率和带宽方面，半导体硅和 InGaAs 材料的光电探测器的带宽可以达到 170GHz，有着较好的应用前景。目前，已有基于 UTC-PD 的探测器可以达到 180mA 的最大光电流及 94GHz 的带宽，且带宽可以更进一步提高至 300 GHz 以上。

实际上，PD 响应度不但会影响光电转换功率，在某些时候还会影响线性度。探测器的响应度与调制频率以及光波长有关。在设计 PD 的时候，通常都将响应度与波长的相关性降到最低，这样可以提高 PD 的带宽。1dB 压缩点可衡量信号连续变化过程中增益的稳定程度，是衡量线性度范围的重要指标。这里，PD 响应输出的 1dB 压缩点示意图如图 2-12 所示。

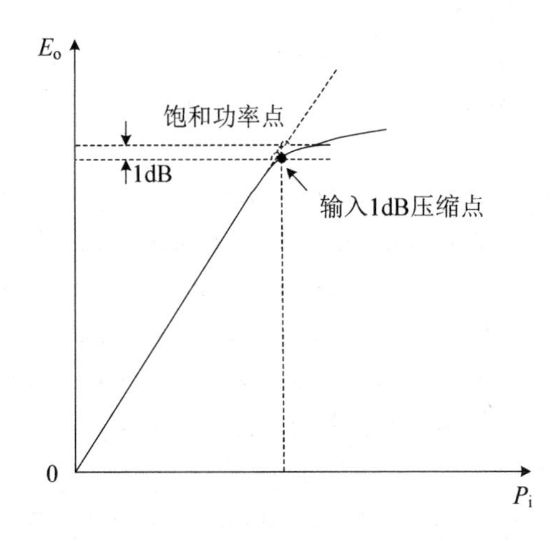

图 2-12 PD 响应输出的 1dB 压缩点示意图

图 2-12 中，E_{o} 表示输出的电信号功率的大小，P_{i} 表示输入的光功率的大小。其中的一个重要的功率值对应输入功率的 1dB 压缩点。当输入功率低于 1dB 压缩点时，PD 工作在线性区。而当功率超过 1dB 压缩点时，响应度下降，系统参数会恶化，并且探测器的非线性将影响系统的传输函数，进而影响动态范围。由此可得出结论：当输入功率低于 1dB 压缩点时，其输出信号是连续的[29-30]；过了 1dB

压缩点，光功率增加，输出线性度将急剧恶化。

2.4 本章小结

本章介绍了基于 MWPPS 系统的链路模型以及存在的关键问题，分别对其进行了分析并提出了解决的方法；对新型光子器件的原理、结构和参数进行了学习和总结，为我们以后的章节提供了理论的支撑点。

2.5 参考文献

[1] 魏永峰．微波光子信号处理中光子射频相移技术的研究[D]．北京：北京邮电大学，2014.

[2] Capmany J, Mora J, Gasulla I, et al. Microwave photonic signal processing[J]. Journal of Lightwave Technology, 2013, 31(4):571-586.

[3] Seeds A J. Microwave photonics[J]. IEEE Transactions on Microwave Theory and Techniques, 2002, 50(3):877-887.

[4] Nichols L T, Williams K J, Estman R D. Optimizing the ultrawide-band photonic link[J]. IEEE transactions on microwave theory and techniques, 1997, 45(8):1384-1389.

[5] Olshansky R, Lanzisera V A. 60-channel FM video subcarrier multiplexed optical communication system[J]. Electronics Letters, 1987, 23(22):1196-1198.

[6] Blow K J, Doran N J. Bandwidth limits of nonlinear (soliton) optical communication systems[J]. Electronics Letters, 1983, 19(11):429-430.

[7] Keiser G. Optical fiber communications[M]. Wiley Online Library, 2003.

[8] 蒋天炜．大动态范围微波光子下变频技术研究[D]．北京：北京邮电大学，2014.

[9] M.A.F. Roelens et al. Dispersion trimming in a reconfigurable wavelength selective switch[J]. J. Lightwave Technol, 2008, 26(1):73-78.

[10] Devaux F, Sorel Y, Kerdiles J F. Simple measurement of fiber dispersion and of chirp DACSRameter of intensity modulated light emitter[J]. Journal of Lightwave Technology, 1993, 11(12):1937-1940.

[11] Holzapfel G A, Ogden R W. On Fiber Dispersion Models: Exclusion of Compressed Fibers and Spurious Model ComDACSRisons[J]. Journal of Elasticity, 2016:1-20.

[12] Larson M C. Tunable laser source: U.S. Patent Application 15/094,591[P]. 2016-4-8.

[13] Larson M C. Tunable laser source: U.S. Patent 9,312,662[P]. 2016-4-12.

[14] John P, Sujatha N, Rao S. Frequency Domain Optical Coherence Tomography for Measurement of Aqueous Glucose Using Super Continuum Laser Source at Wavelengths 1.6 μm and 2.3 μm[C]//International Conference on Fibre Optics and Photonics. Optical Society of America, 2016: Th3A. 1.

[15] Liu J, Xu G, Liu F, et al. Recent advances in polymer electrooptic modulators[J]. RSC Advances, 2015, 5(21):15784-15794.

[16] Palmer R, Koeber S, Elder D L, et al. High-speed, low drive-voltage silicon-organic hybrid modulator based on a binary-chromophore electrooptic material[J]. Journal of Lightwave Technology, 2014, 32(16):2726-2734.

[17] Yan M, Luo P L, Iwakuni K, et al. Mid infrared dual-comb spectroscopy with electrooptic modulators[J]. arXiv preprint arXiv:1608.08013, 2016.

[18] Xue M, Pan S, Zhao Y. Optical single-sideband modulation based on a dual-drive MZM and a 120 hybrid coupler[J]. Journal of Lightwave Technology, 2014, 32(19):3317-3323.

[19] Dogru S, Dagli N. 0.2 v drive voltage substrate removed electrooptic Mach-Zehnder modulators with MQW cores at 1.55 μm[J]. Journal of Lightwave Technology, 2014, 32(3):435-439.

[20] Yan L, Jian W, Yu J, et al. Generation and performance investigation of 40 GHz phase stable and pulse width-tunable optical time window based on a DPMZM[J]. Optics express, 2012, 20(22):24754-24760.

[21] Li W, Sun W H, Wang W T, et al. Reduction of measurement error of optical vector network analyzer based on DPMZM[J]. IEEE Photonics Technology Letters, 2014, 26(9):866-869.

[22] Li W, Wang L X, Zheng J Y, et al. Photonic MMW-UWB signal generation via DPMZM-based frequency up-conversion[J]. IEEE Photonics Technology Letters, 2013, 25(19):1875-1878.

[23] Curtis A C, Henning M L. Optical phase modulator: U.S. Patent 5,029,978[P]. 1991-7-9.

[24] Tang C K, Reed G T. Highly efficient optical phase modulator in SOI waveguides[J]. Electronics letters, 1995, 31(6):451-452.

[25] Kendall Jr P. Optical phase modulator: U.S. Patent 3,479,109[P]. 1969-11-18.

[26] Qi G, Yao J, Seregelyi J, et al. Optical generation and distribution of continuously tunable millimeter-wave signals using an optical phase modulator[J]. Journal of Lightwave technology, 2005, 23(9):2687.

[27] Bull J D, Jaeger N A, Kato H, et al. 40 GHz electrooptic polarization modulator for fiber optic communications systems[C]//Photonics North. International Society for Optics and Photonics, 2004: 133-143.

[28] Pan S, Yao J. A frequency-doubling optoelectronic oscillator using a polarization modulator[J]. IEEE Photonics Technology Letters, 2009, 21(13):929-931.

[29] Junkermann W, Platt U, Volz-Thomas A. A photoelectric detector for the measurement of photolysis frequencies of ozone and other atmospheric molecules[J]. Journal of Atmospheric Chemistry, 1989, 8(3):203-227.

[30] Alderman R A, Klein D A. Photoelectric detector with coded pulse output: U.S. Patent 5,872,646[P]. 1999-2-16.

[31] Cebulla, U., et al. 1.55 mm strained layer quantum well DFB lasers with low chirp and low distortions for optical analog CATV distribution systems. in Proceedings of Conference on Lasers and Electron-optics. 1993.

[32] Chen, T., et al. Wide temperature range linear DFB lasers with very low threshold current[J]. Electronics Letters, 1997, 33(11):963-965.

[33] Delorme, F., et al. High reliability of high-power and widely tunable 1.55-μm distributed Bragg reflector lasers for WDM applications[J]. IEEE Journal of Selected Topics in Quantum Electronics, 1997, 3(2):607-614.

[34] Kuriki, K., Y. Koike, Y. Okamoto. Plastic optical fiber lasers and amplifiers containing lanthanide complexes[J]. Chemical reviews, 2002, 102(6):2347-2356.

[35] Fan, T.Y. and R.L. Byer. Diode laser-pumped solid-state lasers[J]. IEEE Journal of Quantum Electronics, 1988. 24(6):895-912.

[36] 李建强，基于铌酸锂调制器的微波光子信号处理技术与毫米波频段 ROF 系统设计[D]. 北京：北京邮电大学，2009.

[37]. 史培明，基于 MZ 集成调制器无光滤波产生高质量毫米波信号的研究[D]. 北京：北京邮电大学，2011.

[38]. Nagata, H.. Activation energy of DC-drift of x-cut $LiNbO_3$ optical intensity modulators[J]. IEEE Photonics Technology Letters, 2000, 12(4):386-388.

[39]. Yamada, S. and M. Minakata. DC drift phenomena in LiNbO3 optical waveguide devices. Jpn. J. Appl. Phys, 1981, 20(4):733-737.

[40]. Cummings, U.V. Linearized and high frequency electrooptic modulators. 2005, California Institute of Technology.

[41] 舒平. 用于微波光子系统的铌酸锂集成电光调制器研究[J]. 半导体光电，2012，33（006）：783-786.

[42] Bull, J.D., et al. Broadband class-AB microwave-photonic link using polarization modulation[J]. IEEE Photonics Technology Letters, 2006, 18(9):1073-1075.

[43] Huang, M., J. Fu, and S. Pan, Linearized analog photonic links based on a dual-parallel polarization modulator. Optics letters, 2012, 37(11):1823-1825.

[44] Zhang, Y., S. Pan. Generation of phase-coded microwave signals using a polarization-modulator-based photonic microwave phase shifter[J]. Optics letters, 2013, 38(5):766-768.

[45] Li, W., J. Yao, Dynamic range improvement of a microwave photonic link based on bi-directional use of a polarization modulator in a Sagnac loop[J]. Optics express, 2013, 21(13):15692-15697.

[46]. Chang, S.-J., et al. Improved electrooptic modulator with ridge structure in X-cut $LiNbO_3$[J]. Journal of lightwave technology, 1999, 17(5):843.

[47] Kim, C.M., R.V. Ramaswamy. Overlap integral factors in integrated optic modulators and switches[J]. Journal of Lightwave Technology, 1989, 7(7):1063-1070.

[48] Weeks, W.T. Calculation of coefficients of capacitance of multiconductor transmission lines in the presence of a dielectric interface[M]. IEEE Transactions on Microwave Theory and Techniques, 1970, 18(1):35-43.

[49] Wei, C., et al. Multiconductor transmission lines in multilayered dielectric media[J]. IEEE Transactions on Microwave Theory and Techniques, 1984, 32(4):439-450.

[50] Rahman, B., S. Haxha. Optimization of microwave properties for ultrahigh-speed etched and unetched lithium niobate electrooptic modulators[J]. Journal of lightwave technology, 2002, 20(10):1856.

[51] Chang, W.S. RF photonic technology in optical fiber links. 2002: Cambridge University Press.

[52] Williams, K.J., L.T. Nichols, R.D. Esman. Photodetector nonlinearity limitations on a high-dynamic range 3 GHz fiber optic link[J]. Journal of lightwave technology, 1998, 16(2):192.

[53] Gopalakrishnan, G.K., W.K. Burns, C.H. Bulmer. Microwave-optical mixing in

$LiNbO_3$ modulators[J]. IEEE Transactions on Microwave Theory and Techniques, 1993, 41(12):2383-2391.

[54] Pagßn, V.R., B.M. Haas, T. Murphy. Linearized electrooptic microwave downconversion using phase modulation and optical filtering[J]. Optics express, 2011, 19(2):883-895.

[55] Sun, C., R. Orazi, S. Pappert. Efficient microwave frequency conversion using photonic link signal mixing[J]. IEEE Photonics Technology Letters, 1996, 8(1):154-156.

[56] Ho, K.-P., S.-K. Liaw, C. Lin. Frequency doubling photonic mixer with low conversion loss. in Optical Fiber Communication. OFC 97., Conference on. 1997, IEEE.

[57] Howerton, M., et al. Low-biased fiber-optic link for microwave downconversion[J]. IEEE Photonics Technology Letters, 1996, 8(12):1692-1694.

[58] Helkey, R., J.C. Twichell, C. COX III. A down-conversion optical link with RF gain[J]. Journal of lightwave technology, 1997, 15(6):956-961.

[59] Haas, B.M., T.E. Murphy. A carrier-suppressed phase-modulated fiber optic link with IF downconversion of 30GHz 64-QAM signals. in Microwave Photonics, 2009. MWP'09. International Topical Meeting on. 2009. IEEE.

[60] Chan, E.H., R.A. Minasian. Microwave photonic downconverter with high conversion efficiency[J]. Journal of Lightwave Technology, 2012, 30(23):3580-3585.

[61] Chan, E.H., R.A. Minasian. Microwave Photonic Downconversion using Phase Modulators in a Sagnac Loop Interferometer. 2013.

[62] Cox III, C., E. Ackerman, G. Betts. Relationship between gain and noise figure of an optical analog link. in Microwave Symposium Digest, MTT-S International. 1996. IEEE.

[63] Kumar, A., et al. Experimental test of the quantum shot noise reduction theory[J]. Physical review letters, 1996, 76(15):2778.

[64] Betts, G. and F. O'Donnell. Improvements in passive, low-noise-figure optical links. in Proc. Photon. Syst. Antenna Applicat. Conf. 1993.

[65] Farwell, M.L., W.S. Chang, D.R. Huber. Increased linear dynamic range by low biasing the Mach-Zehnder modulator[J]. IEEE Photonics Technology Letters, 1993, 5(7):779-782.

[66] Ackerman, E., et al. Maximum dynamic range operation of a microwave external

modulation fiber-optic link[J]. IEEE Transactions on Microwave Theory and Techniques, 1993, 41(8):1299-1306.
[67] Ackerman, E., et al. Balanced receiver external modulation fiber-optic link architecture with reduced noise figure[J]. SPIE MILESTONE SERIES MS, 1998, 149:419-424.
[68] Williams, K., L. Nichols, R. Esman. Externally-modulated 3 GHz fibre optic link utilising high current and balanced detection[J]. Electronics Letters, 1997. 33(15):1327-1328.
[69] Ackerman, E.I., et al. Signal-to-noise performance of two analog photonic links using different noise reduction techniques. in Microwave Symposium, IEEE/MTT-S International. 2007. IEEE.
[70] Saiful Islam, M., et al. Distributed balanced photodetectors for broad-band noise suppression[J]. IEEE Transactions on Microwave Theory and Techniques, 1999, 47(7):1282-1288.
[71] Bosch, W., G. Gatti. Measurement and simulation of memory effects in predistortion linearizers[J]. IEEE Transactions on Microwave Theory and Techniques, 1989, 37(12):1885-1890.
[72] Sadhwani, R., B. Jalali. Adaptive CMOS predistortion linearizer for fiber-optic links[J]. Journal of Lightwave Technology, 2003, 21(12):3180.
[73] Roselli, L., et al. Analog laser predistortion for multiservice radio-over-fiber systems[J]. Journal of Lightwave Technology, 2003, 21(5):1211-1223.
[74] Roussell, H.V., et al. Gain, noise figure and bandwidth-limited dynamic range of a low-biased external modulation link. in Microwave Photonics, International Topical Meeting on. 2007. IEEE.
[75] M. M. Howerton, R.P.M., G. K. Gopalakrishnan, W. K. Burns, William K. Low-biased fiber-optic link for microwave downconversion[J]. IEEE Photon. Technol. Lett., 1996, 8(12):1692-1694.
[76] Darcie, T.E., et al. Class-B microwave-photonic link using optical frequency modulation and linear frequency discriminators[J]. Journal of Lightwave Technology, 2007, 25(1):157-164.
[77] Zhang, J., A.N. Hone, T.E. Darcie. Limitation due to signal-clipping in linearized microwave-photonic links[J]. IEEE Photonics Technology Letters, 2007, 19(14):1033-1035.
[78] Haas, B.M., T.E. Murphy. A simple, linearized, phase-modulated analog optical

transmission system[J]. IEEE Photonics Technology Letters, 2007, 19(10):729-731.

[79] Ma, J., et al. Fiber dispersion influence on transmission of the optical millimeter-waves generated using LN-MZM intensity modulation[J]. Journal of Lightwave Technology, 2007, 25(11):3244-3256.

[80] Yu, J., et al. Optical millimeter-wave generation or up-conversion using external modulators[J]. IEEE Photonics Technology Letters, 2006, 18(1):265-267.

[81] Chao, L., C. Wenyue, J.F. Shiang. Photonic mixers and image-rejection mixers for optical SCM systems[J]. IEEE Transactions on Microwave Theory and Techniques, 1997, 45(8):1478-1480.

第3章　基于相位补偿的光子射频相移技术的研究与实现

3.1　背景

微波光子技术可以应用在各个领域中，例如雷达通信、远距离探测、卫星通信和射频信号远距离传输等。微波光子处理技术具有一定的优势，包括数据传输速率高、可调谐性、大带宽和抗电磁干扰等，可解决电控相移技术的一系列的瓶颈问题。很多对微波光子相移技术的研究方案已经被报道，例如外差混频技术、矢量合成技术、非线性效应和光真延时处理等技术方案。目前，光子相移技术是光控相控阵波束形成的热点之一。接下来介绍一些其中比较有代表性的研究成果。

1995年，Michael Y. Frankel和Ronald D. Esman等人利用光色散棱镜实现了光真延时。在系统中，通过控制可调光信号的波长完成了螺旋天线阵的控制。在带宽2～18GHz中，可以实现±53°自由空间方位角的扫描。在带宽6～16GHz中，可以实现±35°自由空间方位角的扫描[1]。

2004年，Kwang-Hyun Lee、Young Min Jhon和Woo-Young Choi等人基于矢量和处理技术实现了微波光子相移器，在系统中的两个臂分别使用了保偏光纤，通过改变注入保偏光纤的光的角度，调节两路光信号幅度的比例关系，在微波信号频率为30.48 GHz的频点完成了360°的相移[2]。

2013年，Weilin Liu和Jianping Yao等人提出了基于保偏的布拉格光纤光栅（PM-FBG）和一个延时模块（VRP）的宽带微波光子相移器。方案主要利用单边带调制后的载波信号和一阶边带信号沿着轴向45°耦合入PM-FBG，将PM-FBG的快慢轴近似为两个不同的光带通滤波器，滤除相应的边带，输出光信号为正交的模式，然后通过VRP模块来调节正交信号产生不同的相位差，接着通过偏振镜，两束正交信号沿着轴向45°耦合入探测器，完成拍频并恢复出RF信号。在带宽30GHz范围内，功能上完成了360°的相移[3]。

基于微波光子相移器补偿技术方面的研究，我们做了大量的工作，并取得了一定的成果。在 2014 年，Xinlu Gao、Shanguo Huang 等人提出了基于 FBG 和 HDF 的光真延时系统，采用了粗调和细调的方案思路。FBG 单元实现粗调级的延时功能，HDF 实现细调级的补偿功能。这样，在带宽达到 40GHz 的情况下，延时分辨率可达到 1ps[4]。

为了提高波束延时精度，可提高 MWPPS 系统的分辨率和雷达的分辨能力，即对物体探测能力。目前，相位补偿技术已被很多国内外研究者所关注。相位补偿有预补偿、后处理补偿、反馈补偿等。其一般的思路就是在原来相移的基础上，附加一个补偿相位，来提高信号相位稳定度，使系统输出信号稳定性好，波束的精度高。

最近，北京大学、北京邮电大学、上海交通大学、清华大学和华中科技大学的研究小组对该技术做了一定的报道。经过多年的发展，对相位补偿技术的研究，在微波光子相移技术方面已取得了一些成果。目前，很多研究机构已经更加重视该技术的相关研究和开发工作。

3.2 微波相移法分析

3.2.1 相移原理

相移法是将 RF 信号变化的规律搬移到光信号上，该光信号经过相应处理后，探测恢复出相移 RF 信号，通过相移量计算不同波长的对应延时量，计算得出不同波长间的相对群延时，得到延时曲线 $\tau(\lambda_i)$。假设光信号的波长为 $\lambda_1,\lambda_2,\cdots,\lambda_n$，分别用频率为 ω_{RF} 的 RF 信号来调制光信号。对于 MZM，光纤输入端电信号的初始相位分别为 $\theta_1,\theta_2,\cdots,\theta_n$；用 $\tau_1,\tau_2,\cdots,\tau_n$ 表示传输群延时，则通过 LCFBG 后射频信号的相位分别表示为

$$\begin{gathered}\theta_1+\omega_{\mathrm{RF}}\tau_1\\ \vdots\\ \theta_n+\omega_{\mathrm{RF}}\tau_n\end{gathered} \tag{3-1}$$

假定参考信号的延时为 τ_0，则经 LCFBG 输出的光信号与参考信号比较，相应 RF 信号的相位差为

$$\varphi_i=\omega_{\mathrm{RF}}(\tau_i-\tau_0)=2\pi f_{\mathrm{RF}}(\tau_i-\tau_0)\qquad i=1,2,\cdots,n \tag{3-2}$$

相应延时分别为

$$\tau_i=\frac{\varphi_i}{\omega_{\mathrm{RF}}}+\tau_0=\frac{\varphi_i}{2\pi f_{\mathrm{RF}}}+\tau_0\qquad i=1,2,\cdots,n \tag{3-3}$$

在测量过程中，由于 VNA 的相位测量值在±180°处将发生相位 360°旋转，为了减小误差，需要补偿相位周期翻转相位测量值。则相差 $\varphi_1,\varphi_2,\cdots,\varphi_n$ 可进一步表示为

$$\varphi_i = \varphi_i + 2N\pi \quad i = 1,2,\cdots,n \tag{3-4}$$

于是，在 LCFBG 的连续反射谱内，适当地调谐光信号波长值，就可以获得相应的延时大小，在终端获得 RF 信号相移变化量[5-23]。

3.2.2 光纤光栅

在我们的方案设计中，会将光纤光栅作为延时处理单元，这里对光纤光栅的机理要熟练掌握，用起来才得心应手。因光纤材料的光敏性，如果用紫外光照射光纤纤芯，光纤纤芯的折射率将会发生永久的改变，且该改变与掺杂材料有一定的关系。在一定条件下，可长期保存（记忆）折射率变化量与光强的线性关系。在紫外光照射作用下，光纤光栅折射率调制形成周期性分布，光信号中相位匹配的光信号将会产生反射效应。

1989 年，G.Melts 用干涉曝光法生产出光纤光栅。1993 年，加拿大 K.O. Hill 等人用相位掩模制造法制作出光纤光栅。按光纤光栅的作用可分为透射型光栅和反射型光栅；按功能分为多模光纤光栅、单模光纤光栅、保偏光纤光栅等。光纤光栅可以看作反射或透射型滤波器。根据实验需要，可以灵活设计光谱与延时特性，其具有重量轻、体积小和抗干扰等特点，是一种用途非常广的无源器件。光栅结构具有周期性，光通过光栅时会发生衍射。同时，光信号在光纤光栅中传输并发生干涉作用时，将发生反射。当光信号不满足光栅方程时，对其没有影响；只有在满足光栅方程时，才能够使光的干涉加强。

在设计使用光纤光栅时，我们要熟悉光纤光栅的理论分析法。理论分析法主要有多层膜分析法、傅里叶变换分析法、耦合模理论分析法。多层膜分析法将光栅分成足够多的薄膜层，在每个薄膜层内，将折射率看作是均匀分布的。傅里叶变换分析法是利用反射率与耦合系数之间存在的傅里叶变换关系对光栅的光谱进行分析。分析光信号在不同类型的光纤光栅中传输的特性，常采用耦合模理论分析法。对于均匀周期的 FBG，可以模拟出光栅的反射谱特性函数表达式。对于均匀周期光纤光栅，可认为其由一系列周期光栅串联而成，具有足够小且均匀分布的特点。用耦合模理论分析分立单个的均匀光栅，然后再将所有的小光栅用传输矩阵的形式表达出来，可以分析出光栅的光谱特点。最基本的分析 FBG 的方法常采用耦合模理论。在耦合模理论分析和方程推导之后，我们主要介绍两种在实验中常用的布拉格光纤光栅（FBG）和啁啾布拉格光纤光栅（LCFBG）。

1. 耦合模理论

为了掌握光纤光栅的频谱响应情况，要研究其物理特性。在使用 FBG 的过程中，掌握 FBG 的频谱特性是非常重要的。最常用的 FBG 频谱特性分析的方法是耦合模理论分析法。耦合模理论用平面波的线性组合把折射率的电场分布描述出来，光纤中的模场分布如下：

$$E_{\pm j}(x,y,z)=e_{\pm j'}(x,y)\exp(\pm i\delta_i z) \quad j=1,2,3\cdots \tag{3-5}$$

式中，$e_{\pm j'}(x,y)$为j^{th}传输模式下的横电场振幅，± 代表传输方向；δ_i为传输常数，或者j^{th}模式的特征值。通常每个模式的特征值δ_i是唯一的。假设一个与时间有关的信号的函数表达式为$\exp(-kwt)$，w表示角频率。使用麦克斯韦方程来解释在光纤中传输的光信号的特点，可以这样认为：传输模式是麦克斯韦方程的解。

在光纤光栅中，依据耦合模理论，在z方向上用常规光纤理想模式的线性叠加来描述横向电场分量，可以用数学式表示为

$$\bar{E}_t(x,y,z,t)=\sum_j[E_j(x,y,z,t)+E_{-j}(x,y,z,t)] \tag{3-6}$$

将式（3-5）代入式（3-6）中，电场$\bar{E}_t(x,y,z,t)$可用数学式表示为

$$\bar{E}_t(x,y,z,t)=\sum_j[A_j^+(z)\exp(i\delta_j z)+A_j^-(z)\exp(-i\delta_j z)]\bar{e}_{j'}(x,y)\exp(-ikt) \tag{3-7}$$

式中，A^+为j^{th}模式下前向慢变模场振幅；A^-为j^{th}模式下后向慢变模场振幅；$\bar{e}_{j'}(x,y)$为横向模场；δ_i为传输系数。可以认为电场分布$\bar{E}_t(x,y,z,t)$是麦克斯韦方程的解，可采用模场的方法来求解。

2. 耦合模方程

光纤光栅纤芯内的折射率调制周期是均匀变化的。在纤芯包层不存在的传输模式下，可以不考虑包层传输模式。这样光纤光栅中的电场就可以被简化，认为电场是后向和前向基模相互叠加而成，光纤中沿纤芯的电场分布可用两种相反方向传输的模式来进行数学描述：

$$E(x,y,z)=[A_j^+(z)\exp(-i\delta_j z)+A_j^-(z)\exp(i\delta_j z)]e_{j'}(x,y) \tag{3-8}$$

将式（3-8）中的$E(x,y,z)$代入光纤光栅耦合模方程，其可简化表示为两种形式：

$$\frac{\mathrm{d}R(z)}{\mathrm{d}z}=i\hat{\sigma}(z)R(z)+ik(z)S(z) \tag{3-9}$$

$$\frac{\mathrm{d}R(z)}{\mathrm{d}z}=-i\hat{\sigma}(z)R(z)-ik^*(z)S(z) \tag{3-10}$$

式中，$R(z)=A^{+}(z)\exp[i(\delta z-\varphi/2)]$，$S(z)=A^{-}(z)\exp[-i(\delta z+\varphi/2)]$。$R(z)$为前向传输模式函数；$S(z)$为反向传输模式函数；$k(z)$为交流电耦合系数，也称为局部光栅强度；$\hat{\sigma}(z)$为直流电自耦合系数，也称为局部失谐量[24-26]。

3. 布拉格光纤光栅

用一定波长的紫外光来照射布拉格光纤光栅，其折射率将发生永久性的变化。用强度周期性变化的紫外光照射单模光纤的纤芯，光纤光栅的折射率调制呈现为周期性变化。FBG是在紫外光作用的过程中生成的，其（周期小于1μm）折射率受到周期性调制，其结构如图3-1所示。

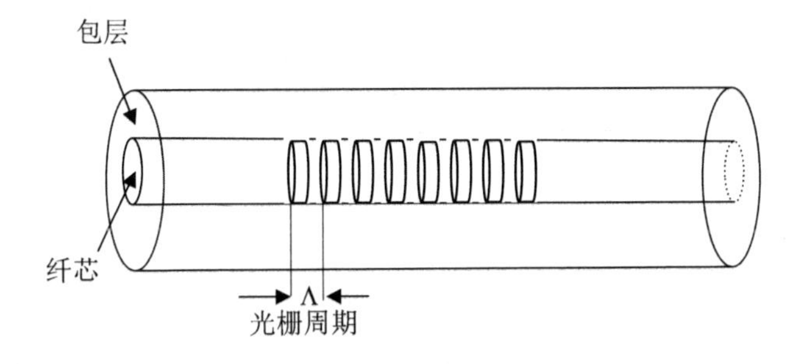

图3-1 布拉格光栅结构示意图

通常，FBG纤芯折射率沿纵向的Z分布可表示为

$$n(z)=n_{\mathrm{eff}}+\overline{\Delta n}_{\mathrm{eff}}(z)\cdot\left[1+v\cos\left(\frac{2\pi}{\Lambda(z)}z+\varphi(z)\right)\right] \tag{3-11}$$

式中，光栅的有效折射率用n_{eff}来表示；折射率调制深度用$\overline{\Delta n}_{\mathrm{eff}}$来表示，也称为平均折射率变化量，其沿着光栅长度方向变化，量级约为10^{-5}～10^{-3}；参数v为条纹可见度，常认为光栅反射率值为0.5～1；$\Lambda(z)$是光栅周期；$\varphi(z)$为沿光栅轴向光栅周期的变化参数。如果对$\overline{\Delta n}_{\mathrm{eff}}$、$\Lambda(z)$、$\varphi(z)$进行不同的调制，可以得到不同性质的光纤光栅。经观察，在折射率调制周期变化的位置都会有少量入射光发生反射。图3-2为均匀光栅的折射率调制示意图。

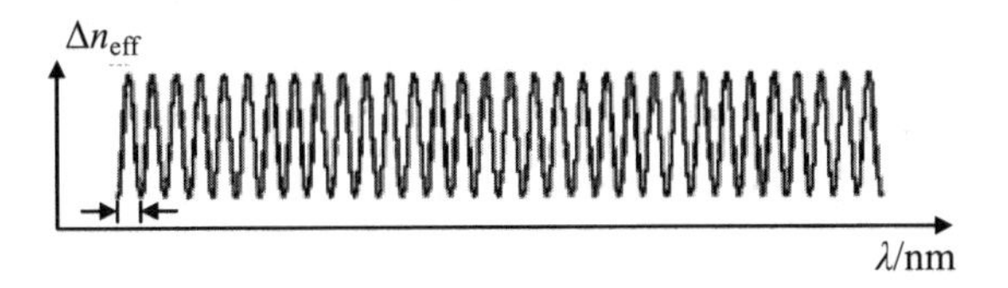

图3-2 均匀光栅的折射率调制示意图

对光纤光栅，我们来说明一下布拉格条件。在强耦合模式发生的条件下，某

特定波长的反射光就会相互干涉，互相加强，这里定义满足这种条件的波长为布拉格波长[27]。只有满足布拉格条件，光信号才会发生强反射。在布拉格波长处，入射光的反射率将达到最大值。经分析，在满足布拉格条件处，相位匹配的光信号会发生反射；不满足布拉格条件的光信号，布拉格光栅对光信号没有任何阻挡，其可顺利通过。可以用输入光波的反射谱和透射谱示意图来解释这个现象，如图3-3所示。

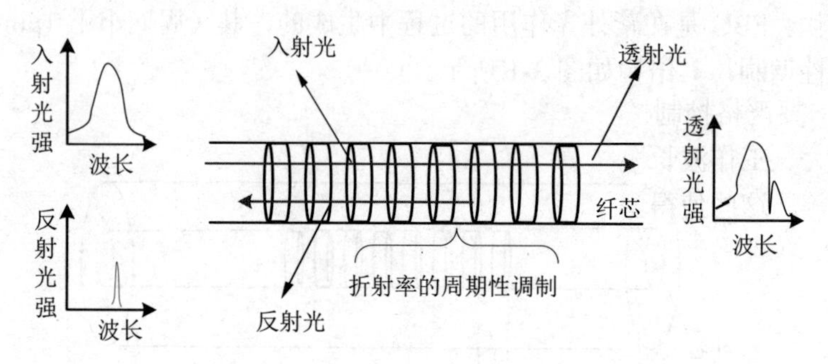

图 3-3　布拉格光纤光栅光谱特性示意图

在图 3-3 中，左上端图表示入射光的功率谱；左下端图表示入射光的反射功率谱；右端图表示入射光透射功率谱。布拉格波长 λ_B 可用数学式表示为

$$\lambda_B = 2n_{eff}\Lambda \tag{3-12}$$

式中，n_{eff} 为有效折射率；Λ 为光栅周期。折射率与光栅周期的乘积决定布拉格波长的大小。对于均匀的布拉格光纤光栅来说，n_{eff} 与 Λ 为常数。如图 3-3 所示，当光波长之间发生的干涉满足相位匹配条件时，在光信号经过 FBG 时会发生反向与正向传输基模耦合，我们把短周期光纤光栅称为反射型光纤光栅。

如光纤布拉格光栅的反射及透射特性图（图 3-4）中所示，显然频谱呈现辛克函数 $\sin c(x)$ 的形式，有显著的旁瓣，这种光栅会导致光的功率衰落。这时需要对光栅进行切趾处理，当观察到折射率调制的包络呈现某种函数形式，特点表现不均匀时，就会使光栅的光谱有很大改进，从而能有效地抑制 FBG 的旁瓣，在很大程度上消除了延时抖动，从而得到较为理想的色散曲线、延时曲线和反射谱等，其相关性能参数也得到提高。

FBG 光栅折射率调制的周期在亚微米量级，其传输特征是，传输方向相反，光信号的模式之间发生耦合。反射光栅（FBG）的作用相当于一种波长和带宽可调谐的窄带反射器件[28-36]。

4. 啁啾布拉格光纤光栅

啁啾布拉格光纤光栅（LCFBG）是一种全光纤类型，属于无源光子器件系列。

LCFBG 中的折射率调制周期呈现非周期特性，是一种线性关系分布，也常记作 CFBG。本书中把啁啾光纤光栅称为线性啁啾布拉格光纤光栅，“线性”就是体现其调制周期是线性分布的。目前，LCFBG 凭借其良好的时间特性及频谱而被用到微波光子相移器中，其已经成为常用的光纤无源器件之一。采用 LCBFG 的光控相控技术系统的优势包括抗电磁干扰、重量轻、损耗低、体积小等。此外，LCFBG 的反射谱平坦度和延时线性度也是进行方案设计时需要考虑的关键因素。微波光子相移系统的一个关键指标就是信号的相位一致性和幅度一致性。这个指标参数直接决定着微波光子相移系统中的均方副瓣电平和波束指向精度。在低副瓣的阵列系统中，要严格控制幅度和相位误差。LCFBG 的优点包括选频特性优良、带宽调节范围大、工作波长连续可调、偏振无关、附加损耗小、体积小、兼容性好及安装灵活等。这些使得基于啁啾光纤光栅的微波光子相移系统显露出其有价值的应用前景。线性啁啾光纤光栅结构图如图 3-5 所示。

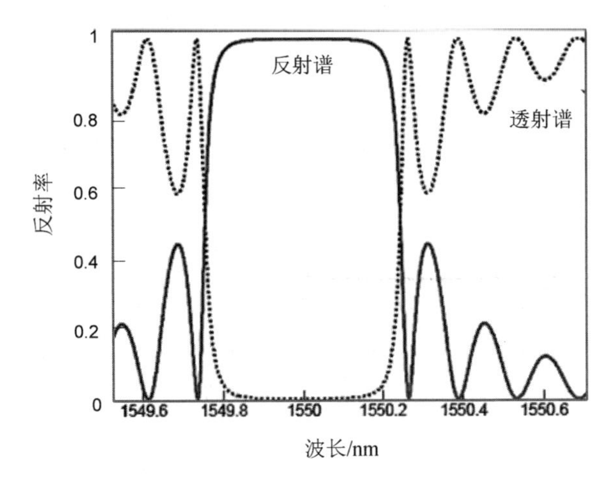

图 3-4　光纤布拉格光栅的反射及透射特性图

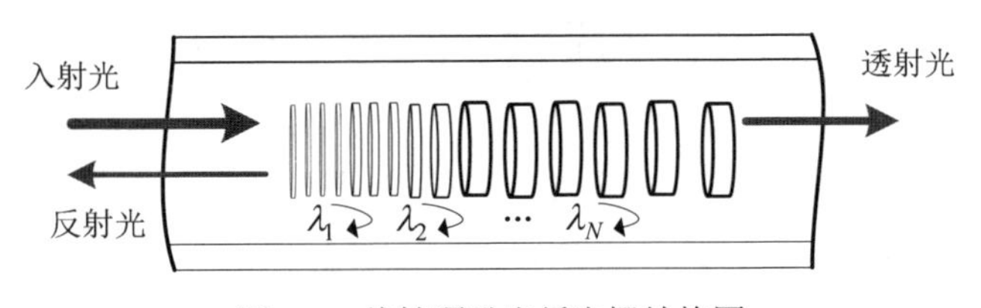

图 3-5　线性啁啾光纤光栅结构图

图 3-5 中，沿着 LCFBG 的轴向，其折射率调制周期呈现线性变化。在布拉格反射波长呈现线性变化的情况下，形成的是一种新型光纤光栅无源器件。在 LCFBG 的轴向某点 z 处，其所对应的布拉格反射波长可表示成

$$\lambda(z)=2n_{\mathrm{eff}}(z)\Lambda(z) \tag{3-13}$$

式中，有效折射率 $n_{\mathrm{eff}}(z)$ 或者光栅周期随着反射点位置 z 的变化而变化，都可以得到 LCFBG。沿着光栅轴向，如果光栅折射率调制保持常数，该光纤光栅称为 LCFBG，可以用数学式表示其调制周期为

$$\Lambda(z)=\Lambda_0+\frac{C}{2n_{\mathrm{eff}}}z \tag{3-14}$$

式中，Λ_0 与初始波长 λ_0 的周期相对应；C 为啁啾系数，其含义是布拉格波长沿轴向 z 的变化率，单位为 nm/cm。LCFBG 的反射波长 $\lambda(z)$ 可写成

$$\lambda(z)=2n_{\mathrm{eff}}\Lambda_0+Cz \quad (-L/2\leqslant L/2) \tag{3-15}$$

而光栅啁啾系数 C 可表示为

$$C=\frac{\mathrm{d}\lambda}{\mathrm{d}z} \tag{3-16}$$

式中，对于线性啁啾光栅，C 为常数。

在 LCFBG 轴向的不同刻录位置，不同波长的光信号将会发生反射效应。随 LCFBG 中反射点的位置移动，反射光信号波长也呈线性变化，这就意味着 LCFBG 具有反射谱宽的特点，而且在反射带宽内具有线性变化的群延时特性和色散平坦性。LCFBG 的群延时为

$$\tau(\lambda)=\frac{\lambda-\lambda_0}{c\cdot C}=D\cdot(\lambda-\lambda_0) \tag{3-17}$$

式中，λ_0 与光栅周期的 Λ_0 相对应，其是布拉格反射波长；c 为信号光在真空中的传播速度；D 为光栅的色散系数，对于 LCFBG 来说，色散值 D 在反射带宽内是常数。啁啾光栅的折射率调制示意图如图 3-6 所示。

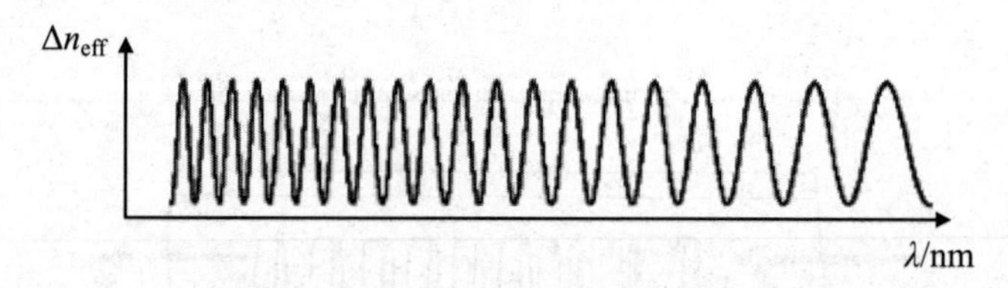

图 3-6 啁啾光栅的折射率调制示意图

图 3-6 中，啁啾光栅的折射率呈现非周期特性。由于 LCFBG 具有宽的平坦的色散特性和反射带宽，所以其可以作为光纤通信链路的宽带滤波器、宽带色散补偿器、传感器、解调器和波分复用/解复用器等。同时，对应于光信号反射波长，啁啾光纤光栅具有理想的延时线性特性，LCFBG 形成较宽的反射带。LCFBG 的峰值反射率、光谱带宽、中心波长、延时曲线等光谱特征量主要取决

于光栅的结构参数。从应用上讲，LCFBG 必须具备大延时、大带宽、好的延时线性度和高反射率等光学特性。典型 LCFBG 的反射谱和延时示意图如图 3-7 所示。而这些光学特性是由 LCFBG 的光栅长度（L）、啁啾系数（C）、光栅折射率调制深度（δ）等结构参数所决定的。在实际系统中，应对 LCFBG 的结构参数进行优化设计和测试。

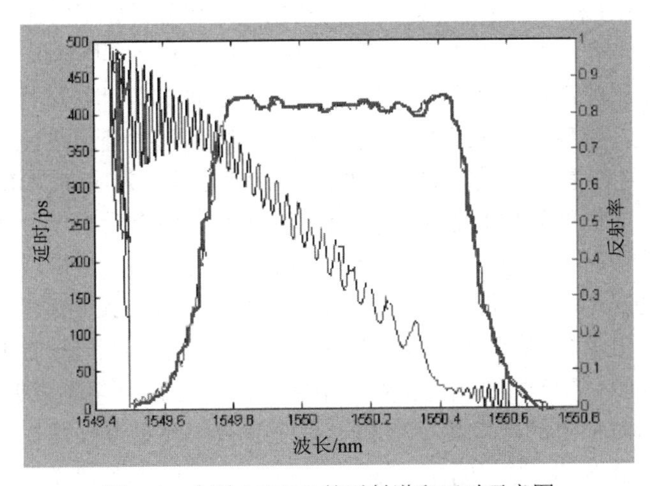

图 3-7 典型 LCFBG 的反射谱和延时示意图

随着光子器件的工艺和技术的发展，在宽带微波光子相移技术应用方案中，LCFBG 可以作为光谱处理单元。基于 LCFBG 的方案结构简单，且 LCFBG 器件工艺相对比较成熟，所以倍受人们的关注，成为研究热点之一[37-44]。

经综合分析得出，系统的信噪比是衡量一个系统整体性能的重要指标之一，光控相移系统也不例外。在微波光子相移链路中，具有高反射率的 LCFBG 作为系统延时单元，光信号经过 LCFBG 时，能获得较准确的延时，系统输出端会得到大的信噪比。同时，在光信号处理的过程中，降低噪声对光信号的影响，获得系统稳定的信号输出。

3.3 基于相位补偿的光子射频相移技术

光控相移技术利用光信号处理技术实现 RF 信号相移，具有光子系统本身所固有的优势，包括损耗小、重量轻、灵活可控和抗电磁干扰等。光控相移技术有效降低了电相移技术带来的体积大、重量大及瞬时带宽小等方面的影响，并能同时满足现代高性能雷达的性能要求。其波束扫描角与 RF 信号频率无关，消除了电控相移技术波束偏斜，适用于高频宽带雷达。光控相移技术在提高波束延时精度的过程中，保证 RF 信号幅度和相位的一致性，可进一步提高波束延时的精度，提高雷达的探测能力，以及对细小物体的分辨力。波束延时精度参数是微波光子相移系统的重要参数，为了得到较理想的波束延时精度值，在微波光子相移器系统中，相位补偿技术是常采用的技术之一，也是目前国内外的研究热点[45-49]。下面介绍一下相位补偿的光子相移技术。

基于 LCFBG 和 PM 的光子射频相移结构原理和分析如下所述。

啁啾布拉格光纤光栅作为我们方案中的延时处理的核心器件，在 3.2.2 节已经对其结构和原理进行了详细的介绍。LCFBG 的调制周期是线性的，其反射谱呈现出连续性，幅度谱是平坦的，这是它作为线性延时处理单元的先天条件。对 LCFBG 的性能参数产生影响的主要因素有延时抖动效应（GDR）、机械应力和环境温度。光栅两端的折射率突变点可以被看作两个反射镜，当光信号打入到光栅时，光栅折射率突变点和相应的布拉格反射点之间会形成一个个法布里帕罗（Fabry-Perot）腔，使具有延时参数的反射光呈现出振荡的纹波，这叫作延时抖动效应（GDR），是影响 MWPPS 系统性能的重要因素之一，其将在很大程度上限制 LCFBG 的延时线性度和延时精度。LCFBG 对环境温度的变化很敏感，所以，具有相对稳定的环境温度有利于系统参数的测量准确性。机械应力也是影响波束延时精度的一个因素，在摆放光纤时，尽量不要把光纤圈得太紧、太小，因为这样会无形中在其表面增加一定的机械应力，导致测量偶然误差的增大。本书考虑用 PM 来对相位抖动参数进行相应的补偿，以改善微波光子相移器的波束延时精度，提高分辨率。

综合以上对 LCFBG 参数的分析，根据耦合模理论，对各项参数进行优化，可以灵活设计出所需的 LCFBG。根据延时精度为 1ps，最大延时量为 1ns，延时抖动小于 5ps，反射率大于 99.9%的要求，可以确定 LCFBG 的结构及参数，见表 3.1。

相位调制器是方案中的相位补偿器件，本书在 2.3.2 节已经对 PM 的结构和原理进行了详细的介绍。这里需要再介绍一下 PM 的性能，在没有直流偏置的作用下，PM 可以克服直流带来的相位漂移。例如在射频控制端口注入直流信号，PM 的输出光信号可以表示为

$$E_{\text{out}}(t) = E_0 e^{j(\omega_c t + \pi V_{\text{DC}}(t)/V_\pi)} \tag{3-18}$$

基于直流信号的频率等于零，直接可以对通过 PM 的光信号的相位进行调控，这样使光子链路设计的灵活性得到增强，可以直接或者间接地对光信号的相位参数进行控制和操作。在直流偏压的作用下，PM 实现相移功能，控制光载波相位的变化量，如图 3-8 所示。依据该原理，我们的设计方案把相位调制器用在相位补偿电路中，仅在直流信号的控制下实现对光信号相位的调控。理想情况下，相

位调制器对光信号可以实现 360°的相移。在本方案中，LCFBG 和 PM 二者协调工作，LCFBG 实现光波相位延时，PM 实现对相位参数的补偿。在系统输出端，可以提高系统的波束延时精度，有利于提高系统的稳定性[50-55]。在这里介绍一下具有代表性的相关成果。

表 3.1 线性啁啾光纤光栅（LCFBG）参数设计

参数	要求	单位
色散系数（D）	大于 110	ps/nm
啁啾系数（C）	1.416	nm/cm
边摸抑制比	大于 10	dB
折射率调制深度（$\overline{\delta}_{n_{\mathrm{eff}}}$）	4×10^{-14}	—
带宽（$\Delta\lambda$）	拟定	nm
切趾函数	高斯型（m=6）	—
反射率	大于 99.9	%
中心波长	1551.24	nm

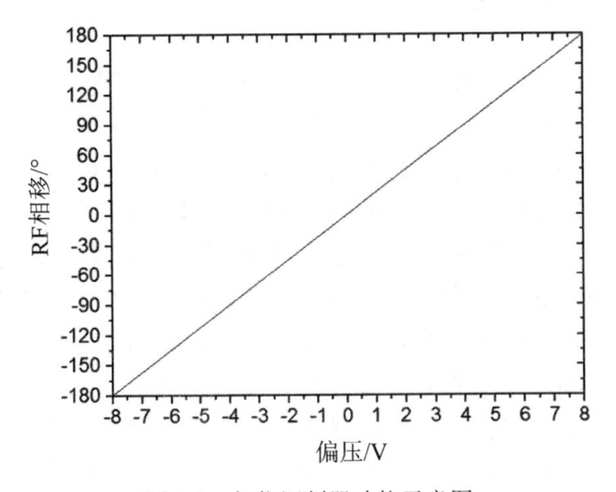

图 3-8 相位调制器功能示意图

在 2013 年，Zhaohui Li、Haiyan Shang、Jianping Li 等人提出了基于分布式布拉格反射器（DBR）、光纤激光器和相位调制器的微波光子相移系统的概念。该系统通过 DBR 产生两个正交态光信号；然后两个正交态的光信号通过 PC 进入 PM，在直流电压的控制下，两个正交态的光信号之间产生不同的相位差；最后处理后的两个光信号经过偏振镜的调节，在透射轴 45°方向投射到光探测器。这样，直流信号控制 PM 的 RF 端口，光信号的相位改变量可以被调谐。频率范围 1.6186～3.7016GHz 内，系统实现了 360°的相移[56]。

3.4 基于相位补偿的微波光子相移系统研究

以上理论分析表明，可以根据系统的需要自行设计 LCFBG 的参数，制作出相应的 LCFBG。只要 LCFBG 的制作精度足够高，微波光子相移系统就可以实现高频宽带、大延时、高波束延时精度和稳定功率输出。高波束延时精度可以提高微波光子相移系统的分辨率、雷达的分辨能力，以及对小物体的探测能力。波束延时精度参数常用相位偏差的大小来进行估计，相位偏差小，说明波束延时精度高，系统的分辨力就强；系统输出功率的稳定性常用功率的归一化波动范围来评估，波动范围越小，说明系统的稳定性越强。本书提出了利用 LCFBG 作为光信号的延时处理单元，用相位调制器来补偿相位抖动参量，有效兼顾了波束延时精度和系统输出功率的稳定性；同时对 TLS 的性能要求也大为降低，系统的可重构性得到提升。

3.4.1 实验装置及原理

为了实现更高波束延时精度的微波光子相移器，我们提出了基于相位补偿技术的光子相移系统结构模型[57]，如图 3-9 所示。方案中主要用到的光器件包括可调谐激光源（TLS）、双驱马赫曾德尔调制器（DDMZM）、光耦合器（OC）、光带通滤波器（OBPF）、线性啁啾布拉格光纤光栅（LCFBG）、偏振合束器（PBC）、光相位调制器（PM）、光谱分析仪（OSP）、光探测器（PD）和矢量网络分析仪（VNA）等。

在搭建实验平台前，要熟练掌握光器件相应的基本知识。因为光器件比较昂贵，首先要动作轻缓，轻拿轻放，光纤的收和盘卷要温柔，以避免折断光纤，更要防止在搬移仪器时压断光纤。在操作时，要戴上防止静电的腕带，以防静电击穿光子器件。同时，在搭建光子系统平台前，要设计一个元件清单，便于查找和替换。一定用激光笔和光功率计等检查测试一下光器件的透光性能，考察一下是否能够满足实验需要。光源是系统的“心脏”，其要满足波束窄、中心频率稳定性好的要求，这样可以减少色散的影响。实验中使用的可调激光器（TLS150）的波长的可调谐范围应大于 20nm，覆盖射频频率范围可达 2500GHz，实际系统的要求应都能满足。DDMZM 具有较低的插入损耗，其半波电压越低越好，半波电压越低，调制效率越高，要求消光比大于 15dB，这样可减少调制信息的不稳定性。光带通滤波器在满足带宽条件的情况下，要求系统传输函数具有平坦的幅度谱，这样可以减少系统误差。确认光探测器的安全电压，所加电压不要超过其峰值，以防烧坏器件，同时带宽需要满足系统带宽的要求。矢量网络分析仪器带宽为40GHz，带宽在允许测量信号参数的范围之内。基于相位补偿技术的光子相移系统结构模型如图3-9所示。

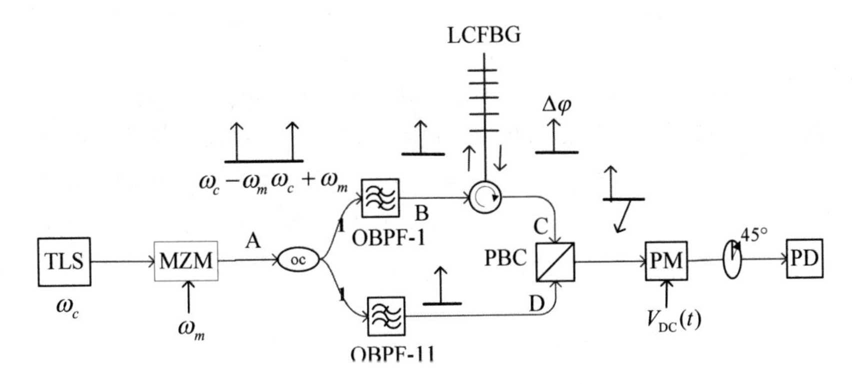

图3-9 基于相位补偿技术的光子相移系统结构模型

在图3-9中，TLS实现光载波波长可调，即可改变光波的频率大小。RF信号加载到DDMZM的两臂上，当上下两臂的射频信号的相位相差满足一定值时，可以实现抑制载波调制。调制器的输出光场强度跟随射频信号的规律而变化。定义RF信号为$E_{\mathrm{RF}} = A\exp(j\omega_m t)$，$A$为其幅度，$\omega_m$为RF信号的角频率。假设RF信号和光载波的初始相位为零，当调节MZM两臂的RF信号相位差为π时，使得MZM输出为抑制载波双边带调制信号，其表示式为

$$E_A(t) = KA\{\exp[j(\omega_c + \omega_m)t] + \exp[j(\omega_c - \omega_m)t]\} \tag{3-19}$$

式中，ω_c为光载波的角频率；$\omega_c - \omega_m$和$\omega_c + \omega_m$分别为上、下边带的角频率。已调光信号被送入光耦合器，被其分成两路光信号，功率相同。上下两分支信号分别通过光带通滤波器（OBPF），分别调谐OBPF的中心频率位置，上支路滤除上边带信号，保留下边带，下支路滤除下边带，保留上边带信号，其可写成

$$E_B(t) = A\{\exp[j(\omega_c - \omega_m)t]\} \tag{3-20}$$

接着，下边带信号经过光环形器注入了LCFBG，从而不同波长的下边带信号在LCFBG中对应不同的反射点。这样不同波长的下边带信号实现了不同的延时，从而产生了不同的相移，其表示式为

$$E_C(t) = A\{\exp[j(\omega_c - \omega_m)t - \Delta\varphi]\} \tag{3-21}$$

LCFBG属于反射器件，光信号沿着它的轴向入射，当信号的波长满足布拉格方程$\lambda(z) = 2n_{\mathrm{eff}}(z)\cdot\Lambda(z)$时［$\lambda(z)$为在$z$点反射的布拉格波长，$n_{\mathrm{eff}}(z)$为点$z$的

啁啾折射率，$\Lambda(z)$ 为 LCFBG 的调制周期]，其沿着啁啾光纤光栅的分布与光纤长度函数是一种线性关系；$\tau(\lambda)=D\cdot(\lambda-\lambda_0)=D\cdot\Delta\lambda_c$ 表示不同的波长产生不同的延时量，D 为色散系数，$\Delta\lambda_c$ 为波长变化量。$\Delta\varphi$（$\Delta\varphi=2\pi\Delta\tau/T=2\pi D\Delta\lambda_c/T$）表示相移量的大小，不同的波长对应不同的相位差，$T$ 是信号的周期。从图 3-9 可以看到，上边带信号顺利从下支路通过，不受任何影响。而后上下边带信号被 PBC 耦合处理，输出信号呈现正交模式，信号可以表示为

$$E_{\mathrm{PBC}}(t)=\hat{x}A\{\exp[j(\omega_c+\omega_m)t]\}+\hat{y}A\{\exp[j(\omega_c-\omega_m)t-\Delta\varphi]\} \tag{3-22}$$

然后，正交模式信号被送入相位调制器（PM），因直流信号的频率 $f_{\mathrm{DC}}=0$，在直流信号的控制下，只改变光信号的相位。如图 3-9 所示，相同的直流电压变化量对于不同模式的光信号调制效率不同，即相位改变量是不同的；对 PM 双向进出的光信号的调制效率也是不同的。在图 3-9 中，对 PM 的输出光信号可以用数学式表示为

$$\begin{aligned}E_{\mathrm{PM}}(t)=&\hat{x}A\{\exp[j(\omega_c+\omega_m)t+\pi V_{\mathrm{DC}}(t)/V_\pi]\}\\&+\hat{y}A\{\exp[j(\omega_c-\omega_m)t-\Delta\varphi+\gamma\pi V_{\mathrm{DC}}(t)/V_\pi]\}\end{aligned} \tag{3-23}$$

式中，$V_{\mathrm{DC}}(t)$ 为直流偏压；V_π 为半波电压；γ 为上下边带信号相位相对变化量效率系数。经相位调制器处理后的信号耦合到偏振镜，调节偏振镜的旋钮使得上下边带信号投射到其轴向 45°方向，这样在此轴向光功率较大，易于 PD 探测，信号的表达式为

$$\begin{aligned}E_{\mathrm{POL}}(t)=&\frac{\sqrt{2}}{2}\hat{x}A\{\exp[j(\omega_c+\omega_m)t+\pi V_{\mathrm{DC}}(t)/V_\pi]\}\\&+\frac{\sqrt{2}}{2}\hat{y}A\{\exp[j(\omega_c-\omega_m)t-\Delta\varphi+\gamma\pi V_{\mathrm{DC}}(t)/V_\pi]\}\end{aligned} \tag{3-24}$$

式中，合成的光信号的幅度值最大，经 PD 恢复出射频信号的功率最强，其表达式为

$$I(t)\propto A^2\cos\{2\omega_m t+[(\gamma-1)(\pi V_{\mathrm{DC}}(t)/V_\pi)+\Delta\varphi]\} \tag{3-25}$$

这样在 LCFBG 和 PM 的协调配合中，系统实现了 360°的相移和稳定的功率输出。

3.4.2 实验结果及分析

精密的光器件价格昂贵，光器件一旦损坏，其维修费用是很高的。所以在搭建实验平台时，应遵守光学仪器和光子器件的正确安装方法，在实验操作时，为了防止静电击穿，一定要戴防静电手环。同时，搭建光路也要在平面铝板上操作，不要随便在实验台上操作，防止意外发生。基于相位补偿的微波光子相移系统的

实验验证系统参考图 3-9 进行搭建。测试仪器采用 TLS150 作为系统的光源，调谐范围覆盖 C+L 波段，其线宽为 100kHz，调谐精度为 10ps，输出功率为 16dBm。采用 DDMZM（FTM7921ER），插入损耗约为 4.5dB，其半波调制电压约为 8V。矢量网络分析仪（Agilent，N5242A）输出的 RF 信号的最高频率 $f_{RF}=40$GHz，输出功率可以达到–10dBm。信号经微波功率放大器（JSM-KFD76C）放大后驱动 DDMZM，DDMZM 偏置电压为 $V_\pi/2$，调节 MZM 上下两臂 RF 信号的相位差为 π，实现抑制载波双边带调制。

实验中利用 Waveshaper 4000s 完成滤波功能。实际应用中，为了减少系统的成本，可以采用 LCFBG 作为 OBPF 实现滤波，为推进 LCFBG 实用化进程提供了条件。用可调谐 OBPF 来软控制滤波器中心波长、带宽、幅频特性和相频特性。Waveshaper 4000s 带宽变化范围为 10GHz～10THz，最小分辨率为 1GHz，幅度衰减控制范围为 0～35dB，回波损耗大于 25dB，插入损耗约为 6.5dB。

在实验中，为了能够灵活地实现载波抑制，在 DDMZM 两臂的 RF 信号之间加入可调电相移器，不断尝试调整相移器的旋钮，实时观察光谱分析仪（OSA）窗口所呈现的信号光谱的变化，直到光载波被抑制到最小幅度为止，使上、下边带的幅度达到近似相等，功率值约为–12dBm，如图 3-10 所示。这样，在上、下边带功率相等的情况下，可以改善系统的灵敏度。

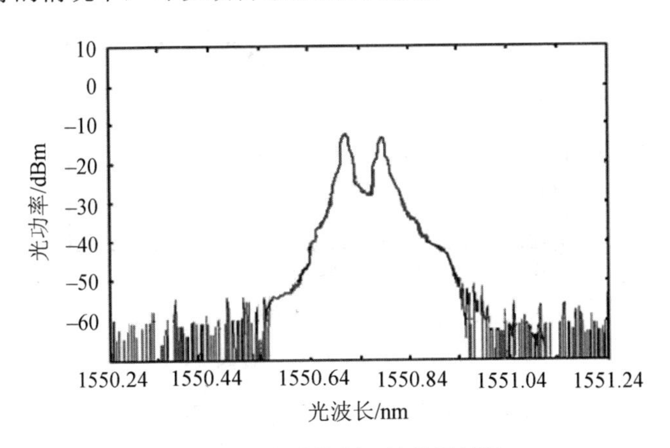

图 3-10　载波抑制双边带调制图

在实验过程中，测试仪器使用了分辨率较高的光谱分析仪，为了获得良好的信噪比，提高系统的抗噪能力，将所加射频信号的功率调整到一个合适的值，上下两个边带的值最好保持近似相等。由于 LCFBG 对温度和机械应力很敏感，所以要保持周围环境温度的稳定；在盘卷和固定光纤时，尽量使其免受机械应力的作用，这样会减少偶然误差，提高系统的稳定性。

经分析，有三种方法获得光信号在 LCFBG 中的延时时间τ：①仪器直接测量法；②公式计算法；③间接测量法。对于仪器直接测量法，直接用色散损耗分析仪测试 LCFBG 的延时特性，可以估算相应波长的延时大小。对于公式计算法,采用实验公式$\tau(\lambda)=D(\lambda-\lambda_0)$来计算相应波长的延时大小,式中$D$为 LCFBG 的色散系数，$\lambda_0$为基准波长。对于间接测量法，相位函数为$\phi(\omega)$，相位延时公式$\tau_f=-\phi(\omega)/\omega$，其 RF 信号的电场特性被矢量网络分析仪（VNA，N5242A）测量并记录，这样可以间接地获得相应光信号延时的大小，如图 3-11 所示。本实验中统计 RF 信号延时的值，采用间接测量法来计算相应的延时量，实验中采用 Optilab 公司生产的探测器，在系统终端恢复出 RF 信号，利用 VNA 来测试分析 RF 信号的相位参数和幅度参数，在波长不同的情况下得到的下边带光信号延时特性曲线，如图 3-11 所示。当光信号频率为f_c时，代入$\omega_c=2\pi f_c$计算ω_c，再代入相位延时公式，获得相应光波长的延时τ_f，从而可以获得相应射频信号的相移量。

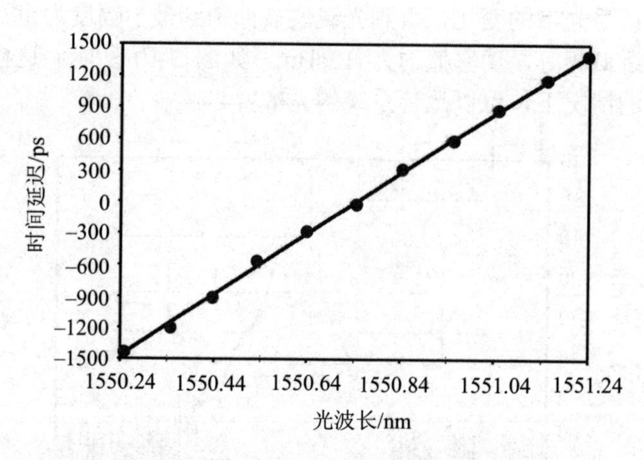

图 3-11　光信号延时图

通过合理调整 PM 的控制电压$V_{DC}(t)$，使上、下边带的相位差做出相应的变化，以抑制 LCFBG 产生的 GDR。RF 信号的电场特性由 VNA（N5242A）测量并记录。这时测得的 RF 的幅度和相位如图 3-12 所示。由图 3-12 可知，RF 信号幅度基本保持不变，相位偏差抖动小于 1.3°。相对于常见的电相控雷达，波束精度得到很大的提高。只要系统所用的光子器件的带宽满足要求，则该方法对其他高频的信号也同样适用，系统也可以工作在更高的带宽。随着新型光子器件的出现，微波光子链路带宽也在逐步提高。

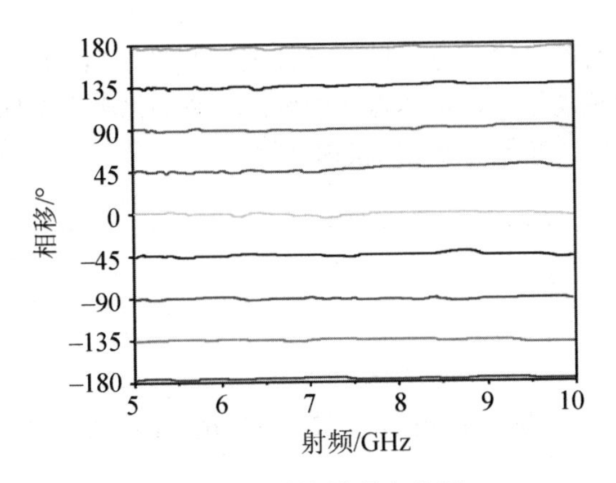

图 3-12　射频信号相移图

图 3-13 所示为由示波器（oscilloscope）测量记录射频信号波形的运行信息，当相移值分别为 0°、90°、180°、270°时，同时把相位调制器的直流偏压调整在适当的值，观察射频信号功率的变化情况。在相同的实验条件下，随机抽取样值，当射频信号 $f_{\mathrm{RF}}=5.2\mathrm{GHz}$ 时，在相移值分别为 0°、90°、180°、270°的情况下，对系统输出功率进行测量，所测得的平均功率值分别约为–28.30dBm、–28.36dBm、–28.46dBm 和–28.38dBm。经过对比分析可知，功率值波动很小，波动绝对值小于 0.16dB，在允许的范围内，系统输出是稳定的。在实际应用中，会提高分布式阵列相参合成雷达的距离分辨率。

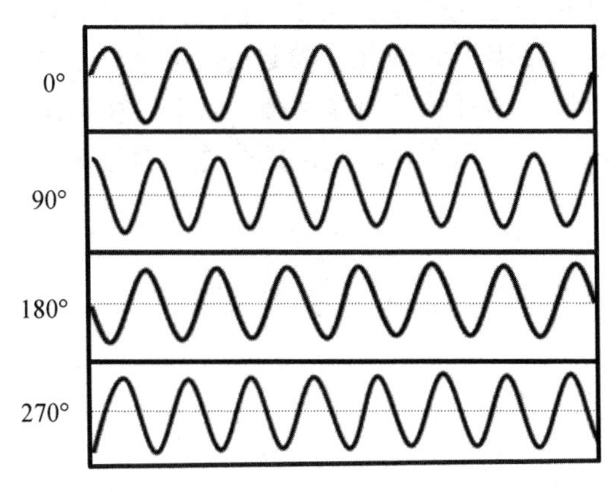

图 3-13　射频信号波形图

微波光子相移应用在分布式阵列相参合成雷达系统中，其稳定的输出至关重要。在捕捉目标时，输出越稳定，抗干扰能力越强，输出的信噪比越大，这样探测距离越远，雷达更容易从杂波中提取出有用信号。在系统链路终端用 PD 解调出射频相移信号，对其功率值进行归一化处理，如图 3-14 所示。由图 3-14 知，系统相移信号幅度波动很小，基本保持不变，功率变化小于 1.16dB，与电控相控雷达相比，系统稳定性得到一定程度的提高。

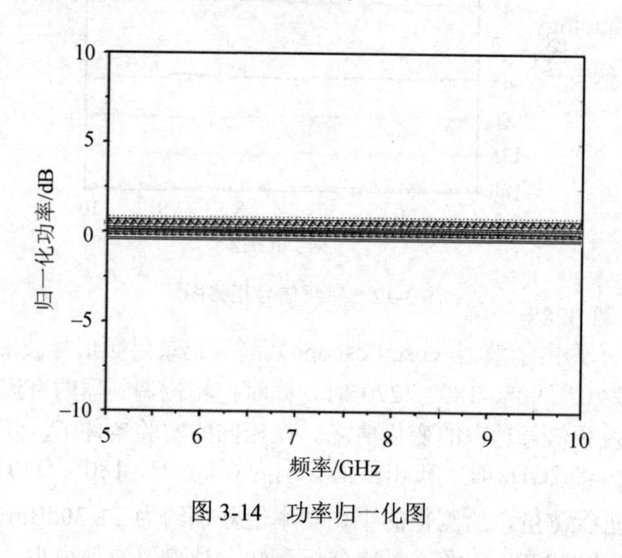

图 3-14 功率归一化图

3.5 本章小结

本方案提出了相位补偿光子相移系统结构模型，其利用 LCFBG 延时处理单元实现 RF 信号相移，采用 PM 对相位参数进行补偿，提高波束延时精度，实现了系统稳定输出。同时，该技术抑制了旁瓣，提升了主瓣增益。随着新型光子器件技术工艺的发展，系统可以工作在更高的带宽，该技术必将成为相移器未来的发展方向。

3.6 参考文献

[1] Esman R D, Frankel M Y, Dexter J L, et al. Fiber-optic prism true time-delay antenna feed[J]. IEEE Photonics Technology Letters, 1993, 5(11):1347-1349.

[2] Lee K H, Jhon Y M, Choi W Y. Photonic phase shifters based on a vector-sum technique with polarization-maintaining fibers[J]. Optics letters, 2005, 30(7):702-704.

[3] Liu W, Wang M, Yao J. Tunable microwave and sub-terahertz generation based on frequency quadrupling using a single polarization modulator[J]. Journal of

Lightwave Technology, 2013, 31(10):1636-1644.

[4] Gao X, Huang S, Wei Y, et al. A high-resolution compact optical true-time delay beamformer using fiber Bragg grating and highly dispersive fiber[J]. Optical Fiber Technology, 2014, 20(5):478-482.

[5] Lin B, Jiang M, Tjin S C, et al. Tunable microwave generation using a phase-shifted chirped fiber Bragg grating[J]. IEEE Photonics Technology Letters, 2011, 23(18):1292-1294.

[6] Yan Y, Blais S R, Yao J. Tunable photonic microwave bandpass filter with negative coefficients implemented using an optical phase modulator and chirped fiber Bragg gratings[J]. Journal of Lightwave Technology, 2007, 25(11):3283-3288.

[7] Tang Z, Pan S, Zhu D, et al. Tunable optoelectronic oscillator based on a polarization modulator and a chirped FBG[J]. IEEE Photonics Technology Letters, 2012, 24(17):1487-1489.

[8] Wang L, Zhu N, Li W, et al. A frequency-doubling optoelectronic oscillator based on a dual-DACSRallel Mach–Zehnder modulator and a chirped fiber Bragg grating[J]. IEEE Photonics Technology Letters, 2011, 23(22):1688-1690.

[9] Xue W, Sales S, Capmany J, et al. Wideband 360 microwave photonic phase shifter based on slow light in semiconductor optical amplifiers[J]. Optics express, 2010, 18(6):6156-6163.

[10] Fisher M R, Chuang S L. A microwave photonic phase-shifter based on wavelength conversion in a DFB laser[J]. IEEE photonics technology letters, 2006, 18(16):1714-1716.

[11] Pan S, Zhang Y. Tunable and wideband microwave photonic phase shifter based on a single-sideband polarization modulator and a polarizer[J]. Optics letters, 2012, 37(21):4483-4485.

[12] Loayssa A, Lahoz F J. Broad-band RF photonic phase shifter based on stimulated Brillouin scattering and single-sideband modulation[J]. IEEE Photonics Technology Letters, 2006, 18(1):208-210.

[13] Sancho J, Lloret J, Gasulla I, et al. Fully tunable 360° microwave photonic phase shifter based on a single semiconductor optical amplifier[J]. Optics express, 2011, 19(18):17421-17426.

[14] Yi X, Huang T X H, Minasian R A. Photonic beamforming based on programmable phase shifters with amplitude and phase control[J]. IEEE

Photonics Technology Letters, 2011, 23(18):1286-1288.

[15] Zhang J, Chen H, Chen M, et al. A photonic microwave frequency quadrupler using two cascaded intensity modulators with repetitious optical carrier suppression[J]. IEEE Photonics Technology Letters, 2007, 19(14):1057-1059.

[16] Xue W, Sales S, Capmany J, et al. Microwave phase shifter with controllable power response based on slow and fast-light effects in semiconductor optical amplifiers[J]. Optics letters, 2009, 34(7):929-931.

[17] Pu M, Liu L, Xue W, et al. Tunable microwave phase shifter based on silicon-on-insulator microring resonator[J]. IEEE Photonics Technology Letters, 2010, 22(12):869-871.

[18] Zhang W, Minasian R A. Widely tunable single-passband microwave photonic filter based on stimulated Brillouin scattering[J]. IEEE Photonics Technology Letters, 2011, 23(23):1775-1777.

[19] Sagues M, Loayssa A, Capmany J. Multitap complex-coefficient incoherent microwave photonic filters based on stimulated Brillouin scattering[J]. IEEE Photonics Technology Letters, 2007, 19(16):1194-1196.

[20] Li W, Li M, Yao J. A narrow-passband and frequency-tunable microwave photonic filter based on phase-modulation to intensity-modulation conversion using a phase-shifted fiber Bragg grating[J]. IEEE Transactions on Microwave Theory and Techniques, 2012, 60(5):1287-1296.

[22] Wu R, Supradeepa V R, Long C M, et al. Generation of very flat optical frequency combs from continuous-wave lasers using cascaded intensity and phase modulators driven by tailored radio frequency waveforms[J]. Optics letters, 2010, 35(19):3234-3236.

[23] Chi H, Zou X, Yao J. Analytical models for phase-modulation-based microwave photonic systems with phase modulation to intensity modulation conversion using a dispersive device[J]. Journal of lightwave technology, 2009, 27(5):511-521.

[24] Othonos A, Kalli K. Fiber Bragg gratings: fundamentals and applications in telecommunications and sensing[M]. Artech House, 1999.

[25] Erdogan T. Fiber grating spectra[J]. Journal of lightwave technology, 1997, 15(8):1277-1294.

[26] O. Lopez, A. Amy-Klein, M. Lours, C. Chardonnet, G. Santarelli. High-resolution microwave frequency dissemination on an 86-km urban optical

link[J]. Appl. Phys. B, 2010, 98(4):1-12.

[27] Helan R, Urban F. Principle of fiber Bragg gratings measurement[C]//Electronics Technology, 30th International Spring Seminar on. IEEE, 2007: 352-356.

[28] Kashyap R. Fiber bragg gratings[M]. Academic press, 1999.

[29] Schukar V, Gong X, Hofmann D, et al. Modelling and simulation of a fibre Bragg grating strain sensor based on a magnetostrictive actuator principle[C]//SPIE Photonics Europe. International Society for Optics and Photonics, 2016: 989913-989919.

[30] Kinet D, Mégret P, Goossen K W, et al. Fiber Bragg grating sensors toward structural health monitoring in composite materials: Challenges and solutions[J]. Sensors, 2014, 14(4):7394-7419.

[31] Chan T H T, Yu L, Tam H Y, et al. Fiber Bragg grating sensors for structural health monitoring of Tsing Ma bridge: Background and experimental observation[J]. Engineering structures, 2006, 28(5):648-659.

[32] Chryssis A N, Lee S M, Lee S B, et al. High sensitivity evanescent field fiber Bragg grating sensor[J]. IEEE Photonics Technology Letters, 2005, 17(6):1253-1255.

[33] Zeng F, Yao J. Ultrawideband impulse radio signal generation using a high-speed electrooptic phase modulator and a fiber-Bragg-grating-based frequency discriminator[J]. IEEE photonics technology letters, 2006, 18(19):2062-2064.

[34] Takeda N, Okabe Y, Kuwahara J, et al. Development of smart composite structures with small-diameter fiber Bragg grating sensors for damage detection: Quantitative evaluation of delamination length in CFRP laminates using Lamb wave sensing[J]. Composites science and technology, 2005, 65(15):2575-2587.

[35] Moyo P, Brownjohn J M W, Suresh R, et al. Development of fiber Bragg grating sensors for monitoring civil infrastructure[J]. Engineering structures, 2005, 27(12):1828-1834.

[36] Yun B, Chen N, Cui Y. Highly sensitive liquid-level sensor based on etched fiber Bragg grating[J]. IEEE photonics technology letters, 2007, 19(21):1747-1749.

[37] M. Pagani et al. Ultra-wideband microwave photonic phase shifter with configurable amplitude response[J]. Opt. Lett, 2014, 39(20):5854-5857.

[38] K.H. Lee, Y.M. Jhon, W.Y. Choi. Photonic phase shifters based on a vector-sum technique with polarization-maintaining fibers[J]. Opt. Lett, 2005, 30(7):702-704.

[39] Helan R, Urban F. Principle of fiber Bragg gratings measurement[C]//Electronics

Technology, 30th International Spring Seminar on. IEEE, 2007: 352-356.
[40] Hill K O, Meltz G. Fiber Bragg grating technology fundamentals and overview[J]. Journal of lightwave technology, 1997, 15(8):1263-1276..
[41] Yandy A M M, Cruz J, Russo N A, et al. Determination of the position of defects generated within a chirped fiber Bragg grating by analyzing its reflection spectrum and group delay[C]//Latin America Optics and Photonics Conference. Optical Society of America, 2016: LTu4A. 36.
[42] Yan Y, Wang J, Zhang A P, et al. Tunable L-band Mode-Locked Bi-EDF Fiber Laser Based on Chirped Fiber Bragg Grating[C]//Bragg Gratings, Photosensitivity, and Poling in Glass Waveguides. Optical Society of America, 2016: BM3B. 5.
[43] Antipov S, Ams M, Williams R J, et al. Direct infrared femtosecond laser inscription of chirped fiber Bragg gratings[J]. Optics express, 2016, 24(1):30-40.
[44] Imai T, Komukai T, Nakazawa M. Dispersion tuning of a linearly chirped fiber Bragg grating without a center wavelength shift by applying a strain gradient[J]. IEEE Photonics Technology Letters, 1998, 10(6):845-847.
[45] Loayssa A, Lahoz F J. Broad-band RF photonic phase shifter based on stimulated Brillouin scattering and single-sideband modulation[J]. IEEE Photonics Technology Letters, 2006, 18(1):208-210.
[46] Ma L S, Jungner P, Ye J, et al. Delivering the same optical frequency at two places: accurate cancellation of phase noise introduced by an optical fiber or other time-varying path[J]. Optics letters, 1994, 19(21):1777-1779.
[47] Zhai W, Huang S, Gao X, et al. Adaptive RF Signal Stability Distribution Over Remote Optical Fiber Transfer Based on Photonic Phase Shifter[C]//ECOC 2016; 42nd European Conference on Optical Communication; Proceedings of. VDE, 2016: 1-3.
[48] Yang W, Yi X, Song S, et al. Tunable single bandpass microwave photonic filter based on phase compensated silicon-on-insulator microring resonator[C]/ OptoElectronics and Communications Conference held jointly with 2016 International Conference on Photonics in Switching (PS), 2016 21st. IEEE, 2016: 1-3.
[49] Gehl M, Trotter D, Starbuck A, et al. Active phase correction of compact, high resolution silicon photonic arrayed waveguide gratings[C]//Avionics and Vehicle Fiber-Optics and Photonics Conference (AVFOP), IEEE, 2016: 13-14.

[50] Zhai W, Huang S, Gao X, et al. Microwave Photonic Phase Shifter Using Linear Chirped Fiber Bragg Grating and Optical Phase Modulator[J].COL, 2016, 14(4):040601-040605.

[51] Hill K O, Meltz G. Fiber Bragg grating technology fundamentals and overview[J]. Journal of lightwave technology, 1997, 15(8):1263-1276.

[52] Hill K O, Takiguchi K, Bilodeau F, et al. Chirped in-fiber Bragg gratings for compensation of optical-fiber dispersion[J]. Optics letters, 1994, 19(17):1314-1316.

[53] Imai T, Komukai T, Nakazawa M. Dispersion tuning of a linearly chirped fiber Bragg grating without a center wavelength shift by applying a strain gradient[J]. IEEE Photonics Technology Letters, 1998, 10(6):845-847.

[54] Antipov S, Ams M, Williams R J, et al. Direct infrared femtosecond laser inscription of chirped fiber Bragg gratings[J]. Optics express, 2016, 24(1):30-40.

[55] Joshi V, Mehra R. Performance Analysis of an Optical System Using Dispersion Compensation Fiber & Linearly Chirped Apodized Fiber Bragg Grating[J]. Open Physics Journal, 2016, 3(1):165-172.

[56] Li Z, Shang H, Li J, et al. Broadband and linear photonic RF phase shifter based on DBR fiber lasers and polarization sensitive optical phase modulator[J]. Optics Communications, 2013, 297:55-58.

[57] Wensheng Zhai, Xinlu Gao, Wenjing Xu, et al. “Microwave photonic phase shifter with spectral seDACSRation processing using a linear chirped fiber Bragg grating,” [J]. Chinese Optics Letters, 2016, 14(4):16-19.

第 4 章　基于光谱分离处理的光子相移技术的研究与实现

4.1　引言

光谱分离处理技术是未来 MWPPS 研究的关键技术，其优势体现在大的瞬时带宽、可调谐性、克服波束偏斜和提高输出稳定性等。相对于电相移器来说，微波光子相移器呈现低噪声是其明显的优势之一。近年来，有很多关于 MWPPS 光谱处理方案的相关报道。2013 年，本组研究了基于光谱处理技术的可编程控制的微波光子信号处理系统。该方案能够通过程序软控制光谱分量的幅度和相位，实现可控性。系统结构主要包括透镜、衍射光栅（CG）、光纤阵列（FAA）、柱面反射镜（CDM）和固态的硅基液晶（LCoS）光处理器等。该方案通过光谱处理可以补偿色散的影响，从而有效抑制光子相位噪声，提高光子相移器的波束延时精度和输出稳定性[1]。目前，许多研究机构正在进行相关的研究工作，接下来介绍一些有代表性的相关研究成果。

1997 年，S. T. Winnall、A. C. Lindsay 和 G. A. Knight 等人提出了基于矢量和技术的微波光子相移器。其光功率设置在 2.5mw，线性损耗为 60dB，完成了载波抑制 50dB，杂散谐波抑制 23dB。在带宽 2～18GHz，系统完成了 360°的相移[2]。

2003 年，J Han J、Seo B J、Kim S K 等人提出了基于外差混频新型聚合物技术的微波光子相移器。调制方式采用了单边带调制，可以实现了 0～150°的相移[3]。

2006 年，Alayn Loayssa 和 Francisco Javier Lahoz 等人提出了基于单边带调制的受激布里渊散射处理技术的微波光子相移器，在系统中用射频信号来控制光信号的强度，产生 SBS 效应的频移，通过调节光功率的大小，改变输出射频信号相移量的大小。系统带宽为 18GHz，实现了 360°的相移[4]。

2012 年，Xiaoke Yi、Thomas X.和 Robert A. Minasian 等人提出了基于频域处理光真延时的 WMPPS 系统。其采用了单边带调制方案，实验中主要使用了 LCoS 器件，实现了时域到频域的转换，以及对光信号幅度和相位的控制。在带宽 4～20GHz 的范围内，可调延时时间范围为–32ps～+32ps，标准偏差小于 0.7ps[5]。

以上方案均同时对边带和载波进行处理，这样边带调制信息容易被损伤，在终端恢复出的 RF 信号、射频信号的参数会受到干扰，系统优势减弱，类似的处理方法在其他方案中也是存在的。在光信号的处理和传输过程中，难免会受到各种噪声的干扰，信号的参数，包括幅度、频率和相位稳定性难免会受到一定的影响，导致探测器输出的电信号参数产生一定的失真或者畸变，系统的性能参数质量会严重下降。为了提高系统的工作质量，考虑在光载波上不携带任何有效调制信息。本方案采用了光谱分离处理技术，单独对光载波进行延时处理，保护了边带有用信息，改善了波束延时精度和系统的信噪比。某些方案采用光滤波器的系统结构，满足光信号处理的匹配条件，虽然提高了系统的稳定性，但付出了较多的成本。

4.2 基于光谱分离处理的微波光子相移技术

对于 MWPPS 系统，在满足一定相移的范围和带宽内，我们主要考虑的参数是波束延时精度和提高输出功率的稳定性。高的波束延时精度，有利于提高雷达系统的分辨率，增强雷达探测细小物体的能力，在成像雷达中，使图像更加清晰，以提高雷达定位的准确性。波束延时精度主要由相位偏差的大小来进行度量。输出功率的稳定性优劣主要由输出功率的归一化值的波动大小来进行度量。输出功率稳定性越强，雷达的探测距离越远，距离分辨率会得到一定提升，雷达探测空域目标的能力更强[6-18]。

在光信号的处理、传输和再生过程中，有用调制信号容易受到各种噪声的干扰，信号的技术指标会急剧下降，导致系统性能恶化。为了克服这方面的影响，各种新型的光控相移技术在不断发展[19-20]。

4.3 基于光谱分离处理的微波光子射频相移技术结构和理论分析

微波光子相移系统以其具有的大带宽、波束延时精度高和输出稳定性强的优点，不断吸引着研究者的目光。近来，很多关于微波光子相移研究方案的报道，主要涉及外差混频技术、矢量和技术、光真延时技术和非线性效应技术等。这些方案均采用了对光载波和边带同时进行处理的方式，这样调制信息的安全性就会降低。为了保护有用调制信息，考虑在光载波上不携带任何有用信息，仅仅对光载波进行延时处理，让含有丰富有用信息的边带信号免受噪声干扰。这样，处理后的光载波和边带耦合后入射到探测器，恢复出相位可控的射频信号[21-25]。该技术方案简单易行，可实现大范围相移，并且具有输出相位偏差小、幅度波动小、频带宽和延时精度高等优势。针对该光控相移技术，我们进行了提高波束延时精度和输出稳定性的研究，结果具有很强的应用性。

4.3.1 实验装置及原理

基于光谱分离处理的微波光子相移系统结构如图 4-1 所示。方案中主要用到的光器件包括可调谐激光源、双驱-马赫曾德尔调制器、光耦合器、光带通滤波器、线性啁啾布拉格光纤光栅、偏振合束器和光探测器等。TLS 产生的光波经过 DDMZM 实现光单边带调制，生成两束相干的光波，即光载波 ω_c 和上边带信号 $\omega_c+\omega_m$。光信号通过光隔离器（ISO）进入光耦合器（OC）后被分为两个支路，各个支路分别被光带通滤波器处理。上支路滤出边带，仅保留光载波；下支路仅保留边带信号。光载波被 LCFBG 延时处理，不同的光载波信号经历不同的光程，实现了不同的相移。接着，通过下支路边带信号和光载波进入光耦合器，经耦合器处理后，输出进入偏振控制器（PC），而后 PD 恢复出 RF 信号，其信号的相位可由光载波的波长直接控制。这种方案结构简单易实现[26]。

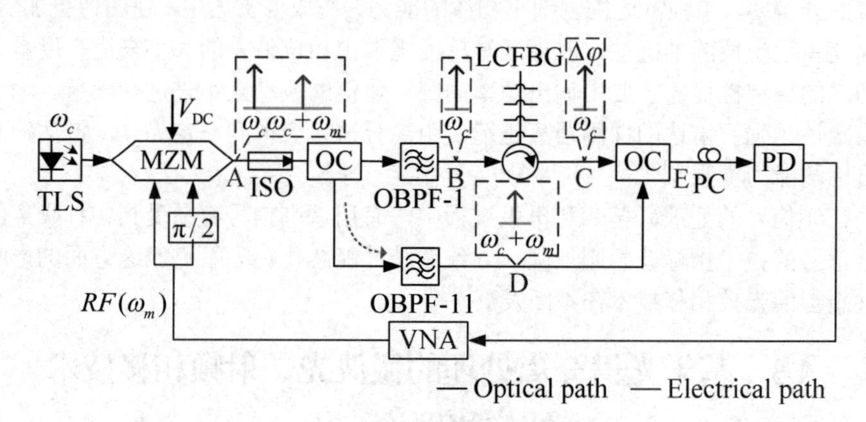

图 4-1 光谱分离处理光子相移系统结构

如图 4-1 所示，设输入的光载波信号为 $E_{\text{in}}(t)=Ae^{j(\omega_c t+\varphi_c)}$，其中 A、ω_c 和 φ_c 分别为光载波的振幅、频率和初相位。假设作用在 DDMZM 调制器上的射频信号为 $V_{\text{RF}}(t)=V_0 e^{j(\omega_m t+\varphi_m)}$，$V_0$、$\omega_m$ 和 φ_m 分别为射频信号的振幅、频率和初相位。在小信号调制的条件下，高阶边带影响很微弱，可以忽略不计。调节 DDMZM 两臂的 RF 信号相位差为π/2，DDMZM 实现单边带调制输出，即忽略高阶边带，仅含有光载波和射频信号的一阶边带，有

$$E_A(t)=A\{\exp j(\omega_c t+\varphi_{\text{c}})+\gamma\exp[j(\omega_c+\omega_m)t+\varphi_m]\} \tag{4-1}$$

式中，A 为光载波的幅度；γ 为调制系数；$\gamma=\pi V_{\text{RF}}(t)/V_\pi$，$V_\pi$ 为调制器的半波电压。对于调制器而言，其半波电压越低，调制效率越高，价格相应也越高。为了防止回波干扰 DDMZM 的稳定性，在其输出加了光隔离器（ISO），其隔离度大

于 40dB。单边带信号经过光隔离器后，被 OC 分成上下两个支路，两个支路上的单边带信号被 OBPF 分别滤除光载波和边带，于是上支路信号表示为

$$E_B(t) = A\exp(j\omega_c t + \varphi_c) \tag{4-2}$$

光载波经由光环形器射入 LCFBG，因光载波上不携带有用信息，在进行延时处理的过程中，调制信息免除了一定的干扰，保护了有用信息，其表达式为

$$E_c(t) = A\exp(j\omega_c t + \varphi_c - \Delta\varphi) \tag{4-3}$$

对 LCFBG 的参数分析在第 3 章中有详细的介绍，这里为了表达得更清晰，再介绍一下。沿着 LCFBG 轴向，反射波长满足布拉格方程 $\lambda(z) = 2n_{\text{eff}}(z)\cdot\Lambda(z)$，$\Lambda(z)$ 为调制周期，其沿着 LCFBG 的分布满足线性关系。$\tau(\lambda) = D\cdot(\lambda-\lambda_0) = D\cdot\Delta\lambda_c$，为不同的波长产生不同的延时，$\Delta\lambda_c$ 为波长变化量。$\Delta\varphi(\Delta\varphi = 2\pi\Delta\tau / T = 2\pi D\Delta\lambda_c / T)$ 为相移量的大小，不同的波长对应不同的相位差。接着，上下两路信号进入光耦合器（OC），耦合输出信号的形式为

$$E_E(t) = A\{\exp(j\omega_c t + \varphi_c - \Delta\varphi) + \gamma\exp(j(\omega_c + \omega_m)t + \varphi_m\} \tag{4-4}$$

随后光信号进入偏振控制器，调整透射到 PD 的光信号的入射角度，使探测器（PD）能输出最大射频信号，其关系式可以写成

$$I(t) \propto \cos(\omega_m t + \Delta\varphi) \tag{4-5}$$

式（4-5）是 PD 输出的电流信号与相移参数的关系式。电流信号与相移参数呈现出一种线性关系。系统可以完成 360°的相移，且实现稳定的功率输出。

4.3.2 实验结果与分析

基于光谱分离处理的微波光子相移系统的实验平台如图 4-1 所示，该系统采用可调谐激光器（TLS150）作为系统的光源，其线宽为 100kHz。采用铌酸锂（$LiNbO_3$）材料的马赫曾德尔调制器（FTM7921ER），其半波调制电压约为 8V，插入损耗为 3.2dB，在直流条件下，其消光比大约为 20dB。矢量网络分析仪（8720ES）输出射频信号频率 f_m 为 10～20GHz，输出功率约为–11.5dBm。控制 DDMZM 偏置电压为 $V_\pi/2$，调节 MZM 上下两臂射频信号的相位差为 π/2，实现单边带调制，如图 4-2 所示。

在实际应用中，实验系统可以用 FBG 完成滤波功能，以减少系统的成本。在该实验方案中，在加在 MZM 上下两臂的射频信号之间加入可调电相移器，再不断调整相移器的旋钮，观察光谱分析仪窗口呈现的光谱变化，使上边带的幅度达到最大，直到达到较理想的载边比（Optical Carrier Sideband Ratio，CSR）。良好的载边比可以提高 PD 的响应灵敏度，同时使输出的射频信号功率达到最大，系统的信噪比得到改善，这样系统对噪声的抑制能力也得到提高，有利于提高系统

的抗干扰能力。

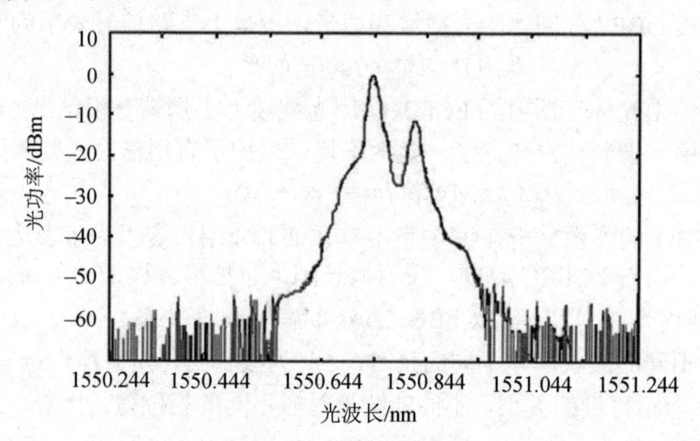

图 4-2　单边带光谱图

下面进一步了解关于啁啾光纤光栅的反射谱特性和群延时特性，可以用色散损耗分析仪（Agilent.86038B）对 LCFBG 的相关特性进行测试。分析掌握线性啁啾光纤光栅的反射谱和群延时曲线，有利于设计合理的系统带宽。设计最大延时量和反射率分别为 4.5ns 和 99.9%。这里，LCFBG 的反射带宽约为 2nm，射频带宽大约为 250GHz，完全可以满足实验要求，如图 4-3 所示。根据实际应用需要，可以自行设定参数，定做适合所需精度的光纤光栅。LCFBG 容易受温度的影响，所以在选择 LCFBG 时，最好选择能满足实验要求的长度。这样，系统的长期稳定性会更理想，可以减少偶然误差，提高波束延时精度。

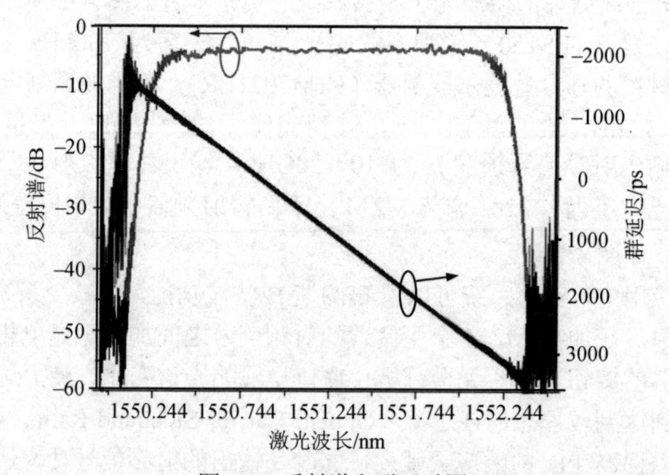

图 4-3　反射谱和群延时图

最直接的测量相移和幅度信息的方法是采用 PD（LR-30）解调出 RF 信号，

用 VNA 来记录 RF 信号的相位和幅度信息。有关延时的测量方法，我们在第 3 章也有详细的说明，测量思路大致相同。设相位函数为 $\phi(\omega)$，相位延时函数 $\tau_f = -\phi(\omega)/\omega$，RF 信号的电场特性被 VNA（Agilent N5242A）测量并记录，当光信号的频率为 f_c 时，代入 $\omega_c = 2\pi f_c$ 计算 ω_c，再代入光纤光栅延时公式 $\tau(\lambda) = D\cdot(\lambda-\lambda_0)$，获得相应光波长对应的延时。不同波长情况下得到的光信号延时特性曲线如图 4-4 所示。

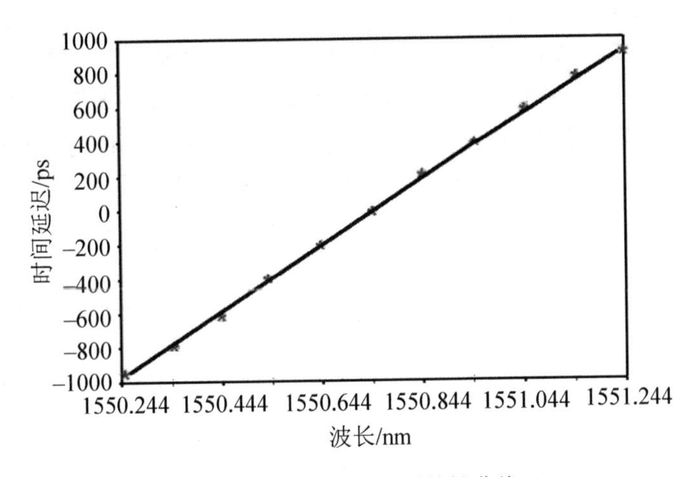

图 4-4　光载波的延时特性曲线

最直接的测量相移和幅度信息的方法是采用 PD（LR-30）解调出 RF 信号，用 VNA 来记录 RF 信号的相位和幅度信息，如图 4-5 所示。系统实现了 360°的相移，带宽为 10～20GHz，相位偏差抖动小于 1.6°，射频信号幅度基本保持不变。说明系统对微波信号能进行相同的相移，同时实现了高带宽。图 4-5 中的输出射频信号的纹波很微弱，对系统性能的影响是很小的，这提高了系统的抗干扰性能。该方法对其他高频的信号也同样适用，只要系统各光子器件满足带宽要求，系统就可以工作在更高的带宽。所以，该技术的发展空间是广阔的。

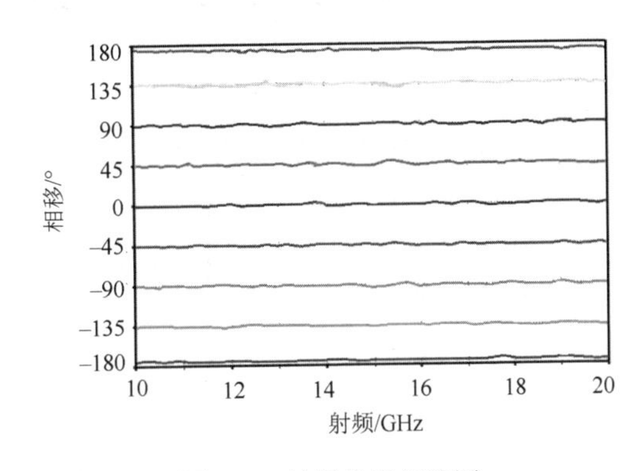

图 4-5　射频信号相移图

为了考察系统对载波的延时处理有优势还是对边带的延时处理有优势，可利用相同射频信号的调制光载波对两种情况的功率谱进行对比。这里，采用相同的

RF 信号频率（f_{RF}）分别对输出功率进行比较。在带宽内，任意选取 RF 信号频率 $f_{RF}=13$GHz 和 $f_{RF}=18$GHz，使用电频谱分析仪（RONO.2688/ 2012）测量其功率谱。如图 4-6（a）和（c）所示，在对边带进行延时处理时，在中心频率点，RF 信号的功率有弥散现象，可以看到谐波分量很高，说明能量有外泄。这样在雷达的实际应用中，会减小雷达的探测距离，降低距离分辨率。如图 4-6 中（b）和（d）所示，在对载波进行延时处理时，RF 信号的功率谱比较集中，说明能量比较集中，噪声影响较小，应用在 DACSR 系统中，DACSR 的探测距离会比较远，分辨率更高。同时，当 $f_{RF}=13$GHz 时，对光载波单独处理的功率比对边带单独处理的功率值约高 10dBm。当 $f_{RF}=18$GHz 时，对光载波单独处理的功率比对边带单独处理的功率值约高 11dBm。通过对输出射频信号功率谱进行对比分析可以发现，采取对光载波进行延时处理的方法，降低了噪声的影响，改善了系统的信噪比（SNR）。

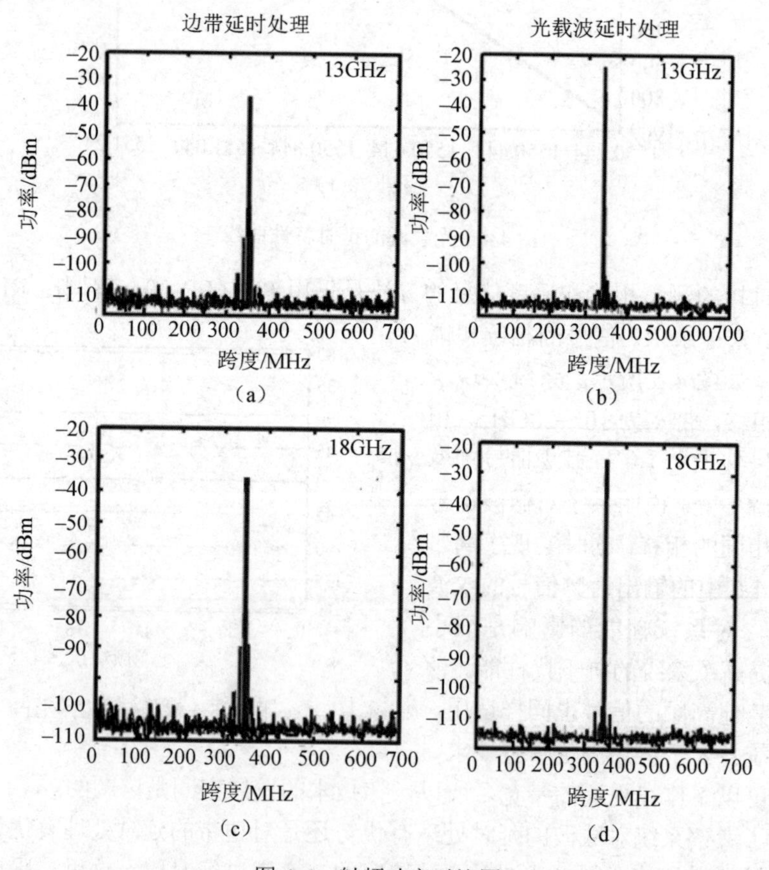

图 4-6　射频功率对比图

我们将在各种噪声作用下引起的输出信号相位随机起伏的现象称为相位噪声。相位噪声的大小是用频率稳定度（frequency stability）来分析说明的。相移器被应用在 DACSR 系统中，在用其检测超低空飞行目标时，雷达面临着很强的地面杂波的干扰，如果要从杂波干扰中提取目标信息，雷达必须有良好的低相位噪声。因为噪声进入接收机，经混频后，很难把有用信号与强噪声分离开，尤其是在低速度运动目标接近地面时，发现目标就变得非常困难，这时需要雷达 SNR 较高。所以，为了提高低空目标探测能力和对低空突防目标的探测能力，系统要拥有低相噪的性能，系统的时域（ms）频率稳定度应优于 10^{-10} 量级。在 S 波段，系统频偏 1kHz 应优于–100dBc/Hz；频偏 100kHz 优于–115dBc/Hz。在保持一定探测距离的前提下，DACSR 系统会有较强的分辨能力。

频率稳定度是光子相移系统的主要指标，为了考察系统对载波的延时处理有优势，还是对边带的延时处理有优势，需要对两种情况的相位噪声谱进行对比。在图 4-7 中，任意选取 RF 信号频率 $f_{\mathrm{RF}}=13\mathrm{GHz}$ 和 $f_{\mathrm{RF}}=18\mathrm{GHz}$ 。在实验中，用电频谱分析仪（ESA）记录相位噪声谱的图样。如图 4-7（a）和（c）所示，当对边带进行延时处理时，相位噪声功率谱被噪声严重污染。当频偏为 100Hz 时，噪声功率大约等于–100dBc/Hz；当频偏为 10kHz 时，噪声功率大约等于–105dBc/Hz；当频偏为 100kHz 时，噪声功率大约等于–110dBc/Hz，在这种情况下，会降低雷达的距离探测能力和分辨力。图 4-7 中（b）和（d）所示为对光载波进行延时处理的情况，当频偏为 100Hz 时，噪声功率大约等于–115dBc/Hz；当频偏为 10kHz 时，噪声功率大约等于–115dBc/Hz；当频偏为 100kHz 时，噪声功率大约等于–125dBc/Hz。以上对比显示，对光载波进行分离处理后，相位噪声谱的曲线轮廓相对光滑，毛刺明显减少。通过对相位噪声谱进行对比分析发现，本书采用的光谱分离处理技术降低了噪声的影响，提高了波束延时精度和系统输出稳定性，该方案有一定的实用性。

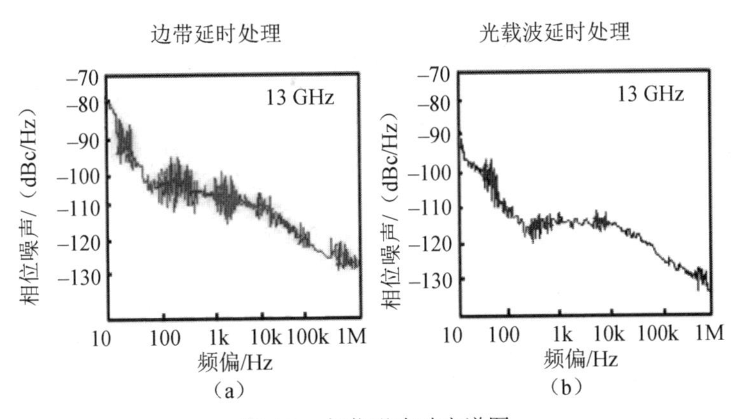

图 4-7　相位噪声功率谱图

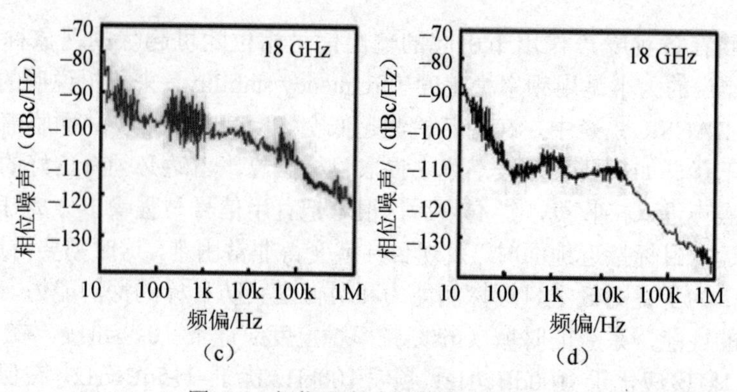

图 4-7 相位噪声功率谱图（续图）

如图 4-8 所示，在相位调谐的过程中，RF 信号的幅度基本保持不变，测量的幅度变化小于 1.26dB，比理论值略高 0.38dB。经分析，微波光子射频相移器输出 RF 信号的相位变化 $\Delta\varphi$ 由光载波和一阶边带的相位差来产生，其可通过光载波波长变换进行灵活控制，实现可调谐高频宽带。根据实际要求，设计 LCFBG 参数与各光子器件带宽相匹配，系统的带宽可以灵活展宽，系统具有良好的可扩展性。

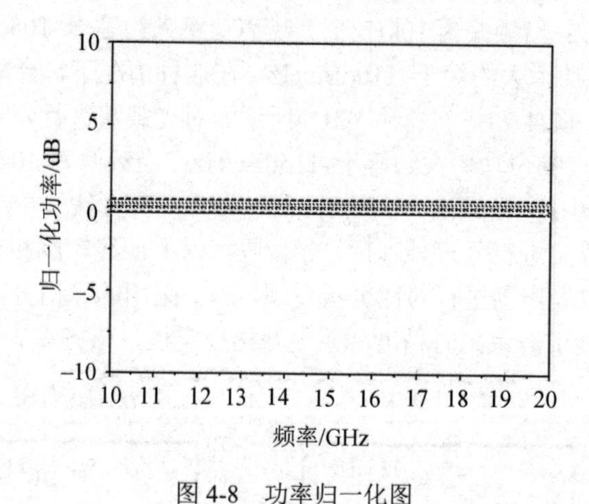

图 4-8 功率归一化图

4.4 本章小结

本章主要采用了光谱分离处理的思想，考虑了 LCFBG 的延时特性，同时也考虑了我们在搭建系统时需要的简单化、可行性、稳定性等。再者，我们所需要的是 RF 信号的稳定，为了保护有用的调制信息，减低噪声的干扰，考虑了光载波没有携带调制信息的情况，对其进行了延时处理，间接地把不同光载波的延时信息转化到系统输出射频相移的变化上来。经过实验测试，光谱分离技术的处理是可行的，提高了系统的稳定系，改善了波束延时精度，有利于提高系统的距离分辨率和探测能力。

4.5 参考文献

[1] Wei Y, Yuan C, Huang S, et al. Optical true time-delay for two-dimensional phased array antennas using compact fiber grating prism[J]. Chinese Optics Letters, 2013, 11(10):100606.

[2] Lindsay A C, Knight G A, Winnall S T. Photonic mixers for wide bandwidth RF receiver applications[J]. IEEE Transactions on Microwave Theory and Techniques, 1995, 43(9):2311-2317.

[3] Han J, Seo B J, Kim S K, et al. Single-chip integrated electro-optic polymer photonic RF phase shifter array[J]. Journal of lightwave technology, 2003, 21(12):3257.

[4] Loayssa A, Lahoz F J. Broad-band RF photonic phase shifter based on stimulated Brillouin scattering and single-sideband modulation[J]. IEEE Photonics Technology Letters, 2006, 18(1):208-210.

[5] Yi X, Li L, Huang T X H, et al. Programmable multiple true-time-delay elements based on a Fourier-domain optical processor[J]. Optics letters, 2012, 37(4):608-610.

[6] Tatoli T, Conteduca D, Dell'Olio F, et al. Graphene-based fine-tunable optical delay line for optical beamforming in phased-array antennas[J]. Applied optics, 2016, 55(16):4342-4349.

[7] Fisher M R, Chuang S L. A microwave photonic phase-shifter based on wavelength conversion in a DFB laser[J]. IEEE photonics technology letters, 2006, 18(16):1714-1716.

[8] Pan S, Zhang Y. Tunable and wideband microwave photonic phase shifter based on a single-sideband polarization modulator and a polarizer[J]. Optics letters, 2012, 37(21):4483-4485.

[9] Loayssa A, Capmany J, Sagues M, et al. Demonstration of incoherent microwave photonic filters with all-optical complex coefficients[J]. IEEE Photonics Technology Letters, 2006, 18(16):1744-1746.

[10] Winnall S T, Lindsay A C, Knight G A. A wide-band microwave photonic phase

and frequency shifter[J]. IEEE transactions on microwave theory and techniques, 1997, 45(6):1003-1006.

[11] Shahoei H, Yao J. Tunable microwave photonic phase shifter based on slow and fast light effects in a tilted fiber Bragg grating[J]. Optics express, 2012, 20(13):14009-14014.

[12] Sancho J, Lloret J, Gasulla I, et al. Fully tunable 360° microwave photonic phase shifter based on a single semiconductor optical amplifier[J]. Optics express, 2011, 19(18):17421-17426.

[13] Tang J, Li M, Sun S, et al. Broadband microwave photonic phase shifter based on a feedback-coupled microring resonator with small radio frequency power variations[J]. Optics Letters, 2016, 41(20):4609-4612.

[14] Liu X, Sun C, Xiong B, et al. Broadband tunable microwave photonic phase shifter with low RF power variation in a high-Q AlN microring[J]. Optics Letters, 2016, 41(15):3599-3602.

[15] Wei Y, Yuan C, Huang S, et al. Optical true time-delay for two-dimensional phased array antennas using compact fiber grating prism[J]. Chinese Optics Letters, 2013, 11(10):100606.

[16] Winnall S T, Lindsay A C, Knight G A. A wide-band microwave photonic phase and frequency shifter[J]. IEEE transactions on microwave theory and techniques, 1997, 45(6):1003-1006.

[17] Lee S S, Udupa A H, Erlig H, et al. Demonstration of a photonically controlled RF phase shifter[J]. IEEE Microwave and Guided wave letters, 1999, 9(9):357-359.

[18] Xue W, Sales S, Capmany J, et al. Wideband 360 microwave photonic phase shifter based on slow light in semiconductor optical amplifiers[J]. Optics express, 2010, 18(6):6156-6163.

[19] Fisher M R, Chuang S L. A microwave photonic phase-shifter based on wavelength conversion in a DFB laser[J]. IEEE photonics technology letters, 2006, 18(16):1714-1716.

[20] Zhang J, Chen H, Chen M, et al. A photonic microwave frequency quadrupler using two cascaded intensity modulators with repetitious optical carrier suppression[J]. IEEE Photonics Technology Letters, 2007, 19(14):1057-1059.

[21] Xue W, Sales S, Mork J, et al. Widely tunable microwave photonic notch filter based on slow and fast light effects[J]. IEEE Photonics Technology Letters, 2009,

21(3):167-169.

[22] Yao J. Microwave photonics[J]. Journal of Lightwave Technology, 2009, 27(3):314-335.

[23] E.H.W. Chan, W. Zhang, R.A. Minasian. Photonic RF phase shifter based on optical carrier and RF modulation sidebands amplitude and phase control[J]. J.Lightwave Technol, 2012, 30(23):3672-3678.

[24] Aryanfar I, Marpaung D, Choudhary A, et al. Chip-based Brillouin radio frequency photonic phase shifter and wideband time delay[J]. Optics Letters, 2017, 42(7):1313-1316.

[25] Chew S X, Yi X, Song S, et al. SeDACSRately controlled, cascaded microwave photonic bandpass filter and phase shifter[C]//Optical Fiber Communication Conference. Optical Society of America, 2016: W1G. 3.

[26] Zhai W, Gao X, Xu W, et al. Microwave photonic phase shifter with spectral seDACSRation processing using a linear chirped fiber Bragg grating[J]. Chinese Optics Letters, 2016, 14(4):040601.

第 5 章　基于负反馈补偿的射频信号远距离光纤稳定传输技术

5.1　理论基础

长期稳定工作的系统应该有自身实时自动修复和调整的功能。当系统受到各种噪声的干扰或者是外界因素的影响时，会导致系统工作出现异常的现象，严重的情况下会致使系统无法正常工作。这时候，系统需要有自身实时自动调整功能，实时调整自身的某一参数或者几个参数，在调整中回到稳定的状态。电学最常用的技术方法是负反馈技术（negative feedback technology），其是指对系统的输出信号进行取样，取样信号经由反馈网络分析处理后，被送到输入端，反馈信号与输入端信号进行运算，间接起到稳定输出信号的作用，使系统输出与系统理想参数的偶然误差减小，从而在动态调整的过程中，能够使系统保持长期稳定运行。

对于需要长期稳定工作的系统链路来说，反馈网络获取输出端的取样信号，通过运算反馈网络处理后，反馈到输入端，通过预处理单元运算，净输入信号与输出信号的变化呈相反趋势，从而可以调节系统输出信号的稳定度。因此，负反馈技术的优势体现在改善信号传输质量，从而提高系统性能指标上，而且反馈程度越深，系统得到改善的程度也越大。多年来，负反馈技术在各个领域得到了应用和发展，一直是研究的热点[1-22]。目前，负反馈技术在微波光子学领域的应用也不断受到重视。微波光子学领域常用负反馈技术来抑制有害噪声对有用信息的干扰，以获得 RF 信号频率的稳定。微波光子链路负反馈的一般模型结构如图 5-1 所示。

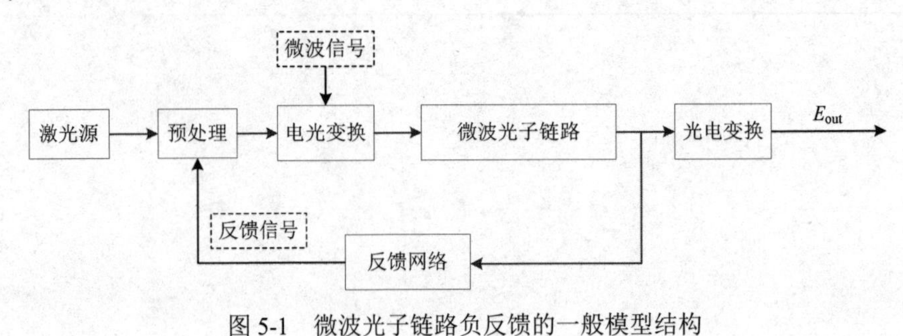

图 5-1　微波光子链路负反馈的一般模型结构

如图 5-1 所示，微波光子负反馈链路系统主要包括激光源、预处理、电光变换、微波光子链路、光电变换和反馈网络单元。这里，通过反馈网络单元，从输出端信号取样后，由反馈网络单元进行处理，然后反馈到系统输入端。通过预处理单元计算，实时加强和减弱输入端信号的某个参数，达到调节或者补偿某个参数的效果，使得系统的输出趋于稳定。在国内外，该项技术已成为研究的侧重点，并已取得一些相关技术成果。

2002 年，Leif A. Johansson 和 Alwyn J. Seeds 等人提出了相关的基于毫米波调制外差法的频率漂移消除系统。该系统利用光子信号处理手段来消除频率浮动。其采用 36GHz 毫米波来控制光源，实现内调制，光纤链路传输长度是 25km。在远端节点，实现光路分成两路，两路进行探测并输出射频信号，两路射频信号再进行混频，抵消频率浮动项。当频偏为 10kHz 时，相位噪声功率达到–85dBc/Hz[23]。

2011 年，Lumin Zhang 和 Weisheng Hu 等人搭建了基于光电延时环路的射频信号相位漂移消除远距离传输系统。系统中主要利用外差技术的锁相环作为一个伺服单元，通过监测 10GHz 的本地振荡信号（LO）的相位变化信息，来消除 50km 光纤链路中产生的相位漂移量。系统工作在开环状态时，相位漂移的均方根值为 12.7ps；系统工作在闭环状态时，相位漂移的均方根值为 0.876ps[24]。

2014 年，Jianguo Shen、Guiling Wu 和 Jianping Chen 等人提出了基于微波光子相移器的自动相位漂移消除的射频远距离传输系统。该系统利用一个 0.5GHz 的参考信号和一个本地振荡信号（LO），将两个射频信号加载到 DPMZM 上下两个臂上，产生双边带调制。利用反馈环路提取 20km 的光信号相位漂移信息，来控制 DPMZM 的直流控制端的第三个抽头。系统工作在闭环时，通过实验测试，相位漂移 RMS 达到 0.5ps[25]。

2016 年，Zhou Zhenghua、Yang Chun 和 Li Xianghua 等人提出了基于锁相环超低相位噪声的光电振荡器。系统的工作频率设置在 9.5GHz，通过实验测试，当频偏达到 1kHz 时，相位噪声功率约为–125dBc/Hz；在平均 1s 的时间内，艾伦方差值达到1.37×10^{-11}[26]。

5.2 射频信号远距离光纤传输系统频率稳定度分析

从国际发展的趋势上看，频标的稳定度提高得非常快，它的指标提高一个数量级几乎只需 6～8 年。随着这些频率源精度的提高，频率稳定度测量的精度也越来越高。随着信号频率标准的提高，在频率稳定度的测量方面也有了相应的进展，针对时域和频域稳定度比对测量的设备也日益增多，精度也越来越高。在信号的时域频率稳定度测量方面，一系列有关频率计量标准的高精度比对测量系统被研制了出来。在信号的频域稳定度测量方面，一些高精度相位噪声谱测量仪器被研发制造了出来。相关领域研究者对频率稳定度特性和表征做了深入研究，提出了一些表征频率稳定度的方法。

5.2.1 频率稳定度

根据取样时间的差异，频率稳定度包括如下两种：短期频率稳定度和长期频率稳定度。事实上，它们没有非常明确的分界点。在取样时间 f 不超过 10s 时，频率信号所表现出来的稳定特性，我们称作短期频率稳定度，一般使用秒级频率稳定度与毫秒频率稳定度表示。当外界条件一定时，在较长时间内频率信号的频率稳定度即长期频率稳定度。短期稳定度表征了时钟的抖动水平，而长期稳定度则代表了信号频率随时间的漂移程度。影响长期频率稳定度的噪声是非平稳随机过程，同时器件的老化、周围环境的变动、负载的变化都会影响长期频率的稳定度。

科学技术的迅速发展对频率源的精度和稳定度都提出了更高的要求。尤其是雷达、导航、导弹、空间探索以及宇宙飞行等领域，要求系统有更高的稳定性，这些领域的技术的进步离不开高精度、高稳定度的频率源的发展。近些年，频率稳定度指标由 10^{-7} 提高到 10^{-15}，甚至更高。

在我们现有的所有通信系统和设备中，都具有频率源、参考频率源，或是信号源，它们的好坏直接影响通信系统的可靠性和不间断性，频率稳定度低将直接导致通信信号质量差，或通信之间的不同步，导致通信功能无法准确实现，因此频率稳定是很多通信系统的关键技术之一。因此，频率稳定度测量技术就是一个非常重要的、具有广泛市场价值的技术。这里主要研究长期频率稳定度。

5.2.2 相位噪声分析

导致光通信系统频率不稳定的主要因素是相位噪声。温度的影响和机械应力的随机变化是相位噪声的来源。随着相位噪声的不断积累，信号的频率稳定度将变差。相位噪声和抖动是对同一种现象的两种不同的定量方式。在理想情况下，一个频率固定的完美的脉冲信号（以 1MHz 为例）的持续时间应该恰好是 1μm，每 500ns 有一个跳变沿。但不幸的是，这种信号并不存在。信号周期的长度总会有一定变化，从而导致下一个沿的到来时间不确定。这种不确定就是相位噪声，或者说抖动。

相位噪声是频率域的概念。相位噪声是对信号时序变化的另一种测量方式，其结果在频率域内显示。下面用一个振荡器信号来解释相位噪声。如果没有相位噪声，那么振荡器的整个功率都应集中在中心频率处。但相位噪声的出现将调制信号的一部分功率扩展到相邻的频率中去，产生了各次谐波。在偏离中心频率一定合理距离的频率处，边带功率滚降到 $1/fm$，fm 是该频率偏离中心频率的差值。

5.2.3 频率稳定度的表征

通常定义为在某一给定偏移频率处的 dBc/Hz 值，其中，dBc 是以 dB 为单位的该频率处功率与总功率的比值。一个振荡器在某一偏移频率处的相位噪声定义为在该频率处 1Hz 带宽内的信号功率与信号的总功率的比值。dBc 是一种相对表示值。中心频率功率值为 x（dBm），离中心频率 1kHz 处的功率密度为 y（dBm/Hz），dBc=x/y。频率相位的随机漂移是评价系统稳定性的重要指标。相位噪声是用来衡量载波的频谱弥散性的。实际的载频不可能是一根谱线，而是以中心频率为最高，两侧依次下降的频谱形状。

相位噪声就是短期频率稳定度的频域表征方式，如果单频信号非常稳定的话，从频谱上看其边带会随着远离主频的位置逐渐降低，一般我们比较关心偏离主频 100Hz、1kHz、10kHz 处的边带，若是对数坐标，此处边带的幅值与主频幅值相减，单位是 dBc，换算到单位带宽内表示为 dBc/Hz。在频域一般使用频谱分析仪来测量相位噪声，频谱分析仪可以测量偏离载频的不同位置的相位噪声

为了进一步改善 DACSR 系统的频率稳定度（frequency stability），提升 DACSR 系统远距离分布灵活性和可扩展性，本书开展了基于射频信号的光纤远距离传输技术的研究，围绕频率稳定度和波束延时精度科学问题展开，对相应的系统指标提出了较高的要求。在雷达通信、星际通信、宇宙飞行以及空域探测等领域，要求系统有更高量级的稳定指标，这些领域的系统的可靠性运行依靠频率高稳定度技术的逐步发展来支撑。近些年，射频信号的远距离光纤传输系统研究也在不断深入，频率稳定度指标已提高到一定的数量级 10^{-16}，现已向更高指标发展。目前，在射频信号远距离光纤传输系统中，通信系统的可靠性和有效性会被相位噪声干扰，导致系统质量下降，其严重影响到通信节点之间的准同步和信号质量，甚至导致通信系统无法正常工作。由此，频率稳定度已成为考察通信链路的关键技术指标。在我们的方案中，频率稳定度是用相位噪声功率谱和艾伦方差来分析评估的。

在频域中，可以用相位噪声功率谱来对频率稳定度进行评估和度量，其单位定义为 dBc/Hz。其中，dBc 是相对值。实验中，使用频谱分析仪（ESA）可以直

观测量偏离载频不同位置的相位噪声功率分布情况。这里，我们主要考虑频偏为1Hz、10Hz、100Hz、1kHz 和 10kHz 等处的噪声功率分布情况，借此定量评估反馈回路所起到的作用。经分析，利用相位噪声功率谱来评估系统的频率稳定度是频域中直观可靠的方法[27-35]。

由频率和相位的函数关系可知，二者是一致的。我们常用标准方差来评估系统的稳定性。噪声积累导致标准方差发散，于是用标准方差描述系统稳定度的准确度不高。因测量次数也是有限的，这样会导致测量值偏离了标准方差，导致偶然误差加大。在时域中，频率稳定度（frequency stability）可用 Allan 方差来进行评估。Allan 方差也叫二次标准差。在一定时间段内，通过有限的多次测量，得到频率稳定度的值更接近真实值。下面对 Allan 方差进行简单的分析。

1966 年，David Allan 在研究振荡器稳定性时提出了一种简单的分析方法，称为 Allan（艾伦）方差分析法。Allan 方差法是在时域中进行的，Allan 方差描述一个系统的动态稳定性。设采样频点的长度为 N，采样周期为 T，将频点分成 K 组，每组含 M 个频点，则每组的相关时间 $t = MT$，相关时间 τ 内的频点的平均值为 $\overline{x}_i$（$i = 1,2,\cdots,k$），艾伦方差可以表示为

$$\sigma^2(\tau) = \frac{1}{2(k-1)}\sum_{m=1}^{k-1}(\overline{x}_m - \overline{x}_{m+1})^2 \tag{5-1}$$

经进一步相关推理，可得 Allan 方差与功率谱密度函数（PSD）的函数关系，可以表示为

$$\sigma^2(\tau) = 4\int_{-\infty}^{+\infty} S_{\Omega}(f)\frac{\sin^4(\pi f\tau)}{(\pi f\tau)^2}\mathrm{d}f \tag{5-2}$$

式中，τ 为相关时间；f 为频率；$\sigma^2(\tau)$ 为 Allan 方差；$S_{\Omega}(f)$ 为随机过程 $\Omega(t)$ 的功率谱密度。例如，在射频信号远距离光纤传输系统中，当由式（5-2）得出信号通过系统函数为 $\sin^4(\pi f\tau)/(\pi f\tau)^2$ 时，Alall 方差值的大小与 PD 输出的噪声总能量成正比。经分析，Allan 方差分析推出一种评估各类噪声对系统影响程度可靠方法。

计算 Allan 方差的方法是，划分特定长度的采样信号，并得到每个长度内采样点信号的均值，计算两两均值之差的平方；然后再选取不同的采样信号集的相关长度或时间来计算 Allan 方差。这里对已知的几种主要噪声功率谱密度函数进行艾伦方差分析，观察相关时间与艾伦方差的关系。

（1）白噪声的功率谱密度函数表达式为

$$S_W(f) = N_0 \quad (0 < f < \infty) \tag{5-3}$$

由 Allan 方差公式（5-1）计算得出相应的 Allan 方差值：

$$\sigma_W^2(\tau)=\frac{N_0}{\tau} \tag{5-4}$$

式（5-4）表明白噪声的 Allan 方差 $\sigma_W^2(\tau)$ 是随相关时间的增大而减小的。在 $\sigma_W^2(\tau)$ 对 τ 双对数（log-log）的曲线图中，会观察到白噪声的斜率为–1。

（2）闪烁噪声（又称为 $1/f$ 噪声）的功率谱密度函数为

$$S_f(f)=\frac{K_f}{f} \quad (0<f<\infty) \tag{5-5}$$

由公式（5-1）可以得出

$$\sigma_f^2(\tau)=K_f\cdot 2\ln 2 \tag{5-6}$$

式（5-6）表明，$\sigma_f^2(\tau)$ 对 τ 双对数（log-log）的曲线图中闪烁噪声的斜率为0。

（3）散弹噪声的功率谱密度函数为

$$S_{rw}(f)=\frac{K_{rw}}{f^2} \quad (0<f<\infty) \tag{5-7}$$

由 Allan 方差公式（5-1）计算得出

$$\sigma_{rw}^2(\tau)=\frac{4\pi^2K_{rw}}{3}\tau \tag{5-8}$$

式（5-8）表明噪声 Allan 方差随相关时间的增大而增加，在 $\sigma_{rw}^2(\tau)$ 对 τ 双对数（log-log）的曲线图中散弹噪声的斜率为 1。

（4）正弦噪声的功率谱密度函数的数学表达式为

$$S_\Omega(f)=\frac{1}{2}\Omega_0^2[\delta(f-f_0)+\delta(f+f_0)] \quad (-\infty<f<+\infty) \tag{5-9}$$

将式（5-9）代入式（5-2）得出

$$\sigma_{\sin}^2(\tau)=\Omega_0^2\left[\frac{\sin^2(\pi f_0\tau)}{\pi f_0\tau}\right]^2 \tag{5-10}$$

从式（5-10）可以得出，正弦噪声的艾伦方差在对数图上，在 $\tau<<1/f_0$ 的条件下，$\sigma_{\sin}^2(\tau)$ 正比于 τ，其斜率值为 1；在 $\tau>>1/f_0$ 的条件下，表现为以斜率为–1 的衰减的正弦式波形[36-48]。

综上分析，相位噪声功率谱属于频域的一种分析方法，Allan 方差法是在时域中进行的。两种分析方法结合使用能够比较准确地评估系统实时工作状态。

5.3 负反馈补偿的射频信号远距离光纤稳定传输研究与实现

基于微波光子相移器射频信号光纤远距离稳定传输在多领域的应用［如在波束形成网络（OBFN）、远距离时钟同步系统（CLSS）和射电望远镜（FAST）等领域的应用］引起了国内外研究机构的很大兴趣和注意。同时，为了保证系统在统一的时间基准下协调运行，远距离时钟同步系统需要低噪声的 RF 信号光纤远距离稳定传输。这里光纤的低损耗、抗干扰和大带宽优势体现得淋漓尽致，其有很好的应用前景，近年来成为研究热点。不利的一面是长距离光纤链路中累积的相位噪声会降低信号的频率稳定度。由于长距离光纤链路中机械应力和温度变化等因素的干扰，因此消除远距离光纤传输产生的相位漂移是保证 RF 信号稳定的关键所在。很多基于射频信号的光纤链路传输相位漂移抑制的研究方案已经被提出。如某一方案中的反馈控制环路使用了模拟和数字的混合结构，在模拟信号和数字信号转换的过程中，相位漂移得到有效抑制，避免了有用信息的传输损伤。另一方案中，在反馈回路处理中获得相位误差信号，其被相位补偿单元中的双平行调制器偏置电压端驱动，使相位漂移得到有效解决；相关的相位噪声抑制方案也有所报道，它们分别采用了电补偿双平行结构、干涉延时器、外差光电延时环路、光信号反馈和电信号相位处理方法[49-55]。

本书提出的负反馈型 MWPPS 射频信号光纤远距离稳定传输方案，采用光谱分离处理技术的同时，使用负反馈控制环路对输入端光载波相位进行补偿，间接抑制相位漂移，实现 RF 信号远距离光纤稳定传输。该系统中，新型光器件 DDMZM 实现了电光转换，单边带信号注入光耦合器。光载波经由光环形器注入布拉格光纤光栅，被延时处理；而后补偿处理的光载波与富含数据信息的边带信号耦合，沿着光纤传输至远端节点；接着，经反馈处理，通过对光载波相位的补偿，相位漂移得到抑制，频率稳定度得到提高；最后进行了验证性实验，光纤链路长 100km，系统工作带宽为 10～20GHz，实现了 360°的相移，相位偏差小于 1.2°，在 1000s 内，艾伦方差大约为 5.35×10^{-17}[56]。

5.3.1 实验装置及原理

基于负反馈型微波光子相移器射频信号的光纤远距离稳定传输实验装置如图 5-2 所示[57]。实验测试中光器件主要包括可调的激光源（TLS）、双驱马赫增德尔调制器（DDMZM）、线性啁啾布拉格光纤光栅（LCFBG）、相位调制器（PM）、光探测器（PD）和反馈控制环路。同时，控制环路主要由混频器（MIX）、光电探测器（PD）、电带通滤波器（EBPF）和反相器（Inverter）组成。DDMZM 的消光比大约是25dB，带宽为40GHz。掺铒光纤放大器（EDFA）用来对光链路中的信号损耗进行补偿，其噪声系数小于 3.6dB。在中心节点，探测输出的射频信号经过混频器处理，经滤波器作用获得相应的相位漂移信息。经过反相器调整放大，携带相位漂移信息的信号驱动相位调制器，于是光载波的相位得到补偿，远距离光纤传输中滋生的相位漂移得到抑制。

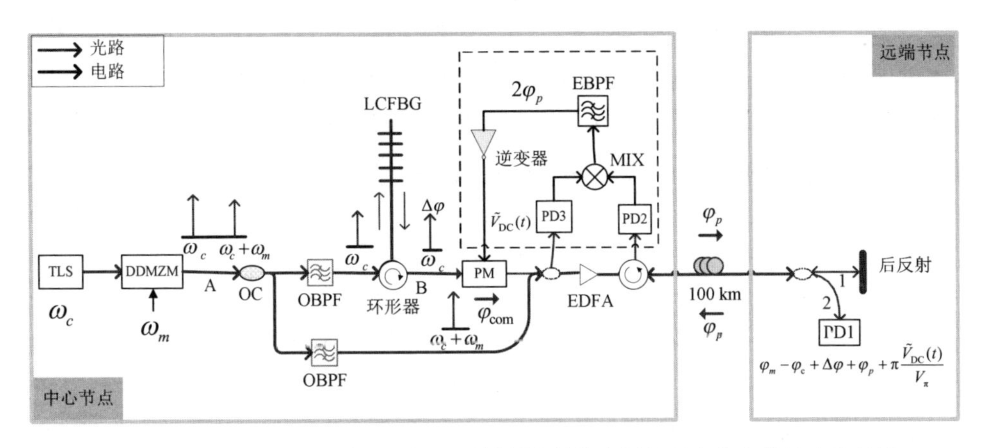

图 5-2 基于负反馈型微波光子相移器射频信号的光纤远距离稳定传输实验装置

在双驱马赫增德尔调制器输出端，单边带信号的数学表达式为

$$E(t)=\sqrt{\rho}E_{\text{in}}[(J_0(\beta_{\text{RF}})e^{j(\omega_c t+\varphi_c)}+J_1(\beta_{\text{RF}})e^{j(\omega_c+\omega_m)t+\varphi_m)}] \tag{5-11}$$

式中，ρ为调制器的插入损耗；E_{in}为RF信号的幅度；$J_m(x)$为贝塞尔函数的第一类m阶次函数；$\beta_{\text{RF}}(x)=\pi V_{\text{RF}}(t)/V_\pi$为调制系数；$V_{\text{RF}}(t)$为输入射频信号；$V_\pi$为DDMZM的半波电压。另外，$\varphi_c$和$\varphi_m$分别表示光载波和边带的初始相位。$\omega_c$、$\omega_c+\omega_m$和$\omega_m$分别表示光载波、边带和RF信号的初始相位。单边带信号经过OC后，载波和边带被OBPF分开。

经由光环形器，光载波注入LCFBG，从而，不同波长的光载波获得不同的延时，即产生不同的相移。LCFBG输出信号的表达式为

$$E_{\text{LCFBG}}(t)=\sqrt{\rho}E_{\text{in}}J_0(\beta_{\text{RF}})e^{j(\omega_c t+\varphi_c-\Delta\varphi)} \tag{5-12}$$

式中，φ_c为光载波的初始相位。在小信号情况下，高阶边带信号被忽略。贝塞尔系数$J_0(\beta_{\text{RF}})$和$J_1(\beta_{\text{RF}})$的近似值分别为 1 和$\beta_{\text{RF}}/2$，$\Delta\varphi$是相应光载波的相移大小。经过PM处理的信号的表达式为

$$E_{\text{PM}}(t)=\sqrt{\rho}E_{\text{in}}J_0(\beta_{\text{RF}})e^{j(\omega_c t+\varphi_c-\Delta\varphi-\varphi_{\text{com}})} \tag{5-13}$$

在远端节点，RF信号的表达式为

$$S_1(t)=R\rho P_{\text{in}}\beta_{\text{RF}}[\cos(\omega_m t+\varphi_m-\varphi_c+\Delta\varphi+\varphi_p+\varphi_{\text{com}})] \tag{5-14}$$

式中，R 为探测器响应系数；P_{in} 为光功率的大小；φ_p 为相位漂移；$\varphi_{\text{com}} = \pi\tilde{V}_{\text{DC}}(t)/V_\pi$ 为 PM 的补偿函数；在中心节点，经过 PD3，信号可以表示为

$$S_3(t) \propto \cos(\omega_m t + \varphi_m - \varphi_c + \Delta\varphi + \varphi_{\text{com}}) \tag{5-15}$$

假设信号在往返光链路有相同的相位漂移（φ_p），部分光信号从远端节点返回中心节点，经 PD2，输出信号的表达式为

$$S_2(t) \propto \cos(\omega_m t + \varphi_m - \varphi_c + \Delta\varphi + 2\varphi_p + \varphi_{\text{com}}) \tag{5-16}$$

如图 5-2 所示，信号 S_2 和 S_3 被混频器（MIX）处理，经过电带通滤波器（EBPF），得到一个纹波直流信号 $\overline{A}\cos(2\varphi_p)$，其幅度携带相位噪声信息。然后反相放大器输出信号作为 PM 的驱动信号，由 PM 生成相位补偿量值。相位误差函数的数学式为

$$\varphi_{\text{error}} = 2\varphi_p + \varphi_{\text{com}} \tag{5-17}$$

在系统实时调整运行中，远端节点处的 PD1 恢复出 RF 信号。当相位误差信号 φ_{error} 等于零时，相位漂移被抑制，相位得到校准，在远端节点获得稳定的相移 RF 信号。

5.3.2 实验结果及分析

在实验过程中，选取的光源属于窄带型光源（TLS），光信号带宽与光载波的中心频率的比值小于 10%，本书的光链路中使用了单模光纤（SMF），采用单边带调制，不受色散的影响，激光源的调谐带宽约为 20nm，带宽约为 2500GHz，完全能满足系统的需要。首先激光源输出的光载波耦合入 DDMZM，如图 5-2 所示。DDMZM 插损值约为 5dB，其啁啾系数绝对值小于 0.15。因光载波没携带调制信息，该方案考虑了光谱分离处理技术，仅对光载波进行了延时处理。这样，保护了边带调制信息，降低了噪声污染。在远方节点，一部分光功率信号被光电探测器处理，另一部分光功率信号被法拉第反射镜反射回中心节点。

如图 5-3 所示，光谱分析仪（OSA）显示了 MZ 调制器输出单边带信号。光载波的功率值约为 0dBm，边带信号的功率值为–12.5dBm，调整光载波和光边带分量的功率，调谐光载波和边带比例关系，这样可以提高系统的接收灵敏度，并可以改善系统输出信噪比。所加射频信号带宽为 10～20GHz。在器件带宽允许的情况下，系统可以工作在更高频率的频段。这样，通信容量会得到更大的提高。

上一章已经详细介绍了 PM 的功能参数，这里不再详细介绍。如果用–8V～+8V 的可调直流信号来控制 PM 的 RF 端口，其可以单独实现光信号 360°的相移，该方案选取 PM 作为光相位补偿器。如图 5-4 所示，在系统闭环工作的情况下，

在远端节点处，使用 PD 探测输出的 RF 信号，矢量网络分析仪（Agilent，8722ES）记录了 RF 信号的功率和相移变化过程，曲线①描述了 RF 信号功率的变化情况，功率变化小于 0.52dB。相比于电控相控雷达系统，该方案的稳定性是良好的。曲线②描述了射频信号相移的变化情况，系统实现了 360°的相移。随着光载波波长的变化，相位偏差小于 1.2°。

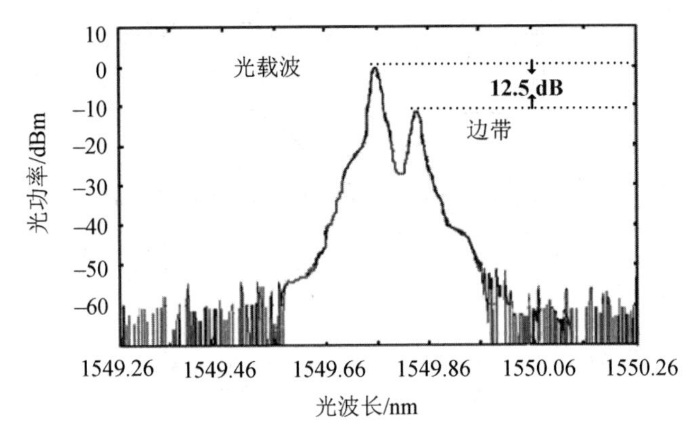

图 5-3　单边带光谱图

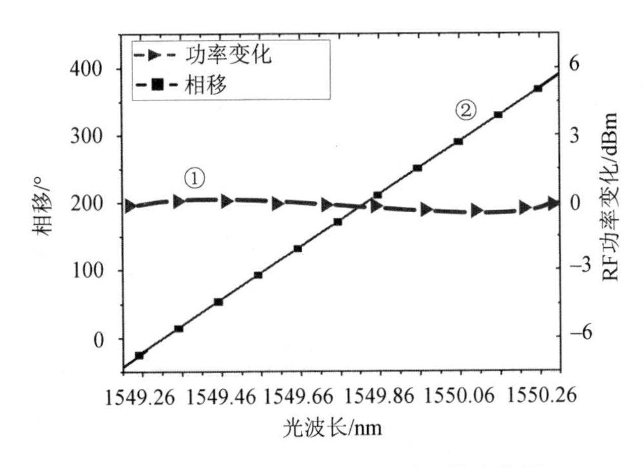

图 5-4　射频信号相移和 RF 功率的变化图

在时域中，时间抖动信息是对信号实时变化的统计，其描述了信号漂移记录值与理想值的偏离程度。在系统运行的过程中，噪声引起的相位漂移映射在时间抖动上，时间抖动或时间漂移的大小反映了相位漂移的情况，可以度量系统的频率稳定度的优劣，可以用示波器来记录这一过程。如果示波器的带宽不能够满足射频信号的频率要求，可以采用混频器把高频信号进行下变频，间接地跟踪其时间抖动信息积累的变化。图 5-5 显示了系统工作在闭环（几乎平行于横轴的曲线）和开环状态（斜曲线）的两种情况下的远端节点处的 RF 信号时间抖动积累。在开环工作状态下，系统工作了大约 5h，时间漂移了大约 370ps。在闭环状态下，系统工作了大约 5h，系统实时进行了时间校准，时间抖动小于 0.26ps。由此可见，系统工作在闭环状态下，时间漂移实时得到校准，系统自身调整能力是良好的。

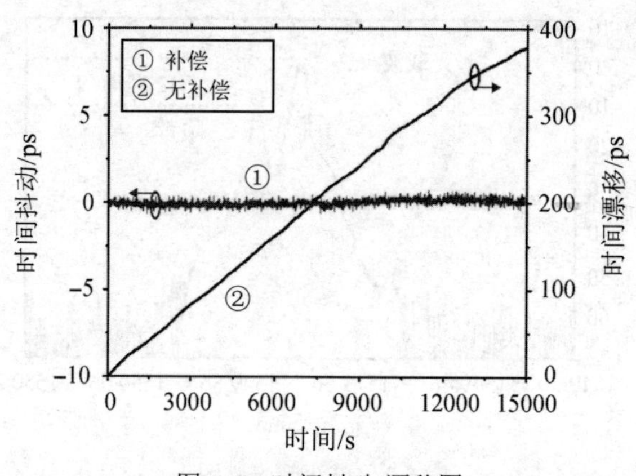

图 5-5 时间抖动/漂移图

在远距离光纤链路中需要一个非常稳定的频率信号，在探测输出的 RF 信号的过程中，各类噪声引起的相位随机漂移会伴随调制信号出现在终端，导致系统的信噪比质量变差，信号失真加剧。如用在 DACSR 系统中，会影响 DACSR 系统对目标的分辨能力。随着对微波光子链路稳定性要求的提高，对高质量的 RF 信号的相位稳定性指标要求也越来越高，在 ROF、雷达及卫星通信等各种领域都要求有低相位噪声。所以，对相位噪声功率谱的测量考察是定量对相位噪声的评估分析，其是一种频域分析法。图 5-6 是 ESA 对相位噪声功率谱的测量记录。系统工作在开环的状态下，曲线①表示相位噪声功率谱的分布情况。当频偏为 100Hz 时，噪声功率大约是−106.3dBc/Hz。当频偏为 1kHz 时，噪声功率大约等于−109.5dBc/Hz。当频偏为 10kHz 时，噪声功率大约等于−114.3dBc/Hz。系统工作在闭环的状态下，曲线②表示相位噪声功率谱密度的分布情况。当频偏为 100Hz 时，噪声功率大约等于−115dBc/Hz。当频偏为 1kHz 时，噪声功率大约等于−119dBc/Hz。当频偏为 10kHz 时，噪声功率大约等于−124dBc/Hz。相比较来看，在闭环状态下，RF 信号的相位噪声得到有效抑制，相位漂移也得到抑制。

艾伦（Allan）方差分析法是在时域中进行的分析，从 Allan 方差的分析结果可以初步评估噪声对信号的干扰程度。随着系统的运行，艾伦方差的大小表示频率稳定性，可以考察系统的动态稳定性。如图 5-7 所示，结合公式（5-1），当系统运行在开环状态下时，曲线①表示艾伦方差的变化。在平均 10s 内，艾伦方差大约为 1.76×10^{-14}；在平均 100s 内，艾伦方差大约为 3.42×10^{-14}；在平均 1000s 内，艾伦方差大约为 4.26×10^{-14}。当系统运行在闭环状态下时，曲线②表示艾伦方差的变化，在平均 10s 内，艾伦方差大约 6.36×10^{-15}；在平均 100s 内，艾伦方差大约为 3.81×10^{-16}；在平均 1000s 内，艾伦方差大约为 5.35×10^{-17}。经分析对比，闭环系统稳定性得到明显改善。

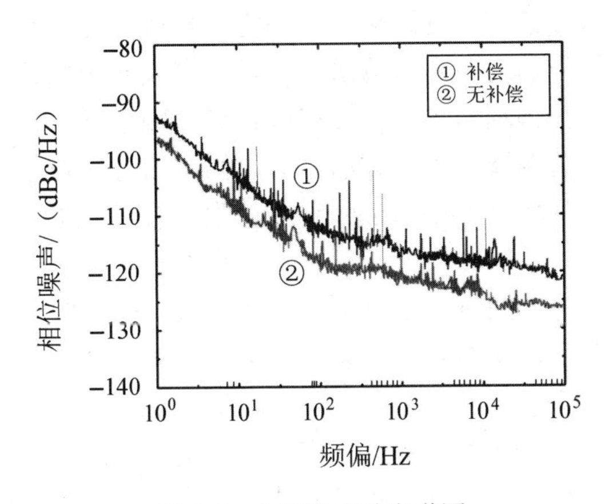

图 5-6　相位噪声功率谱图

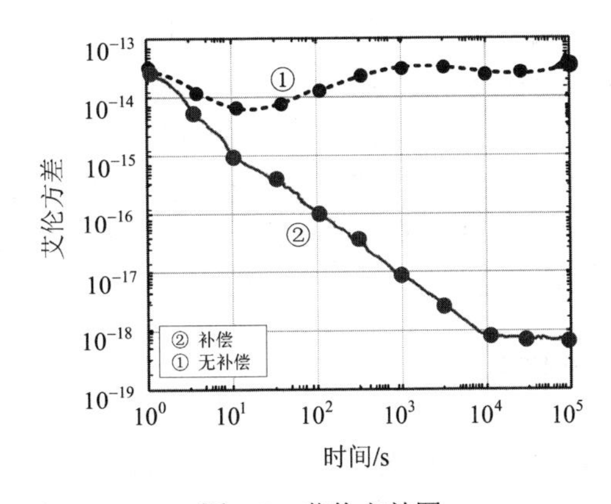

图 5-7　艾伦方差图

5.4　实时射频信号远距离光纤稳定分配研究与实现

基于微波光子相移器的实时射频信号远距离光纤稳定分配应用在雷达波束形成、数模转换、相位同步和滤波等方面。例如，波束形成系统需要长期的工作稳定性，就需要该系统能实时地自动调整信号的稳定分配，从而可以避免波束的频率不稳定现象。微波光子相移系统能带来一定的优势，如大的可调范围、重量轻、抗干扰等。长距离光纤链路中机械应力和温度变化等因素的干扰会累积相位噪声，降低信号的频率稳定度，产生一定的相位漂移，因此消除远距离光纤传输产生的相位漂移是保证 RF 信号稳定的关键所在。特别是对于需要长期工作的系统，实时射频信号的远距离稳定分配是需要解决的关键问题[40]。

很多基于实时射频信号的远距离光纤稳定分配研究方案已经被提出。这些方案主要是进行稳定信号的远距离传输研究。基于微波光子相移系统的光纤远距离传输方案没有考虑保护调制信息，这样在远距离传输过程中，有用信息容易受到污染和干扰，从而在远端恢复出射频信号的时候，信号质量会下降。一个方案中的反馈环路中使用了鉴相器（phasedetector）来监测信号的相位变化，把远端信号的相位漂移量通过反馈系统转换为控制变量，来调整输入信号的参数，从而实现信号的远距离稳定传输。同时，该方案对载波和边带的同时处理减弱了信号频率稳定性。另一个方案中，反馈回路处理中采用了混频处理，其把相位误差信息提取出来，反馈到系统输入端，实现实时调整系统稳定运行。

我们研究中的基于反馈型 MWPPS 实时射频信号的远距离光纤稳定分配方案使用负反馈控制环路对输入端光载波相位进行补偿，完成相位漂移抑制，实现 RF 信号稳定远距离光纤分配。系统中用 DDMZM 实现了单边带调制，单边带信号经光环形器注入 LCFBG，信号被分离并对光载波延时处理。而后光载波与富含数据信息的边带信号耦合，沿着光纤传输至远端节点。接着，提取了相位漂移信息，经负反馈技术处理，对光载波相位进行了相应的补偿，提高了系统的稳定性。最后进行了验证性实验，光纤链路长 50km，系统工作带宽为 20～30GHz，实现了 360°的相移，相位偏差小于 1.2°，在 1000s 内，艾伦方差大约为 8.35×10^{-17}，实验测试平均时间抖动小于 0.32ps。

5.4.1 实验装置及原理

基于负反馈型 MWPPS 射频信号的光纤远距离分配实验装置如图 5-8 所示。实验测试中光器件主要包括可调的激光源（TLS）、双驱马赫增德尔调制器（DDMZM）、线性啁啾布拉格光纤光栅（LCFBG）、相位调制器（PM）、光电探测器（PD）、混频器（MIX）、电低通滤波器（LPF）和反相器（Inverter）。DDMZM 的调制带宽为 40GHz，啁啾系数绝对值小于 0.15，其消光比大约是 25 dB。当系统正常工作时，在中心节点，被探测的 RF 信号经过混频器处理，低通滤波器获得相应的相位漂移信号。经过反相器，携带相位漂移信息的信号作用于相位调制器，在输入端光信号的相位得到补偿，远距离光纤传输过程中滋生的相位漂移得到抑制，系统的频率稳定度和输出稳定性得到改善。这里，中心节点的混频器和调制器的射频输入共用同一个微波源，降低了噪声的影响。

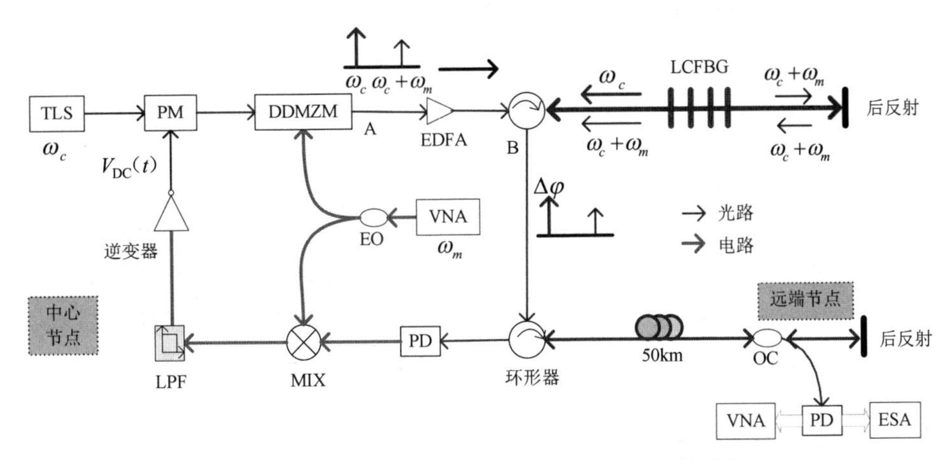

图 5-8 实时射频信号远距离光纤稳定分配系统结构图

在双驱马赫增德尔调制器输出端，单边带信号的数学表达式为

$$E(t)=\sqrt{\rho}E_{\text{in}}\{(J_0(\beta_{\text{RF}})e^{j(\omega_c t+\varphi_c)}+J_1(\beta_{\text{RF}})e^{j(\omega_c+\omega_m)t+\varphi_m)}\} \tag{5-18}$$

式中，ρ 为调制器的插入损耗；E_{in} 为 RF 信号的幅度；$J_m(x)$ 为贝塞尔函数的第一类 m 阶次函数；$\beta_{\text{RF}}(x)=\pi V_{\text{RF}}(t)/V_\pi$，为调制系数；$V_\pi$ 为 DDMZM 的半波电压；$V_{\text{RF}}(t)$ 为输入的 RF 信号。另外 φ_m 和 φ_c 分别为边带和光载波的初始相位。ω_c、ω_m 和 $\omega_c+\omega_m$ 分别为光载波、边带和射频信号的角频率。

光载波经由光环形器注入 LCFBG，其对光载波和边带进行分离，边带信号不受影响。从而，不同波长的光信号产生不同的延时参数，即产生不同的相移。相应的数学表达式为

$$E(t)=\sqrt{\rho}E_{\text{in}}[(J_0(\beta_{\text{RF}})e^{j(\omega_c t+\Delta\varphi+\varphi_c)}+J_1(\beta_{\text{RF}})e^{j(\omega_c+\omega_m)t+\varphi_m)}] \tag{5-19}$$

式中，$\Delta\varphi$ 是对应于光载波的相移大小，在小信号的情况下，高阶边带信号被忽略；贝塞尔系数 $J_0(\beta_{\text{RF}})$ 和 $J_1(\beta_{\text{RF}})$ 的近似值分别为 1 和 $\beta_{\text{RF}}/2$。在远端节点，信号被 PD 探测，恢复出原来的射频信号，其数学表达为

$$V_1(t)=R\rho P_{\text{in}}\beta_{\text{RF}}[\cos(\omega_m t+\varphi_m-\varphi_c-\Delta\varphi+\varphi_p+\varphi_{\text{com}})] \tag{5-20}$$

式中，R 为探测器响应系数；P_{in} 为光功率的大小；φ_p 为相位漂移；$\varphi_{\text{com}}=\pi\tilde{V}_{\text{DC}}(t)/V_\pi$，为 PM 的补偿函数。在中心节点，经过 PD 的 RF 信号为

$$V_2(t)=R\rho P_{\text{in}}\beta_{\text{RF}}[\cos(\omega_m t+\varphi_m-\varphi_c-\Delta\varphi+2\varphi_p+\varphi_{\text{com}})] \tag{5-21}$$

如图 5-8 所示，射频信号和探测信号被混频器（MIX）处理，经过低通滤波器（LPF）得到一个纹波直流信号，其幅度携带相位噪声信息。然后，反相器放大器输出信号作为 PM 的驱动信号，实现对光载波相位的补偿。在系统实时调整运行中，相位漂移得到抑制，在远端节点获得稳定的相移 RF 信号。

5.4.2 实验结果及分析

在实验过程中，选取的光源属于窄带型可调光源（TLS），光链路中使用了 50km 单模光纤（SMF），本方案采用的是单边带调制，不考虑色散影响。由可调光源 TLS 送出的光载波耦合入 DDMZM，如图 5-8 所示。DDMZM 插损值约为 4.5 dB，其啁啾系数绝对值小于 0.15。该方案使用了 LCFBG 对光载波和边带信号进行了光谱分离处理，仅对光载波进行了延时处理，光载波没携带调制信息，边带调制信息得到保护，降低了噪声干扰。在远方节点，一部分的光功率信号被光电探测器处理，另一部分的光功率信号被法拉第反射镜反射回中心节点。

如图 5-9 所示，光谱分析仪（OSA）显示了 MZ 调制器输出单边带信号。光载波的功率值约等于 0dBm，边带信号的功率值约为–13dBm，分配光载波和光边带信号的功率，调谐光载波和边带比例关系，接收灵敏度和输出信噪比可以被提高。所加射频信号带宽为 20～30GHz，在器件均匹配的条件下，系统可以工作在更高频率的频段。

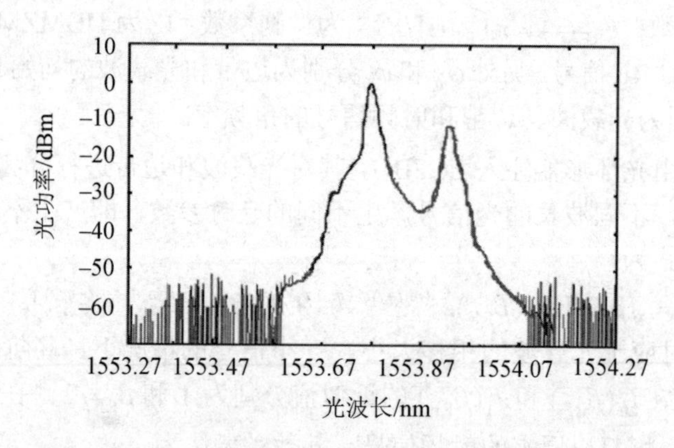

图 5-9　单边带光谱图

对于微波光子相移系统来说，在满足低相位噪声的情况下，在完成相移功能的同时，波束延时精度越高，其雷达的分辨力越强；频率稳定度越高，其探测能力越强。如图 5-10 所示，VNA 记录了远端节点 RF 信号的相移情况。随着光载波波长的变化，系统实现了 360°相移，相位偏差小于 1.2°，相位漂移抑制程度良好，说明负反馈网络起到了重要的作用。负反馈技术应用在微波光子相移系统中，降低了相位偏差，射频信号的相位得到了实时校准。该方案的应用性很强。

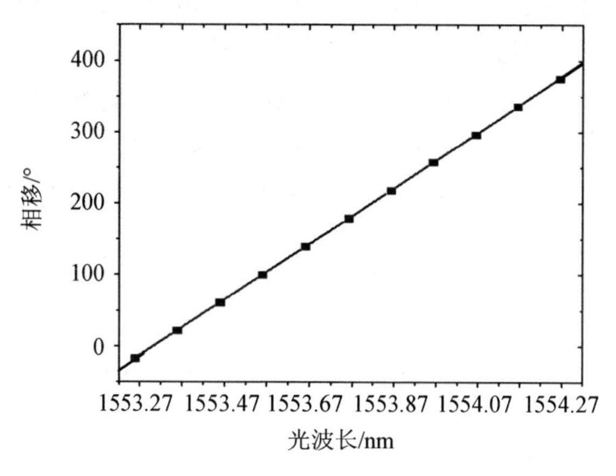

图 5-10　射频信号相移变化图

在频域中，相位漂移程度是对系统的稳定程度的评估，其描述了噪声对信号相位的干扰程度。在系统运行的过程中，相位漂移的大小反映了系统的频率稳定度的优劣。图 5-11 显示了系统工作在开环和闭环的两种情况时用示波器记录的远端节点处 RF 信号相位漂移的信息。在开环状态（曲线①）下，系统工作大约 1000s，相位漂移值大约为 380mrad。在闭环状态（曲线②）下，系统工作了大约 1000s，相位漂移值小于 5mrad。由此可见，系统工作在闭环状态下，相位实时得到校准，系统自身调整能力是良好的。

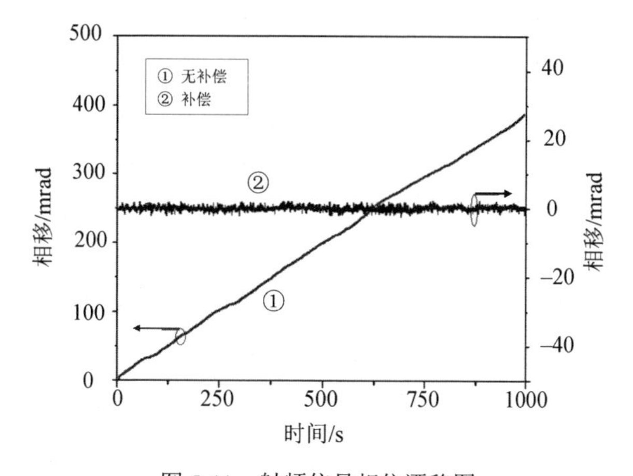

图 5-11　射频信号相位漂移图

图 5-12 所示是用电谱分析仪（ESA）对相位噪声功率谱进行测量的记录。对相位噪声功率谱的测量是一种频域分析法。曲线①表示系统工作在开环状态下的相位噪声功率谱分布情况，当频偏为 100Hz 时，噪声功率大约等于–105dBc/Hz；当频偏为 1kHz 时，噪声功率大约等于–115dBc/Hz；当频偏为 10kHz 时，噪声功率大约等于–118dBc/Hz。曲线②表示系统工作在闭环状态下的相位噪声功率谱密度分布情况，当频偏为 100Hz 时，噪声功率大约等于–117dBc/Hz；当频偏为 1kHz 时，噪声功率大约等于–121dBc/Hz；当频偏为 10kHz 时，噪声功率大约等于–128dBc/Hz。相比较来说，闭环状态下相位噪声得到有效抑制，相位得到实时校准。

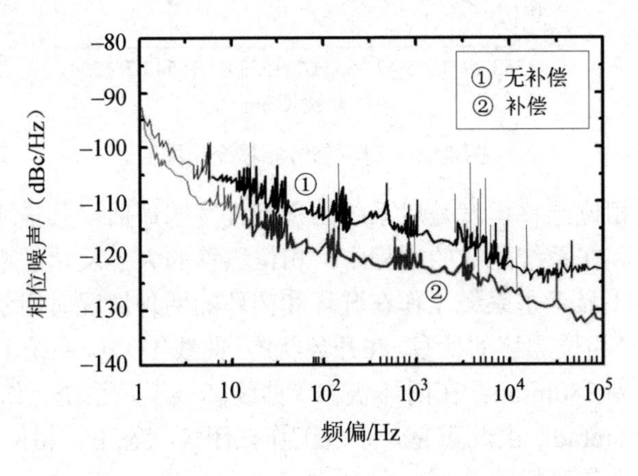

图 5-12　相位噪声功率谱图

考虑系统分别工作在开环和闭环状态的情况，通过两种工作状态的对比来说明两种工作状态下的系统运行情况。我们知道艾伦（Allan）方差分析法属于时域分析法，通过对艾伦方差值的计算，可以对系统的频率稳定度进行正确的评估。如图 5-13 所示，结合艾伦方差公式（5-1），曲线①表示当系统运行在开环状态时艾伦方差的变化趋势，在平均 10s 内，艾伦方差大约为 5.76×10^{-15}；在平均 100s 内，艾伦方差大约为 8.42×10^{-15}；在 1000s 内，艾伦方差大约为 6.56×10^{-15}。曲线②表示当系统运行在闭环状态时艾伦方差的变化趋势，在平均 10s 内，艾伦方差大约为 6.36×10^{-15}；在平均 100s 内，艾伦方差大约为 5.81×10^{-16}；在平均 1000s 内，艾伦方差大约为 8.35×10^{-17}。通过对数据进行对比发现，闭环系统的频率稳定度得到明显改善。

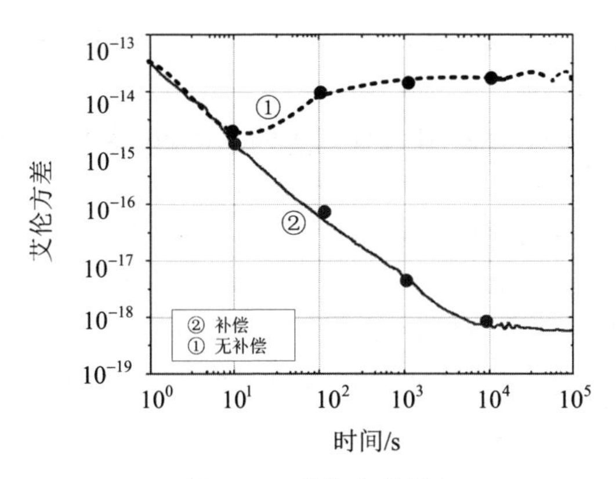

图 5-13 艾伦方差图

5.5 本章小结

我们提出并实验证明了两种反馈型 MWPPS 射频信号光纤远距离稳定传输方案；通过反馈环路设计，闭环系统的频率稳定度得到明显改善，实现了有效的相位补偿和相位校准，实验结果证明了负反馈设计的可行性。在下一步工作中，我们进一步提高信号远距离传输中的波束指向精度和频率稳定度。

5.6 参考文献

[1] 卢超. 负反馈放大电路的仿真分析[J]. 现代电子技术，2005，28(16)：115-117.

[2] 李永安，忽满利，周景会，等. 负反馈放大器的网络分析[J]. 西北大学学报（自然科学版），2002，32（5）：468-472.

[3] 杨欣，陈建军，吴正茂，等. 光电负反馈下1550nm垂直腔表面发射激光器的动力学特性[J]. 光子学报，2016，45（8）：105-111.

[4] Tsai T Y C, Choi Y S, Ma W, et al. Robust, tunable biological oscillations from interlinked positive and negative feedback loops[J]. Science, 2008, 321(5885):126-129.

[5] Fine K, Kruglick E. Masking power usage of co-processors on field-programmable gate arrays using negative feedback to adjust a voltage variation on an FPGA power distribution trace: U.S. Patent 9,304,790[P]. 2016-4-5.

[6] Lv S, Li J, Qiu X, et al. A negative feedback loop of ICER and NF-κB regulates

TLR signaling in innate immune responses[J]. Cell Death & Differentiation, 2017, 24(3):492-499.

[7] Hermsen S, Frost J, Renes R J, et al. Using feedback through digital technology to disrupt and change habitual behavior: A critical review of current literature[J]. Computers in Human Behavior, 2016, 57: 61-74.

[8] Ling H, Zhang P, Guo B, et al. Negative feedback adjustment challenges reconstruction study from tree rings: A study case of response of Populus euphratica to river discontinuous flow and ecological water conveyance[J]. Science of The Total Environment, 2017, 574: 109-119.

[9] S. M. Gu, C. Li, X. Gao, Z. Y. Sun, G. Y. Fang. Terahertz aperture synthesized imaging with fan-beam scanning for personnel screening[J]. IEEE Trans. Microw. Theory Tech, 2012, 60(12):3877-3885.

[10] Kharat S, Bansode K, Pawar R, et al. Smart Feedback Analysis System[J]. 2017.

[11] R. C. Daniels, R. W. Heath, Jr. 60 GHz wireless communications: emerging requirements and design recommendations[J]. IEEE Vehicular Technology Magazine, 2007, 2(3):41-50.

[12] Fukao T, Tanabe M, Terauchi Y, et al. PI3K-mediated negative feedback regulation of IL-12 production in DCs[J]. Nature immunology, 2002, 3(9):875-881.

[13] Serizawa S, Miyamichi K, Nakatani H, et al. Negative feedback regulation ensures the one receptor-one olfactory neuron rule in mouse[J]. Science, 2003, 302(5653):2088-2094.

[14] Hirata H, Yoshiura S, Ohtsuka T, et al. Oscillatory expression of the bHLH factor Hes1 regulated by a negative feedback loop[J]. Science, 2002, 298(5594):840-843.

[15] H. J. Song, T. Nagatsuma. Present and future of terahertz communications[J]. IEEE Trans. THz Sci, Technol, 2011, 1(1):256-263.

[16] Long M H, Inagaki S, Ortega L. The role of implicit negative feedback in SLA: Models and recasts in Japanese and Spanish[J]. The modern language journal, 1998, 82(3):357-371.

[17] Froehlich J, Findlater L, Landay J. The design of eco-feedback technology[C]//Proceedings of the SIGCHI Conference on Human Factors in Computing Systems. ACM, 2010: 1999-2008.

[18] Liu D, Xiao Y, Evans B S, et al. Negative feedback regulation of fatty acid

production based on a malonyl-CoA sensor–actuator[J]. ACS synthetic biology, 2014, 4(2):132-140.

[19] Yang X L, Lin F J, Guo Y J, et al. Gemcitabine resistance in breast cancer cells regulated by PI3K/AKT-mediated cellular proliferation exerts negative feedback via the MEK/MAPK and mTOR pathways[J]. Onco Targets and therapy, 2014, 7:1033.

[20] De Groot R E A, Ganji R S, Bernatik O, et al. Huwe1-mediated ubiquitylation of dishevelled defines a negative feedback loop in the Wnt signaling pathway[J]. Sci. Signal., 2014, 7(317):ra26-ra26.

[21] Karlin B, Ford R, Squiers C. Energy feedback technology: a review and taxonomy of products and platforms[J]. Energy Efficiency, 2014, 7(3):377-399.

[22] Gidon A, Al-Bataineh M M, Jean-Alphonse F G, et al. Endosomal GPCR signaling turned off by negative feedback actions of PKA and v-ATPase[J]. Nature chemical biology, 2014, 10(9):707-709.

[23] Johansson L A, Seeds A J. Optical delivery of modulated millimetre-wave signals using free-running laser heterodyne with frequency drift cancellation[C]// Microwave Symposium Digest, 2002 IEEE MTT-S International. IEEE, 2002, 3: 1695-1697.

[24] Zhang L, Chang L, Dong Y, et al. Phase drift cancellation of remote radio frequency transfer using an optoelectronic delay-locked loop[J]. Optics letters, 2011, 36(6):873-875.

[25] Shen J, Wu G, Hu L, et al. Active phase drift cancellation for optic-fiber frequency transfer using a photonic radio-frequency phase shifter[J]. Optics letters, 2014, 39(8):2346-2349.

[26] Zhenghua Z, Chun Y, Zhewei C, et al. An Ultra-Low Phase Noise and Highly Stable Optoelectronic Oscillator Utilizing IL-PLL[J]. IEEE Photonics Technology Letters, 2016, 28(4):516-519.

[27] Kundur P. Power system stability and control[M]. New York: McGraw-hill, 1994.

[28] Santarelli G, Laurent P, Lemonde P, et al. Quantum projection noise in an atomic fountain: A high stability cesium frequency standard[J]. Physical Review Letters, 1999, 82(23):4619.

[29] Nguyen N M, Meyer R G. Start-up and frequency stability in high-frequency oscillators[J]. IEEE Journal of Solid-State Circuits, 1992, 27(5):810-820.

[30] Santarelli G, Audoin C, Makdissi A, et al. Frequency stability degradation of an oscillator slaved to a periodically interrogated atomic resonator[J]. IEEE transactions on ultrasonics, ferroelectrics, and frequency control, 1998, 45(4):887-894.

[31] Knappe S, Schwindt P D D, Shah V, et al. A chip-scale atomic clock based on 87 Rb with improved frequency stability[J]. Optics express, 2005, 13(4):1249-1253.

[32] Zhao Z, Yang P, Guerrero J M, et al. Multiple-time-scales hierarchical frequency stability control strategy of medium-voltage isolated microgrid[J]. IEEE Transactions on Power Electronics, 2016, 31(8):5974-5991.

[33] J. Chou, Y. Han, B. Jalali. Adaptive RF-photonic arbitrary waveform generator[J]. IEEE Photonics Technol.Lett, 2003, 15(4):581-583.

[34] Schulze M, Hummel T, Klarmann N, et al. Linearized euler equations for the prediction of linear high-frequency stability in gas turbine combustors[J]. Journal of Engineering for Gas Turbines and Power, 2017, 139(3):031510-031515.

[35] Sun B, Zhao C, Sobreviela-Falces G, et al. Enhanced frequency stability in a non-linear MEMS oscillator employing phase feedback[C]//Micro Electro Mechanical Systems (MEMS), 2017 IEEE 30th International Conference on. IEEE, 2017: 1115-1117.

[36] El-Sheimy N, Hou H, Niu X. Analysis and modeling of inertial sensors using Allan variance[J]. IEEE Transactions on instrumentation and measurement, 2008, 57(1):140-149.

[37] Zhang X, Li Y, Mumford P, et al. Allan variance analysis on error characters of MEMS inertial sensors for an FPGA-based GPS/INS system[C]//Proceedings of the International Symposium on GPS/GNNS. 2008: 127-133.

[38] Kim H, Lee J G, DACSRk C G. Performance improvement of GPS/INS integrated system using Allan variance analysis[C]//Proceedings of the International Symposium on GNSS/GPS, Sydney, Australia. 2004, 68.

[39] Gu S, Zeng Q, Liu J, et al. FOG De-noising Method Based on Empirical Mode Decomposition and Allan Variance[C]//China Satellite Navigation Conference (CSNC) 2016 Proceedings: Volume I. Springer Singapore, 2016: 299-308.

[40] Galleani L, Tavella P. The Dynamic Allan Variance V: Recent Advances in Dynamic Stability Analysis[J]. IEEE transactions on ultrasonics, ferroelectrics, and frequency control, 2016, 63(4):624-635.

[41] A. M. Weiner. Ultrafast optical pulse shaping: A tutorial review[J]. Opt. Commun,

2011, 284(15):3669-3692.

[42] F. Zhang, X. Ge, S. Pan, J. Yao. Photonic generation of pulsed microwave signals with tunable frequency and phase based on spectral-shaping and frequency-to-time mapping[J]. Opt. Lett, 2013, 38(20):4256-4259.

[43] Z. Li, W. Li, H. Chi, X. Zhang, J. Yao. Photonic generation of phase-coded microwave signal with large frequency tenability[J]. IEEE Photonics Technol. Lett, 2011, 23(11):712-714.

[44] Schieder R, Kramer C. Optimization of heterodyne observations using Allan variance measurements[J]. Astronomy & astrophysics, 2001, 373(2):746-756.

[45] Galleani L, Tavella P. The dynamic Allan variance[J]. IEEE transactions on ultrasonics, ferroelectrics, and frequency control, 2009, 56(3):113-118.

[46] Witt T J. Using the Allan variance and power spectral density to characterize DC nanovoltmeters[J]. IEEE Transactions on Instrumentation and Measurement, 2001, 50(2):445-448.

[47] Bregni S. Twenty-Five Years of Applications of the Modified Allan Variance in Telecommunications[J]. IEEE transactions on ultrasonics, ferroelectrics, and frequency control, 2016, 63(4):520-530.

[48] Wang L, Zhang C, Gao S, et al. Application of Fast Dynamic Allan Variance for the Characterization of FOGs-Based Measurement While Drilling[J]. Sensors, 2016, 16(12):2078.

[49] Ye J, Peng J L, Jones R J, et al. Delivery of high-stability optical and microwave frequency standards over an optical fiber network[J]. JOSA B, 2003, 20(7):1459-1467.

[50] Ma L S, Jungner P, Ye J, et al. Delivering the same optical frequency at two places: accurate cancellation of phase noise introduced by an optical fiber or other time-varying path[J]. Optics letters, 1994, 19(21):1777-1779.

[51] Lopez O, Amy-Klein A, Lours M, et al. High-resolution microwave frequency dissemination on an 86-km urban optical link[J]. Applied Physics B: Lasers and Optics, 2010, 98(4):723-727.

[52] Śliwczyński Ł, Krehlik P, Czubla A, et al. Dissemination of time and RF frequency via a stabilized fibre optic link over a distance of 420 km[J]. Metrologia, 2013, 50(2):133.

[53] Li Z, Yan L. Phase fluctuation cancellation in bidirectional analog fiber links based on passive frequency mixing[C]//Optical Fiber Communication

Conference. Optical Society of America, 2016: W4K. 3.

[54] Hsieh K L, Hung Y H, Hwang S K, et al. Radio-over-fiber DSB-to-SSB conversion using semiconductor lasers at stable locking dynamics[J]. Optics express, 2016, 24(9):9854-9868.

[55] Li X, Xu Y, Xiao J, et al. W-Band 16QAM-Modulated SSB Photonic Vector Mm-Wave Signal Generation by One Single I/Q Modulator[C]//Optical Fiber Communication Conference. Optical Society of America, 2017: M3E. 6.

[56] Wensheng Zhai, Yunxia Xin. Phase noise suppression for RF signal remote fiber transmission using phase balance compensation feedback network in phase shifter[J]. Optik, 2019, 177: 131-135.

[57] Zhai W, Huang S, Gao X, et al. Adaptive RF Signal Stability Distribution Over Remote Optical Fiber Transfer Based on Photonic Phase Shifter[C]//ECOC 2016; 42nd European Conference on Optical Communication; Proceedings of. VDE, 2016: 1-3.

第6章　基于轨道角动量（OAM）的通信系统

6.1　引言

角动量是经典力学和量子力学中的基本物理量，可以分为轨道角动量（OAM）和自旋角动量（SAM）。在描述波束传播运动时，OAM与波束的空间相位螺旋分布有关，SAM与波束电磁场自旋有关，呈现为圆偏振状态。因此，具有OAM性质的波束也叫作涡旋波。OAM是螺旋相位波束的自然属性，广泛存在于射频（RF）波束、光波、电子波束中。目前OAM信息传递被用在很多领域，例如，光学操控、光学捕获、光学涡流节、天文学、光镊，成像及量子信息处理等。这也为自由空间通信提供了新的自由度通信模式。在理论上，这种自由度提供的信息量是无限的。在保持频率带宽不变的情况下，OAM 通信模式可以提供新的高带宽两两正交的信道集合。因此，轨道角动量-模分复用（OAM-MDM）技术，即使用OAM 波束作为信息载体来实现有效信息的传送，可以为自由空间通信系统提高通信容量。

6.2　OAM-MDM 分析

6.2.1　OAM 原理

OAM 产生的相位参数与传播轴垂直的平面内的相位分布包含一个方向角相位因子$\exp(il\theta)$，l代表OAM模式的量子数，θ是方向相位角，可以通过在普通波平面上加载一个空间螺旋变化的相位因子$\exp(il\theta)$得到一束OAM模式波束，其在与传播轴垂直的平面内的电场分布的数学表达式为

$$U(r,\theta)=A(r)\cdot\exp(il\theta) \tag{6-1}$$

式中，参量$A(r)$为普通波平面的参数表达，如果为高斯波型，那么$A(r)\propto\exp(-r^2/\omega_0^2)$为高斯波束束腰处的电场复振幅；$\omega_0$为束腰尺寸；$r$为到高斯波中心轴的半径。

通过数学分析，OAM波束具有如下特征：强度分布图为环形，外圈强度高，中心强度低。高强度环的半径与 OAM 的模式量子数有关，随量子数的增大而增

大。通过对公式（6-1）求导可得，其半径与$\sqrt{|l|}$的值成正比关系。相位分布上呈现绕着传播轴旋转相位变化$l\cdot 2\pi$的特性。波束沿着中心轴传播时，相位围绕着传播轴旋转变化，形成波瓣。波瓣数（方位角旋转一周的相位变化/2π）表征模式量子数的绝对值的大小；波瓣的旋转方向代表模式量子数的正负。各等相位线汇聚在相位分布图的中心形成一个相位奇点，该点的相位模糊且不可测。

当把OAM波束作为载波，携带调制信息时，其场分布$U_S(r,\theta,t)$为

$$U_S(r,\theta,t)=S(t)\cdot A(r)\cdot \exp(il\theta) \tag{6-2}$$

式中，$S(t)$为传输的调制信息。显然，加载反向的空间螺旋旋转相位因子$\exp[i(-l)\theta]$可以将该模式下的OAM波束还原成普通波束。

6.2.2 OAM复用分析

N路加载信息的OAM模式[$U_{S_p}(r,\theta,t)=S_p(t)\cdot A_p(r)\cdot \exp(il_p\theta), p=1,2,3,\cdots,N$]复用的场分布的数学表达式为

$$U_{\mathrm{MUX}}(r,\theta,t)=\sum_{p-1}^{N}S_p(t)\cdot A_p(r)\cdot \exp(il_p\theta) \tag{6-3}$$

其中，不同的p值，参数$A_p(r)$可以是相同的，也可以是不同的。具有不同量子数l_p、l_q的OAM模式是相互正交的，可用数学式表示为

$$\int_0^{2\pi}\exp(jl_p\theta)\cdot \exp(-jl_q\theta)\mathrm{d}\theta=\delta_{l_p,l_q} \tag{6-4}$$

因公式（6-4）呈现的OAM的正交性，即使N个OAM波束叠加在一起传输，每个载有调制信息的OAM波束也可以互不影响，独立传播。

此外，自由空间传播和球面透镜或其他在半径方向进行强度或相位调制的操作不会改变OAM波束的模式量子数。因此，接收到的叠加OAM模式的场分布可用数学式表示为

$$U_{\mathrm{MUX}}^{R_x}(r,\theta,t)=\sum_{p-1}^{N}S_p(t)\cdot A_p^{R_x}(r)\cdot \exp(il_p\theta) \tag{6-5}$$

在通信系统的末端，需要解调加载有信息的OAM波束，对叠加的OAM波束加载一个反向的空间螺旋旋转相位因子$\exp[i(-l_q)\theta]$，其数学表达式为

$$\begin{aligned}U_{\mathrm{DEMUX}}(r,\theta,t)&=\exp[i(-l_q)\theta]\cdot\sum_{p-1}^{N}S_p(t)\cdot A_p^{R_x}(r)\cdot \exp(il_p\theta)\\&=S_q(t)\cdot A_q^{Rx}(r)+\sum_{p-1,p\neq q}^{N}S_p(t)\cdot A_p^{R_x}(r)\cdot \exp(il_p'\theta)\end{aligned} \tag{6-6}$$

对量子数为l_q的 OAM 模式解复用，其中$l'_p = l_p - l_q$。叠加的 OAM 波束中只有模式量子数为l_q的一束波被还原为普通波，在信号电场的中心产生高强度斑。其他的波束仍为 OAM 模式，只是其模式量子数从l_p转变为l'_p。它们的强度分布呈现为中心强度微弱的环状分布形式。那么，在场中心分布的能量理论上全部来自模式量子数为l_q的 OAM 波束，而其他模式量子数的 OAM 波束的能量分布在周围空间中。从而，完成对量子数为l_q的 OAM 模式解复用。

6.2.3 双 OAM 信道分析

在自由空间通信中，对于 OAM 模式，不同模式量子数相当于不同的信道。不同信道中传输不同的信息，理论上独立传播，互不干扰。在某种情况下，信道之间要进行信息交换。两个同向叠加传播的不同模式量子数的 OAM 信道场强分布为

$$U_{S_1}(r,\theta,t) = S_1(t)\cdot A_1(r)\cdot \exp(il_1\theta) \tag{6-7}$$

$$U_{S_2}(r,\theta,t) = S_2(t)\cdot A_2(r)\cdot \exp(il_2\theta) \tag{6-8}$$

二者携带的信息分别为$S_1(t)$和$S_2(t)$，对公式（6-7）与公式（6-8）进行$\exp[i[-(l_1+l_2)\theta]]$的螺旋相位旋转，两个信道的场强分布分别变为

$$\begin{aligned}U_{S_1}^{\text{Tmp}}(r,\theta,t) &= \exp[i[-(l_1+l_2)]\theta]\cdot S_1(t)\cdot A_1(r)\cdot \exp(il_1\theta) \\ &= S_1(t)\cdot A_1(r)\cdot \exp[i(-l_2)\theta]\end{aligned} \tag{6-9}$$

$$\begin{aligned}U_{S_2}^{\text{Tmp}}(r,\theta,t) &= \exp[i[-(l_1+l_2)]\theta]\cdot S_2(t)\cdot A_2(r)\cdot \exp(il_2\theta) \\ &= S_2(t)\cdot A_2(r)\cdot \exp[i(-l_1)\theta]\end{aligned} \tag{6-10}$$

在对波束进行反射处理后，公式（6-9）和公式（6-10）被转化为

$$U_{S_1}^{E_x}(r,\theta,t) \propto S_1(t)\cdot A_1(r)\cdot \exp(il_2\theta) \tag{6-11}$$

$$U_{S_2}^{E_x}(r,\theta,t) \propto S_2(t)\cdot A_2(r)\cdot \exp(il_1\theta) \tag{6-12}$$

比较公式（6-7）、公式（6-8）和公式（6-11）、公式（6-12），发现模式量子数为l_1和l_2的两个 OAM 模式之间加载信息，完成了信息的交换。

6.3 环形阵列天线（CAA）分析

从 OAM-MDM 数学原理中得出，在波束上加载空间螺旋旋转的相位因子$\exp(il\theta)$是实现 OAM 模式最重要的步骤，其中l为任意的整数值，其是表征 OAM 模式的量子数。CAA 可以实现这种空间螺旋旋转相位，从而生成 RF-OAM 波。

采用环形天线 CAA 完成 RF-OAM 波的生成和接收，是一种方便 OAM-MDM 技术与基站平台系统融合的方法。其装置排布为：环形阵列由 N 个相同参数的天线阵元组成，各个天线阵元输入相同但有连续相参的信号。这个相参是随着天线序号呈现线性递增的。当相邻天线上馈电信号的相位差值为 $\Delta\varphi = l \cdot 2\pi / N$ 时，即可辐射出模式量子数为 l 的 RF-OAM 信号。因 RF-OAM 信号具有空间相位分布，在接收 RF-OAM 信号时，相邻天线阵元接收的 RF-OAM 信号间存在一定的相位差，通过干涉解调，还原 RF 信号。

天线阵元提供相位差及相位补偿采用电相移器来实现，具有不能同时对两组以上同频信号产生不同相移的局限性，导致同时生成或接收不同模式的 RF-OAM 波时，需要多组 CAA 环，这样系统笨重，不会体现 OAM 作为信道新维度的优点，导致 CAA 技术方案在 OAM-MDM 系统中体现不出优势来。

6.4 基于 OTTD 的射频 OAM 复用收发系统

由 6.3 节的内容可知，传统的 CAA 技术方案不能同时控制多模 OAM 量子数的参数，采用光真延时技术（OTTD）为 CAA 的天线阵元提供相移，可以有效解决这个问题。在微波光子学中的波分复用（WDM）技术中，采用光波正交的维度作为调控 RF-OAM 模式量子数的方法，实现 OAM-MDM 技术，这是在不增加天线和相移链路等设备的条件下完成的。

6.4.1 OAM 复用发射系统

为了给无线通信系统提供一个全新的自由度，可以利用 OAM 模式的正交性，且与无线的频分复用同时使用，大大地提高频谱效率，提高通信的容量。为了达到复用多个 OAM 模式，通过电光调制把多路射频信号加载到多路光载波上，这样结构容易扩展。基于 OTTD 模块的 OAM 模式复用发射装置示意图如图 6-1 所示，M 个同频率不同数据的 RF 信号分别调制到 M 个光载波上，工作波长从 λ_1 到 λ_M。M 个调制光波通过 $M:1$ 的 OC 耦合并投射进 EDFA。RF 信号经过一个 $1:N$ 的 OS 后分别馈入 N 条 OTTD 链路中。每条链路中都有 M 组载波和边带，波长不同的光波在光纤中呈现正交态，彼此可以互不干扰，独立传播。对 RF 信号来说，这相当于不受 RF 信号频率制约的处理方案。对于不同的工作波长，在 OTTD 链路中每一组载波及其边带可以得到相应的延时间隔。也就是说，对于同一个工作波长的光波，不同的链路实现了不同的延时，并且根据公式（6-14），可以使相邻天线阵元的馈入信号形成相对应的延时差。这与特定量子数的 RF-OAM 模式相对应。从而，M组加载的光信号与M个OAM正交的模式相对应。

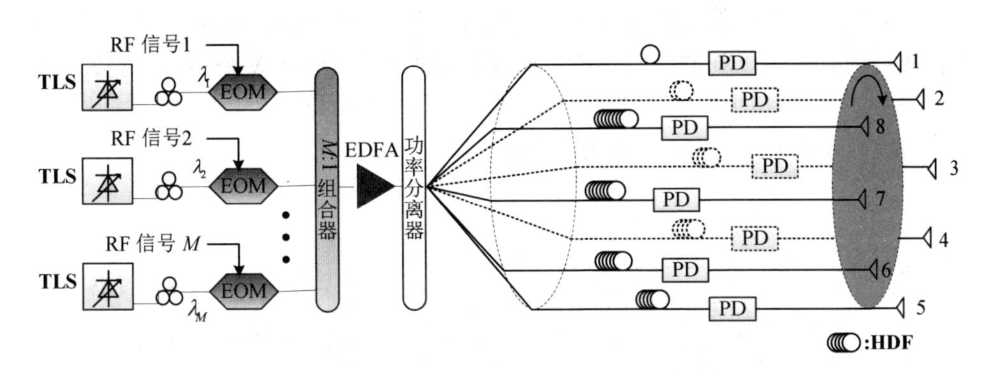

图 6-1　基于 OTTD 模块的 OAM 模式复用发射装置示意图

这样，N个OTTD链路中的每一个链路都对应特定工作波长λ_i的RF信号，并且经过OTTD链路后，RF信号之间产生一个特定的相参。经PD解调后，这些RF信号经天线阵元发射出去，并在自由空间中形成与工作波长λ_i对应的模式为l_i的RF-OAM信号。那么，M组RF信号在自由空间中形成M个与它们的工作波长相对应的模式量子数不同的RF-OAM信号。由于OAM内在的正交特性，虽然频率相同，但是复用RF-OAM是独立的信道，信息可以在自由空间中独立地、几乎没有信息丢失地传播。不同OAM模式的RF信号，可以同时独立地传播。系统可以把基于一个频率的信道扩充成M个可传不同数据信号的信道，这样系统的频谱效率增加，通信容量也随之增加。

6.4.2　OAM 复用接收系统

基于光真延时模块的OAM模式复用接收装置示意图如图6-2所示。该结构支持多波长同时工作，系统中融合了WDM技术。接收系统的CAA与发射装置的CAA同轴相对，且阵元排布方向相反。发射与接收装置的工作波长相同，OTTD链路设计是一样的。M个TLS发出波长从λ_1到λ_M的M个工作光波，这些光波经过M:1的OC以及1:N的OS，再馈入到EOM中与天线阵元接收到的RF信号进行调制。

RF-OAM复用模式具有特定的相位分布方式，所以，每个天线阵元接收到的都是M个具有不同相位的RF信号。天线阵元接收的RF信号在所对应的OTTD链路中与M个光波进行电光调制，对于不同的光波，得到相应的延时。光信号经过N:1的OC投射到1:M个波分解复用器（Wavelength DEMUX），输出的每一路对应着一个工作波长及其边带信号。在系统中所受到的操作效果的叠加是输出的每一路对应一个工作波长的光波解复用系统中对于一个光波的操作；特定的工作波长实现的延时可以补偿空间相位差造成的延时差，实现在 N 个 OTTD 链路之后 RF 信号处于同等相位，信号相干干涉会最大。最后源自对应的模式量子数为 l_i 的 RF-OAM 的 RF 信号经过 PD 解调并输出。

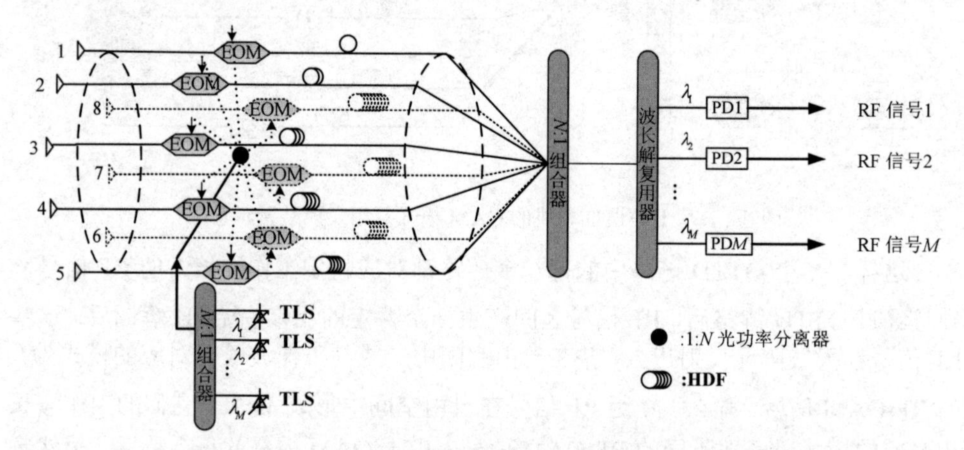

图 6-2 基于光真延时模块的 OAM 模式复用接收装置示意图

一个工作波长的操作仅仅能够完全补偿一组对应该OAM模式的RF信号的接收相位差，所以对应这一组 RF 信号相干干涉达到最大，其他的信号则相互抵消减小。其中，不能完全消除的部分是造成该系统信道串扰的主要部分。可在 PD 之后设定输出阈值，减少信号的串扰。

6.4.3 OAM 复用信号电场特性数值模拟分析

利用图 6-1 和图 6-2 所示的装置，实现 OAM-MDM 技术的 RF 信号的电场分布图模拟。由于电场分布图样形状和信号频率没有关系，空间坐标参数以 RF 信号波长为单位，模拟阵元数 $N=12$，模拟截面为垂直传播方向的某一平面，用来说明 RF-OAM 波束的电场特性。

图 6-3 为同频模式量子数分别为 $l_1=1$，$l_2=-1$ 和 $l_3=-2$ 的 OAM 模式复用/解复用电场分布模拟图。图 6-3（a）为 OAM 模式复用信号的数值模拟电场的强度分布图和相位分布图。因为生成的 3 个不同 RF-OAM 波束的偏振方向相同，同频率波的干涉强度分布剖面图没有呈现环状。相位的中心是几个模式相互叠加的结果，可以观察到突变。图 6-3 中存在干涉现象，这并不影响 OAM 模式的正交

性本质，因此 OAM 模式特性与干涉无关。可以通过对 OAM 模式的解调，还原 3 个同频同偏振模式信号，说明 OAM 是新的自由度，与频率、偏振不是一个属性。从而这一结果进一步证明 OAM-MDM 技术具有扩展信道的能力，有利于分布式相参雷达的升级。

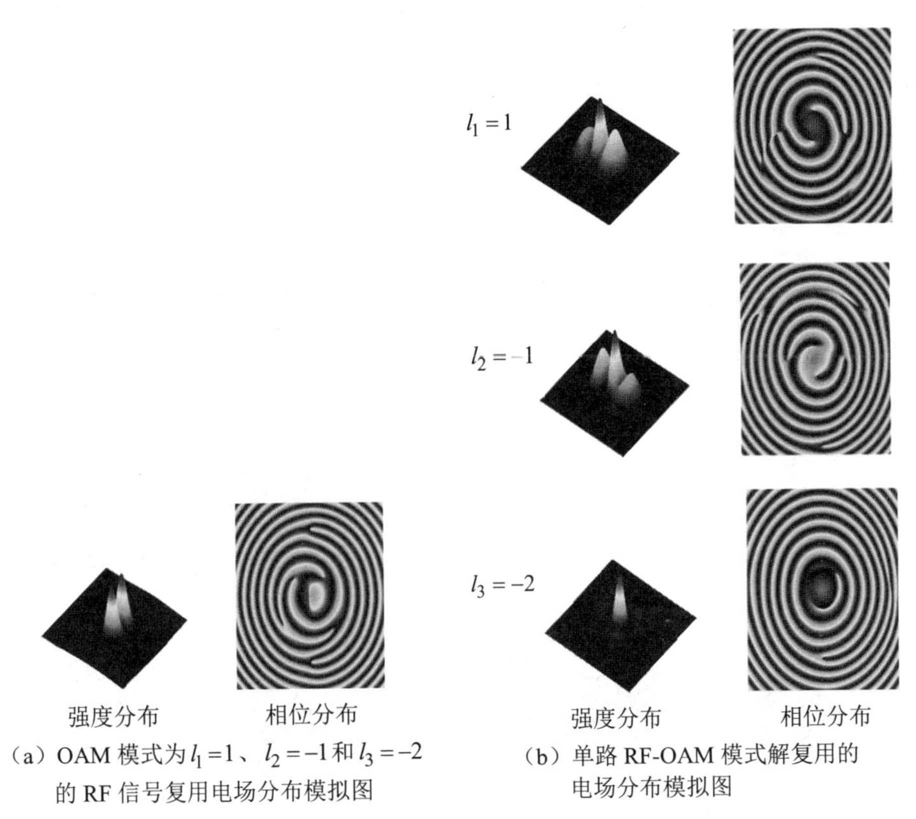

（a）OAM 模式为 $l_1=1$、$l_2=-1$ 和 $l_3=-2$ 的 RF 信号复用电场分布模拟图

（b）单路 RF-OAM 模式解复用的电场分布模拟图

图 6-3　3 路 RF-OAM 复用/解复用电场分布模拟图
（RF-OAM 模式量子数为 $l_1=1$、$l_2=-1$ 和 $l_3=-2$）

图 6-3（b）为模拟解调的结果，即解复用后每一路的 RF 信号场的强度分布和相位分布。第一行代表的模式量子数 $l_1=1$；第二行代表的模式量子数 $l_2=-1$；第三行代表的模式量子数 $l_3=-2$。在强度分布模拟图中，中心的最大强度代表解调出来的 RF 信号；在相位分布模拟图中，可以看到在与强度分布模拟图同中心的位置上，相位为确定值，即没有发生相位突变。这说明 3 路同频不同 OAM 模式的 RF 信号被成功解调。如图 6-3（b）所示，$l_1=1$ 与 $l_2=-1$ 两个 RF-OAM 模式的解调效果没有 $l_3=-2$ 的模式效果好，串扰影响的比较大。这是因为前两个模式

的模式量子数的绝对值大小一致，空间分布重合，接收到的其他信道信号的强度比较大。

图 6-4 为同频率的 RF 信号的不同 OAM 模式复用/解复用电场分布模拟图。与图 3-6 的模拟结果相似，图 6-4（a）为 OAM 模式复用信号的数值模拟电场的强度分布图和相位分布图，模式量子数分别为$l_1=1$、$l_2=-2$和$l_3=-3$。图 6-4（b）为模拟解调结果，即解复用后每一路的 RF 信号场的强度和相位。第一行是模式量子数$l_1=1$的情况；第二行是模式量子数$l_2=-2$的情况；第三行是模式量子数$l_3=-3$的情况。

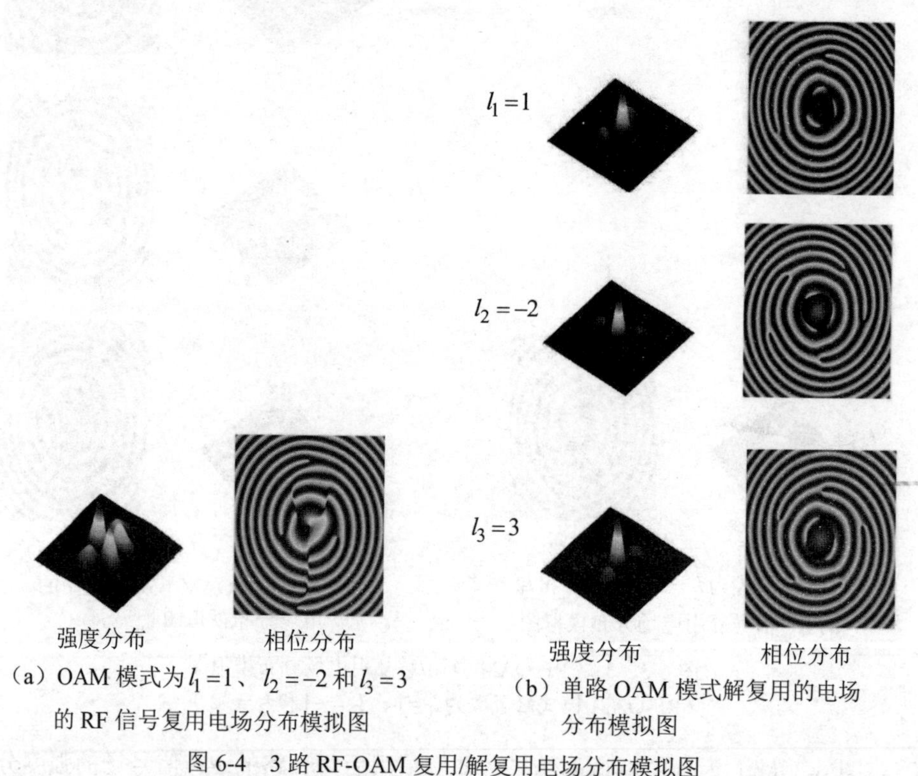

（a）OAM 模式为$l_1=1$、$l_2=-2$和$l_3=3$的 RF 信号复用电场分布模拟图

（b）单路 OAM 模式解复用的电场分布模拟图

图 6-4　3 路 RF-OAM 复用/解复用电场分布模拟图（OAM 模式量子数为$l_1=1$、$l_2=-2$和$l_3=3$）

可以明显地看出，由于 3 路模式量子数的绝对值大小不同，模式量子数为$l_1=1$、$l_2=-2$和$l_3=-3$的 3 路 OAM-MDM 的效果比模式量子数为$l_1=1$、$l_2=-1$和$l_3=-2$的 3 路 OAM-MDM 的效果好。

6.5 本章小结

基于 OTTD 技术的 OAM-MDM 无线通信装置可实现不同 OAM 模式的复用与解复用。实现 RF 信号 OAM-MDM 与频分复用或其他复用技术的兼容，从而提高频谱效率，扩大无线通信系统的容量，有效地增加无线通信系统信号频谱效率，成倍地提升信息传输速率，使信息源可有效地进行隐藏保护，抗打击能力极强，破坏之后的恢复重建能力极强。CAA 与现有天线系统设备兼容，可直接在现有天线系统上进行改装，成本更低，效率更高，技术保障更加稳定，在现代战争中使用的可行性更强。在无大气影响、环境相对纯净的太空之中，OAM-MDM 更能突出其技术优势，可在分布式相参雷达间快速交换大数据等。

6.6 参考文献

[1] Wolfgang P S. Quantum Optics: Optical Coherence and Quantum Optics[J]. Science, 1996(5270):1897-1898.

[2] H. Y. Jiang, L. S. Yan, J. Ye, W. Pan, B. Luo, X. Zou. Photonic generation of phase-coded microwave signals with tunable carrier frequency[J]. Opt. Lett, 2013, 38(8):1361-1363.

[3] Yao A, Padgett M. Orbital angular momentum: origins, behavior and applications[J]. Advances in Optics and Photonics, 2011, 3(2):161-204.

[4] Dholakia K, čižmár T. Shaping the future of manipulation[J]. Nature Photonics, 2011, 5(6):335-342.

[5] Paterson L. Controlled rotation of optically trapped microscopic particles[J]. Science, 2001, 292(5518):912-914.

[6] Macdonald M P, Paterson L, Volke-Sepulveda K, et al. Creation and manipulation of three-dimensional optically trapped structures[J]. Science, 2002, 296(5570):1101-1103.

[7] Padgett M, Bowman R. Tweezers with a twist[J]. Nature Photonics, 2011, 5(6):343-348.

[8] Dennis M R, King R P, Jack B, et al. Isolated optical vortex knots[J]. Nature Physics, 2010, 6(2):118-121.

[9] Bernet S, Jesacher A, Fürhapter S, et al. Quantitative imaging of complex

samples by spiral phase contrast microscopy[J]. Optics Express, 2006, 14(9):3792-3805.

[10] Elias N M I. Photon orbital angular momentum in astronomy[J]. Astronomy and Astrophysics, 2008, 492(3):883-922.

[11] Gabriel M, Juan P T, Lluis T. Twisted photons[J]. NATURE PHYSICS, 2007, 3(5):305-310.

[12] Gibson G, Courtial J, Padgett M, et al. Free-space information transfer using light beams carrying orbital angular momentum[J]. Optics Express, 2004(22):5448-5456.

[13] H. Chi, J. Yao. Photonic generation of phase-coded millimeter-wave signal using a polarization modulator[J]. IEEE Microw. Wirel. Compon. Lett, 2008, 18(5):371-373.

[14] Djordjevic I B. Deep-space and near-Earth optical communications by coded orbital angular momentum (OAM) modulation[J]. Optics Express, 2011, 19(15):14277-14289.

[15] Gibson G, Courtial J, Padgett M, et al. Free-space information transfer using light beams carrying orbital angular momentum[J]. Optics Express, 2004(22):5448-5456.

[16] Shapiro J H, Massachusetts I O T D. The Quantum Theory of Optical Communications[J]. IEEE Journal of Selected Topics in Quantum Electronics, 2009, 15(6):1547-1569.

[17] Z. Li, M. Li, H. Chi, X. Zhang, J. P. Yao. Photonic generation of phase-coded millimeter-wave signal with large frequency tenability using a polarization-maintaining fiber Bragg grating[J]. IEEE Microw. Wirel. Compon. Lett, 2011, 21(12):694-696.

[18] S. Liu, D. Zhu, Z. Wei, S. Pan. Photonic generation of widely tunable phase-coded microwave signals based on a dual-parallel polarization modulator[J]. Opt. Lett, 2014, 39(13):3958-3961.

[19] Gnauck A H, Winzer P J, Chandrasekhar S, et al. Spectrally Efficient Long-Haul WDM Transmission Using 224-Gb/s Polarization-Multiplexed 16-QAM[J]. Journal of Lightwave Technology, 2011, 29(4):373-377.

[20] S. N K, V. V K, M. V S, et al. The Phase Rotor Filter[J]. Journal of Modern Optics, 1992, 39(5):1147-1154.

[21] V. V, E. A. Spiral-type beams: optical and quantum aspects[J]. Optics Communications, 1996, 125: 302-323.

[22] Masajada J. Synthetic holograms for optical vortex generation : Image evaluation[J]. Optik, 1999, 1112-1115.

[23] Uchida M. Generation of electron beams carrying orbital angular momentum.[J]. Nature, 2010, 464(7289):737-739.

[24] Tamburini F, Mari E, Thide B, et al. Experimental verification of photon angular momentum and vorticity with radio techniques[J]. Applied Physics Letters, 2011, 99(20):204102.

[25] Fabrizio T, Elettra M, Anna S, et al. Encoding many channels on the same frequency through radio vorticity: first experimental test[J]. New Journal of Physics, 2011, 14(3):811-815.

[26] Yan Y, Xie G, Lavery M P, et al. High-capacity millimetre-wave communications with orbital angular momentum multiplexing[J]. Nat Commun, 2014, 5:243-247.

第7章 基于谱域光真延时及射频的OAM模式

7.1 引言

为了缓解可用无线电波段的拥堵，OAM 作为一种新的自由度，原理上可以实现无限个信道，增加无线通信的容量。目前这种结构的设计大量呈现，它的特征是生成的延时值是由相位变化与频率变化之间的斜率决定，优势是精确度高，可远程程序控制及多路控制。OTTD 技术的发展为 RF-OAM 的应用奠定了基础。

在实验中可使用光谱处理器（OSP）实现 OTTD 模块。本章介绍了 OSP 的原理与装置，OSP 是基于衍射的傅氏域光学信号处理器的简称。它的优势是可以只通过一个仪器实现程序控制多条 OTTD 链路，适合多路复用，有利于多天线的扩展。通过对 CAA 生成的 RF-OAM 模式信号电场进行建模及傅里叶变换数学分析，得出 CAA 生成 RF-OAM 的限制条件及可行性。同时通过数值模拟结果验证了该限制条件的正确性。

7.2 环形天线阵（CAA）生成射频 OAM 模式的数学分析

7.2.1 建模及傅里叶级数分析

图 7-1 为 N 个天线阵元组成的 CAA 生成 RF-OAM 的示意图。相邻天线单元对应的 RF 信号的相位差为$\Delta\varphi$，如生成模式量子数为 L 的 RF-OAM 应满足如下数学表达式：

$$\Delta\varphi = \frac{2\pi L}{N} \tag{7-1}$$

假设 N 个天线阵元添加相同的辐射功率，抽头系数相同，在 CAA 阵元平面内辐射电场的角向分布可以用数学式表示为

$$g(\theta) = Ae^{iL\theta}\left[rect\left(\frac{\theta}{\Delta\theta}\right)\sum_{n=-N}^{N}\delta\left(\theta - n\frac{2\pi}{N}\right)\right] \tag{7-2}$$

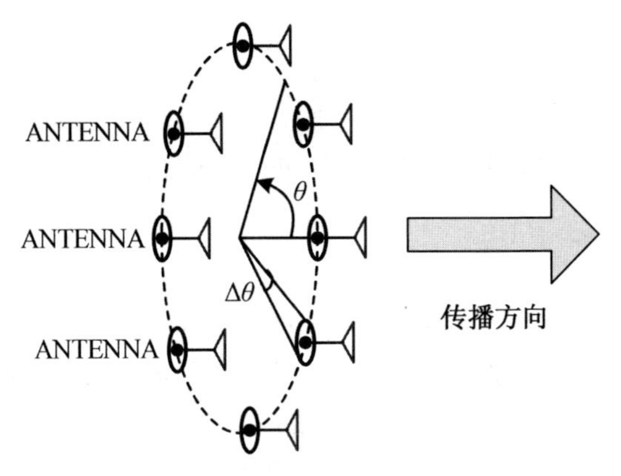

图 7-1　N 个天线阵元组成的 CAA 生成 RF-OAM 的示意图
（其中，θ 为空间相位角；$\Delta\theta$ 为天线阵元在极坐标中的天线尺寸；N=8）

式（7-2）中，$\Delta\theta$ 为天线阵元在角向的尺寸；A 为辐射场的振幅；θ 为方位角。RF-OAM 的电场特征体现在角度方向而非半径方向，所以在建模时简化了径向分布。由于自由空间传播不影响 OAM 的性质，CAA 阵元平面内的场特性可以代表整个波束的 OAM 特性。由公式（7-2）知，$g(\theta)$ 是一个周期性的函数，可以被分解成傅里叶级数的和，其数学表达式为

$$g(\theta)=\sum_{n=-\infty}^{n=\infty} G_n \exp(j\cdot L_n\cdot\theta) \tag{7-3}$$

式（7-3）中，

$$G_n=\frac{A\cdot N\cdot\Delta\theta}{2\pi}\sin c\left(n\frac{N\cdot\Delta\theta}{2\pi}\right) \tag{7-4}$$

$$L_n=L+nN\,,n=0,\pm1,\pm2,\cdots \tag{7-5}$$

根据 OAM 的傅里叶级数的数学定义和空间相位分布定义性质，相位项 $G_n\exp(j\cdot L_n\cdot\theta)$ 代表纯净的模式量子数为 L_n 的 OAM-RF，G_n 表征该模式的强度。通过对 sin c 函数进行分析可知，强度 G_n 随着模式差的绝对值 $|L_n-L|$ 的增大而减小，其中最大的 G_n 是天线阵元馈电信号相位差对应的模式 L_0 的强度分量 G_0。通过以上分析得出：可以加大对其他模式的抑制，生成较为纯净的 RF-OAM 模式。因此，公式（7-3）表示 CAA 生成的场是一系列特定的 RF-OAM 模式的叠加，其中期望得到的 OAM 模式 L_0 是主要部分。大家知道，RF-OAM 强度分布是一个圆环，并且圆环的半径随着轨道量子数的绝对值 $|L_n|$ 的增加而增大。在 CAA 生成的一系列的 OAM 模式中，如果观察范围有限，或者接收天线的尺寸有限，那么只能接收到模式量子数绝对值 $|L_n|$ 最小的 RF-OAM。根据公式（7-5）推导出接收到理想

模式的条件是

$$|L| < \frac{N}{2} \tag{7-6}$$

即，模式量子数的绝对值要小于天线数目的 1/2 的结论。

7.2.2 模拟分析

图 7-2 所示为生成的 RF-OAM 信号的强度相位模拟图。图 7-2（a）是生成信号强度分布图，模式量子数 $L_0 = 1$，天线阵元数 $N = 10$。图 7-2（b）展示的是生成信号相位分布图，模拟条件与图 7-2（a）一致。相位分布是 OAM 模式的主要特征。相位分布中，弯曲的方向代表模式量子数的正负，顺时针方向为正值，波瓣的个数代表模式量子数的绝对值，由图 7-2（a）和（b）可见成功地生成了期望的 RF-OAM 模式。图 7-2（d）同样展示的是生成信号的相位分布，期待模式数 $L_0 = 9$，天线数 $N = 20$，从模拟结果看，成功生成了期待的 $L = 9$ 模式。图 7-2（c）展示的是生成信号相位分布，期望模式量子数 $L_0 = 9$，但是天线数 $N = 10$，不符合限制条件公式（7-6），从模拟结果看，也没有生成期待的 OAM 模式。

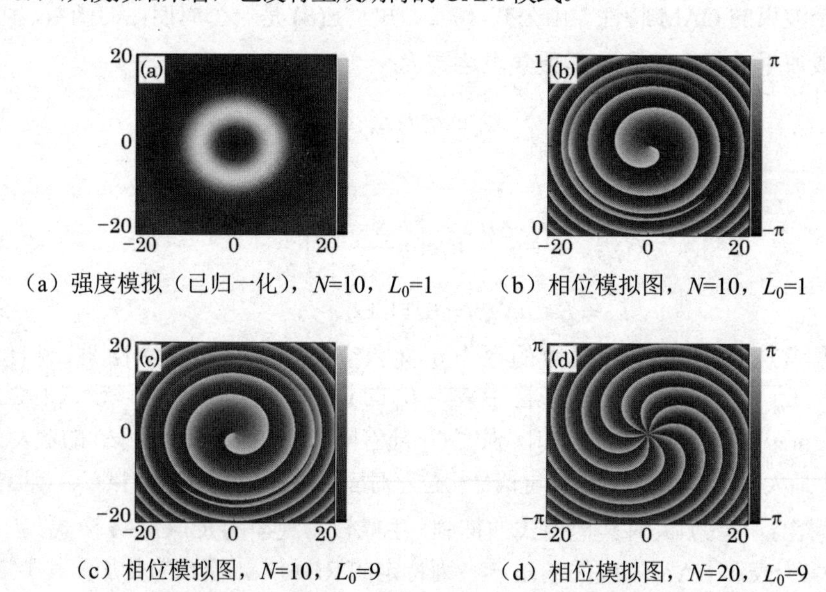

（a）强度模拟（已归一化），N=10，L_0=1　（b）相位模拟图，N=10，L_0=1

（c）相位模拟图，N=10，L_0=9　（d）相位模拟图，N=20，L_0=9

图 7-2　生成的 RF-OAM 信号的强度相位模拟图

（观察距离（范围）等于 50（20）倍的 RF 信号波长）

综上所述，相应的理论与模拟结果很好地吻合。说明在所得的限制条件下［式（7-6）］，CAA 可以成功生成理想纯净的 RF-OAM 模式波束，为分布式相参雷达的发展奠定了基础。

7.3 微波光子信号光谱处理器原理

傅里叶分析方法广泛应用于诸多领域，是微波光子信号光谱处理器的数学基础。其是对调制信号进行时域-频域-空域变换及光处理的手段，通过空间光调制器实现加权、滤波、延时、分支及波长变换等。

图 7-3 为微波光子信号光谱处理器的工作原理图。输入信号 $E(t)$ 通过光电变换由时域转换到光域转变为调制信号 E_{in}，调制信号 E_{in} 由光谱空间分离元件将各光谱分量分离到不同的空间位置，由光谱处理模块对信号进行光域、时域、频域及空域的转换处理。这就是微波光子信号光谱处理器的工作原理。如空间光调制器（SLM）对不同位置的光束进行幅度调制和相位调制，再由空间光谱合成元件将之前分离的光谱合成输出 E_{out}，最后进行光电变换得到电信号 $E'(t)$。

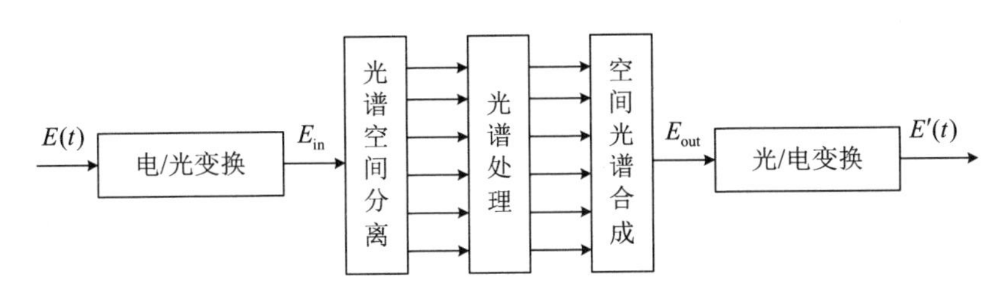

图 7-3 微波光子信号光谱处理器的工作原理

7.3.1 空间光调制器原理

空间光调制器（SLM）是光谱处理器（OSP）的核心器件，是由硅基液晶（LCoS）材料构成的。硅基液晶结构如图 7-4 所示。LCoS 是一种基于反射模式，尺寸小、分辨率高的矩阵液晶装置。其上基板为 ITO 导电玻璃，下基板为涂有液晶硅的 CMOS 基板，是在硅芯片上加工制作而成的。LCoS 具有双折射现象，即 *e* 光的折射率随着输入电压改变，*o* 光折射率不变。LCoS 可以等效为与偏振相关的相位调制器阵列。LCoS 上的每一个像素点对应一个可单独控制的相位调制器。

图 7-4 硅基液晶（LCoS）的基本结构

如图 7-5 所示，输入光为 $E_o e^{j\omega_o t}$，假设其偏振态与 LCoS 材料 e 轴的夹角为 θ。所对应的相位调制器的控制电压为 v，则相位调制器的输出光场 E_{out} 的数学表达式为

$$E_{\text{out}} = \begin{bmatrix} E_{\text{mod}\_e} \\ E_{\text{mod}\_o} \end{bmatrix} = E_0 \begin{bmatrix} \cos\theta \cdot e^{j\phi_e(v)} \\ \sin\theta \cdot e^{j\phi_o} \end{bmatrix} e^{j\omega_0 t} \tag{7-7}$$

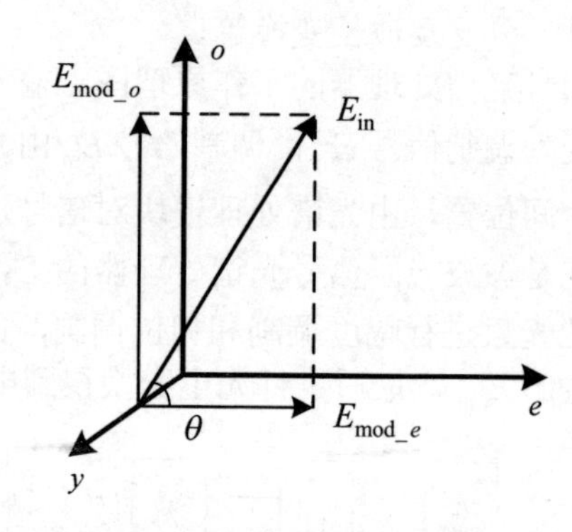

图 7-5 输入光分解为 o 光和 e 光的示意图

其中，$\phi_e(v)$ 随控制电压的变化而变化，e 光和 o 光的相移分别为 $\phi_e(v)$ 和 ϕ_o，ϕ_o 不变。在 LCoS 前后加偏振片且保证偏振片偏振方向相同，输出光场 E_{out} 的数学表达式为

$$E_{\text{out}} = E_o \begin{bmatrix} \cos^2\theta \cdot e^{j\phi_e(v)} \\ \sin^2\theta \cdot e^{j\phi_o} \end{bmatrix} e^{j\omega_o t} \tag{7-8}$$

可见式中 θ 的取值可以决定相位调制及振幅的方式。

如图 7-6 所示，当输入光偏振态与 LCoS 材料 e 轴一致，即 $\theta = 0°$ 时，LCoS 所对应的每一个像素点可看作相位调制器，其折射率的变化是随着外加电压的变化而变化的。在 LCoS 前后加偏振片且保证偏振片偏振方向相同，在 LCoS 输出端检偏器的偏振方向与 LCoS 材料的 e 轴一致。

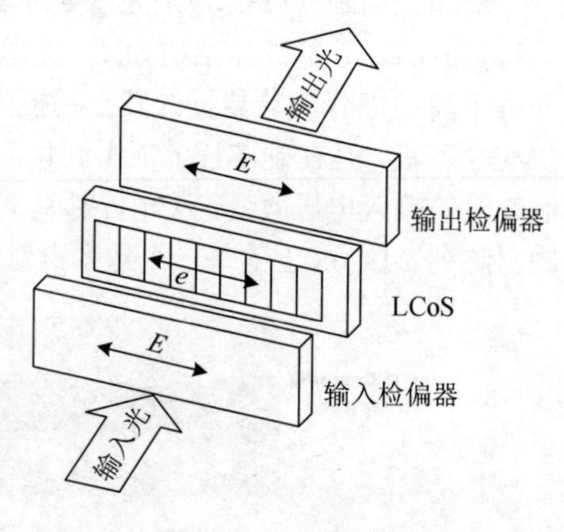

图 7-6 相位调制模式

图 7-7 所示为检偏器及起偏器的偏振方向与 LCoS 材料的 e 轴成 45° 的夹角时的情况，相位调制器控制电压为 v，输入光为 $E_o e^{j\omega_o t}$，输出光场 E_{out} 为

$$E_{\text{out}} = E_o e^{j[\omega_o t + \phi_e(\nu)]} \tag{7-9}$$

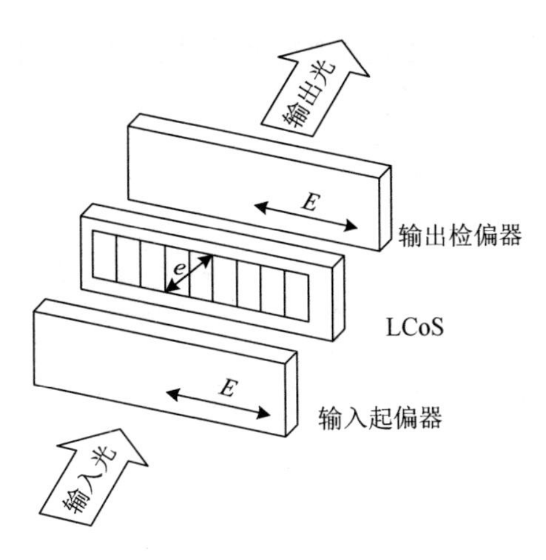

图 7-7　幅度调制方式

当输入光偏振态与 LCoS 材料 e 轴成45°，即 $\theta = 45°$ 时，其输出的光场 E_{out} 的数学表达为

$$\begin{aligned} E_{\text{out}} &= \frac{1}{2} E_o e^{j\omega_o t}[\cos\phi_e(\nu) + j\sin\phi_e(\nu) + \cos\phi_o + j\sin\phi_o] \\ &= E_o \cos\frac{\phi_e(\nu) - \phi_o}{2} \cdot e^{j[\omega_0 t + \frac{1}{2}\phi_e(\nu) + \frac{1}{2}\phi_o]} \end{aligned} \tag{7-10}$$

从公式（7-10）可得，LCoS 所对应的每一个像素可看成幅度调制器。另外，该调制并非是纯粹的幅度调制，要注意啁啾效应的存在。

7.3.2　光谱处理器结构

基于固态硅基液晶（LCOS）的光谱处理器原理图如图 7-8 所示。它是一个 4f 光学系统（f 为透镜焦距），由透镜、衍射光栅、光纤阵列、LCoS 和柱面反射镜等组成。OSP 能精确控制操作任意光谱分量，从而实现系统级的功能。

入射光经过偏振分集光学元件打入反射光栅，反射光按光谱顺序分开，每一个波长的反射光再经柱面反射镜对应到相应的 LCoS 像素点。通过电压控制改变每一个 LCoS 像素点的折射率，从而改变光波相位，即对光进行相位调制；调制后的光波将返回输出到指定的光纤阵列端口。这样就可以同时完成若干光谱分量的光谱处理。衍射光栅主要由波长量级的平行的缝隙或沟槽构成，可使不同波长的光束在空间分离。衍射光栅可以是透射光栅，也可以是反射光栅。用光纤布拉格光栅分离波长则是串行的（有时间延迟的）；而用衍射光栅分离和复合波长的过程是并行的（同时的）。图 7-9 中的衍射光栅就是以反射模式工作的，称为反射光栅。光栅具有色散特性，反射光按光谱顺序分开，光反射的角度与波长相关。每个光波指向独立的接收光纤。反向操作：不同波长的光通过不同的输入光纤进入反射光栅，能够通过反射光栅复合返回同一个光纤。由此可以看出衍射光栅是一个可逆器件。

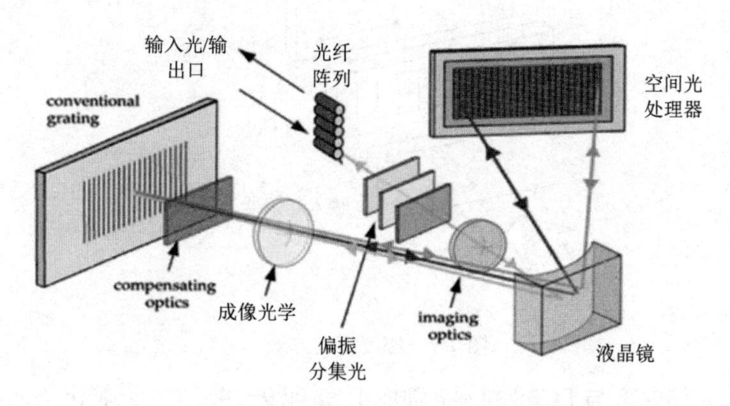

图 7-8 基于固态硅基液晶（LCOS）的光谱处理器原理图

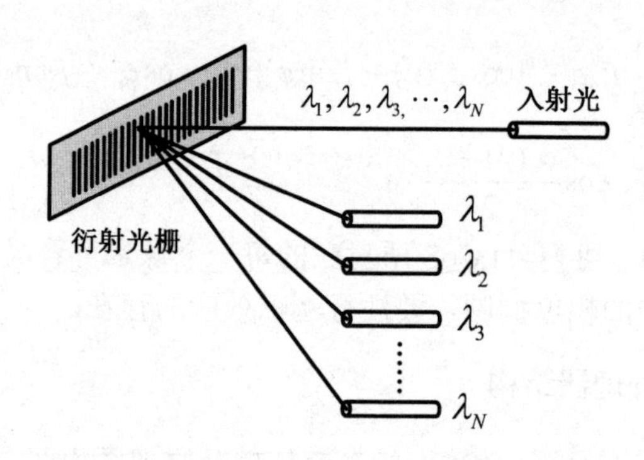

图 7-9 衍射光栅分离、复合光谱示意图

如图 7-9 所示，衍射光栅类似于一系列的透镜。当连续的光波打到衍射光栅上面时，衍射光栅就对光波进行分离，根据光栅调制周期参数，对不同波长的光波进行分离。这样就为空间光波的复用提供了基本的处理方法。这也为其应用在分布式相参雷达领域奠定了基础。

7.4 本章小结

本章通过对 CAA 生成 RF-OAM 场进行数学建模和傅里叶变换数学分析，确定在 CAA 原理上可以生成任意模式量子数的 RF-OAM，并且提出限制条件，即生成模式量子数的绝对值要小于天线数的一半，同时数值模拟结果与该限制条件相一致；介绍了基于谱域的延时处理技术，使用 OSP 实现了 OTTD 模块；使用天线阵元，生成了模式 RF-OAM，并且测量该 RF-OAM 的特征，分析奇点的强度特征与相位特征。

7.5 参考文献

[1] Edfors O, Johansson A J. Is Orbital Angular Momentum (OAM) Based Radio Communication an Unexploited Area?[J]. IEEE Transactions on Antennas and Propagation, 2012, 60(2):1126-1131.

[2] Uchida M. Generation of electron beams carrying orbital angular momentum[J]. Nature, 2010, 464(7289):737-739.

[3] Tamburini F, Mari E, Thide B, et al. Experimental verification of photon angular momentum and vorticity with radio techniques[J]. Applied Physics Letters, 2011, 99(20):204102.

[4] Fabrizio T, Elettra M, Anna S, et al. Encoding many channels on the same frequency through radio vorticity: first experimental test[J]. New Journal of Physics, 2011, 14(3):811-815.

[5] Yan Y, Xie G, Lavery M P, et al. High-capacity millimetre-wave communications with orbital angular momentum multiplexing[J]. Nat Commun, 2014, 5:243-247.

[6] Thidé B, Then H, Sjöholm J, et al. Utilization of photon orbital angular momentum in the low-frequency radio domain[J]. Physical Review Letters, 2007, 99(8):465-469.

[7] Chang-Hasnain C J, Chuang S L. Slow and Fast Light in Semiconductor Quantum-Well and Quantum-Dot Devices[J]. Journal of Lightwave Technology, 2006, 24(12):4642-4654.

[8] Corral J L, Marti J, Fuster J M, et al. True time-delay scheme for feeding optically controlled phased-array antennas using chirped-fiber gratings[J]. IEEE Photonics Technology Letters, 1997, 9(11):1529-1531.

[9] Corral J L, Marti J, Regidor S, et al. Continuously variable true time-delay optical feeder for phased-array antenna employing chirped fiber grating[J]. IEEE Transactions on Microwave Theory and Techniques, 1997, 45(8):1531-1536.

[10] Lo E S, Chan P W C, Lau V K N, et al. Adaptive Resource Allocation and

Capacity Comparison of Downlink Multiuser MIMO-MC-CDMA and MIMO-OFDMA[J]. IEEE Transactions on Wireless Communications, 2007, 6(3):1083-1093.

[11] Emre T. Capacity of multi-antenna Gaussian channels[J]. EUROPEAN TRANSACTIONS ON TELECOMMUNICATIONS, 1999, 10(6):585-595.

[12] Y. Chen, A. Wen, Y. Chen, X. Wu. Photonic generation of binary and quaternary phase-coded microwave waveforms with an ultra-wide frequency tunable range[J]. Opt. Express, 2014, 22(13):15618-15625.

[13] G. J F, M. J G. On Limits of Wireless Communications in a Fading Environment when Using Multiple Antennas[J]. Wireless Personal Communications, 1998, 6(3):311-335.

[14] Hristov, H. D, Herben, et al. Millimeter-wave Fresnel-zone plate lens and antenna[J]. IEEE Transactions on Microwave Theory and Techniques, 1995, 43(12):2779-2785.

[15] Cao Z, Lu R, Wang Q, et al. Cyclic additional optical true time delay for microwave beam steering with spectral filtering.[J]. Optics Letters, 2014, 39(12):3402.

[16] Zmuda H, Soref R A, Payson P, et al. Photonic beamformer for phased array antennas using a fiber grating prism[J]. IEEE Photonics Technology Letters, 1997, 9(2):241-243.

[17] Jianping Y, Jianliang Y, Yunqi L. Continuous true-time-delay beamforming employing a multiwavelength tunable fiber laser source[J]. IEEE Photonics Technology Letters, 2002, 14(5):687-689.

[18] Yunqi L, Jianliang Y, Yao J. Continuous True-Time-Delay Beamforming For Phased Array Antenna Using A Tunable Chirped Fiber Grating Delay Line[J]. IEEE Photonics Technology Letters, 2002, 14(8):1172-1174.

[19] Yunqi L, Jianping Y, Jianliang Y. Wideband true-time-delay unit for phased array beamforming using discrete-chirped fiber grating prism[J]. Optics Communications, 2002, 207: 177-187.

[20] Liu Y, Yao J, Yang J. Wideband true-time-delay beam former that employs a tunable chirped fiber grating prism.[J]. Appl Opt, 2003, 42(13):2273-2277.

[21] Tae J E, Sun-Jong K, Tae-Young K, et al. Realization of true-time-delay using cascaded long-period fiber gratings: theory and applications to the optical pulse multiplication and temporal encoder/decoder[J]. Journal of Lightwave

Technology, 2005, 23(2):597-608.
[22] Yongfeng W, Chaowei Y, Shanguo S H, et al. Optical true time-delay for two-dimensional phased array antennas using compact fiber grating prism[J]. Chinese Optics Letters. 2013, 11(10):100606-100609.
[23] Chao F, Shanguo H, Xinlu G, et al. Compact high frequency true-time-delay beamformer using bidirectional reflectance of the fiber gratings[J]. Optical Fiber Technology, 2013, 19(1):60-65.
[24] 李建强，徐坤．面向宽带无线接入的光载无线系统[M]．北京：电子工业出版社，2009.
[25] Zeng F, Yao J. All-optical bandpass microwave filter based on an electro-optic phase modulator.[J]. Optics Express. 2004.
[26] Zeng F, Wang J, Yao J. All-optical microwave bandpass filter with negative coefficients based on a phase modulator and linearly chirped fiber Bragg gratings[J]. Optics letters: A publication of the Optical Society of America, 2005, 30(10):2203-2205.
[27] Qing W, Jianping Y. Multitap Photonic Microwave Filters With Arbitrary Positive and Negative Coefficients Using a Polarization Modulator and an Optical Polarizer[J]. IEEE Photonics Technology Letters, 2008(2):78-80.

第 8 章　基于光真延时的 OAM 复用系统

8.1　引言

对轨道角动量（OAM）信息交换方式的探索为无线通信系统提供了全新的信道维度；基于 OAM 的模分复用（MDM）技术可与其他复用技术兼容，从而使频谱效率成倍提高，通信容量大大提升。通过轨道角动量-模分复用（OAM-MDM）技术提高通信容量的方案在实际应用中存在瓶颈，原因在于环形天线阵列（CAA）的射频涡旋（RF-OAM）通信系统与 MIMO 系统重叠性很强并且受限于信号传输效率过低。

波束扩散会导致接收功率过低，受香农原理限制，OAM-MDM 不能提高系统通信容量。为解决该瓶颈，提出一种可以优化基于 OTTD 技术的 RF-OAM 系统的方案。该方案基于根据惠更斯-菲涅尔原理设计的强度干涉板，其作用相当于空间滤波器和波束准直器，对 RF-OAM 信道进行预处理。该方案使 CAA 生成的 RF-OAM 波束保持 OAM 性质不变并平行传输，即改变其扩散的能量的传输方式，从而提高接收信号功率、成倍增加传输距离。该方案优化效果显著，解决了 RF-OAM 在无线通信领域的瓶颈，可以为未来 RF-OAM 用于通信领域提供参考，为进一步应用在微波光子雷达方面提供理论支撑。

8.2　理论分析射频 OAM 复用通信系统

8.2.1　窄带 MIMO 系统简要描述

在窄带 MIMO 系统中，一个标准的基带信号输入/输出关系可用数学表达式表示为

$$y = Hx + n \tag{8-1}$$

式中，$H \in \mathbb{C}^{N_{RX} \times N_{TX}}$，为 MIMO 信道矩阵；$y \in \mathbb{C}^{N_{RX}}$，为 N_{RX} 根接收天线的矢量；$x \in \mathbb{C}^{N_{TX}}$，为 N_{TX} 根发射天线的矢量；$n \in \mathbb{C}^{N_{RX}}$，为接收噪声矢量。

在某些条件下，假定 H 是已知的，并具有以下特定属性，噪声矢量 n 为独立

的且同一的分布，由高斯噪声组成，均值为零且循环对称。假定 H 为随机的，例如在传播环境中使用无线 MIMO 通信，$n \sim N(0,\sigma_n^2 I_{N_{RX}})$，其中 σ_n^2 是噪声方差，$I_{N_{RX}}$ 是 $N_{RX} \times N_{RX}$ 的单位矩阵，对信道矩阵进行奇异值分解（SVD），其数学表达式为

$$H = U \sum V^H \tag{8-2}$$

U 和 V 中，左边和右边的奇异向量是通过厄米矩阵 HH^H 和 $H^H H$ 的特征值分解得到的，并且 HH^H 和 $H^H H$ 具有一组相同的正特征值。其中，$U \in \mathbb{C}^{N_{RX} \times N_{RX}}$，$V \in \mathbb{C}^{N_{TX} \times N_{TX}}$，是两个酉矩阵（幺正矩阵）；包含矩阵 H 的左右两个奇异向量，$\sum \in \mathbb{C}^{N_{RX} \times N_{TX}}$，是一个对角矩阵，对角线上的数是正奇异值 $\mu_1, \mu_2, \cdots, \mu_r$，一般按照降序排列，其中 $r \leqslant \min(N_{TX}, N_{RX})$ 是矩阵 H 的秩，而在矩阵 $\sum$ 中沿对角线的奇异值是相应特征值的平方根。

如果通过利用酉矩阵 V 来预处理获取传输向量 x，从容量限制的角度分析，并且利用酉矩阵 U^H 来后处埋获取接收向量 y，这将不会造成任何影响。通过以下公式来描述预处理和后处理过程：

$$x = V\tilde{x} \tag{8-3}$$

$$\tilde{y} = U^H y \tag{8-4}$$

以上的后处理和预处理操作也可以看作接收与发射端的波束形成。将矩阵 H 的左边和右边的奇异向量作为方向角指向因子。实现公式（8-3）、公式（8-4）的操作，在公式（8-1）描述的传统 MIMO 系统中，得到一个等效系统：

$$\tilde{y} = U^H y = U^H (HV\tilde{x} + n) = U^H HV\tilde{x} + U^H n = \sum \tilde{x} + \tilde{n} \tag{8-5}$$

在公式（8-5）中，利用 SVD 处理方法，并利用 $\tilde{n} = U^H n$ 表示噪声。对于 U 条件，新的噪声向量和原来的 n 具有相同的分布，为 $\tilde{n} \sim N(0,\sigma_n^2 I_{N_{RX}})$。

相应的已知信道在发射端的容量 C_k 的数学表达式为

$$C_k = \sum_{i=1}^{r} \log_2 \left(1 + \frac{P_i}{\sigma_n^2 / \mu_i^2} \right) \text{bit/sec/Hz} \tag{8-6}$$

所有的功率 P 分布在各个信道上，可以得出如下表达式：

$$P = \sum_{i=1}^{r} P_i \tag{8-7}$$

从以上公式可以得到，总功率是各个信道功率的叠加。

8.2.2 信道容量的计算分析

通常情况下，比较自由空间 MIMO 系统间的差异需要考虑两个方面：一方面

为合理测量量化性能；另一个方面为天线阵列结构对应的信道矩阵 H。在相同传输总功率的条件下，使用同样天线求得 MIMO 系统的信道容量与单入单出（SISO）系统的信道容量的比值。

（1）自由空间信道矩阵 H。自由空间中间距为 d 的一对天线组，窄带信号从发射天线到接收天线的传递函数为

$$h(d)=\beta\frac{\lambda}{4\pi d}\exp\left(-j2\pi\frac{d}{\lambda}\right) \tag{8-8}$$

由复指数 $\exp\left(-j2\pi\frac{d}{\lambda}\right)$ 来估计传播距离产生的额外的相位旋转，其中，$\frac{\lambda}{4\pi d}$ 表示自由空间损失；λ 表示载波波长；而 β 包含所有的相关的物理量，例如，衰减和由天线及其在收发两端的模式引起的相位旋转。

假设在每个阵列中所有天线参数都是理想化的，并且传播距离 d 足够大，可以满足以下两个条件：一是相关的阵列尺寸足够小；二是在任意一对传输/接收天线组之间假定存在一个有效的远场。这些要求对分析来说并不必要，但可以简化表达式。一个 $N_{\mathrm{RX}}\times N_{\mathrm{TX}}$ 的 MIMO 系统，其中 $d_{n_{\mathrm{RX}},n_{\mathrm{TX}}}$ 表示接收天线组 n_{RX} 和发射天线组 n_{TX} 之间的距离，那么信道矩阵就变成：

$$H=\begin{bmatrix} h_{1,1} & h_{1,2} & \cdots & h_{1,N_{\mathrm{TX}}} \\ h_{2,1} & h_{2,2} & \cdots & h_{2,N_{\mathrm{TX}}} \\ \vdots & \vdots & \ddots & \vdots \\ h_{N_{\mathrm{RX}},1} & h_{N_{\mathrm{RX}},2} & \cdots & h_{N_{\mathrm{RX}},N_{\mathrm{TX}}} \end{bmatrix} \tag{8-9}$$

其中，

$$h_{n_{\mathrm{RX}},n_{\mathrm{TX}}}=h(d_{n_{\mathrm{RX}},n_{\mathrm{TX}}}) \tag{8-10}$$

上面的参数可以通过公式（8-8）得到。

（2）计算容量增益的方法。在相同天线参数和使用相同的传输总功率的条件下，求得 SISO 系统的信道容量与 MIMO 系统的信道容量的比值。假设在两个系统中的发射机和接收机数量相等，并具有相同的天线和同等的接收噪声。MIMO 系统在两边都使用了复用单元；SISO 系统使用了一个单一的发射接收组。

发射功率可以通过简单的链路进行计算，使得在接收端得到一个确定的信噪比 SNR。假设 SISO 系统需要一个确定的发射功率 P_{SISO}，通过使用公式（8-8）给出的传输损耗，传输功率可以表达为

$$P_{\mathrm{SISO}}=SNR\left(\frac{4\pi D}{\beta\lambda}\right)^2\sigma_n^2 \tag{8-11}$$

式中，D 为发射与接收天线之间的距离；σ_n^2 为接收噪声方差。SISO信道容量为

$$C_{\mathrm{SISO}}(P_{\mathrm{SISO}})=\log_2(1+SNR)\ \mathrm{bit/sec/Hz} \tag{8-12}$$

在发射功率相同（$P_{\mathrm{MIMO}}=P_{\mathrm{SISO}}$）的条件下，定义MIMO的容量增益为

$$G_{\mathrm{MIMO}}=\frac{C_{\mathrm{MIMO}}(P_{\mathrm{SISO}})}{C_{\mathrm{SISO}}(P_{\mathrm{SISO}})}=\frac{C_{\mathrm{MIMO}}(P_{\mathrm{SISO}})}{\log_2(1+SNR)} \tag{8-13}$$

$C_{\mathrm{MIMO}}(P_{\mathrm{SISO}})$ 是通过公式（8-6）中的 C_k 得到的。其中参数 $C_{\mathrm{MIMO}}(P_{\mathrm{SISO}})$ 是已知发射端的MIMO系统的信道容量，天线数量限制MIMO系统的容量增益要满足 $G_{\mathrm{MIMO}}\leqslant\min(N_{\mathrm{TX}},N_{\mathrm{RX}})$ 这个条件。

8.2.3 OAM复用系统信道传输容量计算

发射CAA与接收CAA模型如图8-1所示，图中两组CAA的同轴距离为 D，圆点表示天线的位置。一组是接收阵列，一组是发射阵列，可以利用两个同心环的半径 R_{TX} 和 R_{RX} 以及两点间的夹角 θ 表示两个同心环上任意两点间的距离：

$$d(\theta)=\sqrt{D^2+R_{\mathrm{TX}}^2+R_{\mathrm{RX}}^2-2R_{\mathrm{TX}}R_{\mathrm{RX}}\cos^2\theta} \tag{8-14}$$

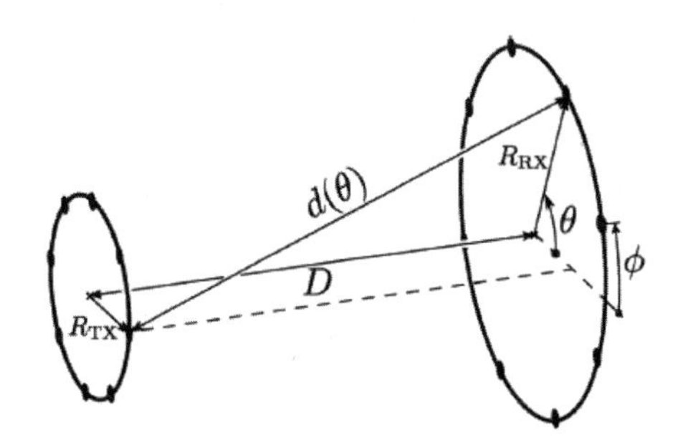

图8-1 发射CAA与接收CAA模型

因为天线分布都是均匀的，相邻的两个天线的夹角的数学表达式为

$$\Delta\theta_{\mathrm{TX}}=\frac{2\pi}{N_{\mathrm{TX}}}，\ \Delta\theta_{\mathrm{RX}}=\frac{2\pi}{N_{\mathrm{RX}}} \tag{8-15}$$

假设第一根天线在第一个环上的0°位置上，而第二个环上的第一根天线与其夹角为 ϕ。通过使用公式（8-15）中所描述的角度，就会引入一个阵列间的相关旋转角度 ϕ；通过改变 ϕ 的值，可以得到两个天线阵间所有相对转动的情况。那么第 n_{RX} 个接收天线和第 n_{TX} 个发射天线间的夹角为

$$\theta_{n_{\mathrm{RX}},n_{\mathrm{TX}}}=2\pi\left(\frac{n_{\mathrm{RX}}}{N_{\mathrm{RX}}}-\frac{n_{\mathrm{TX}}}{N_{\mathrm{TX}}}\right)+\phi \tag{8-16}$$

如果距离 D 和半径 R_{TX}、R_{RX} 是给定的（$1\leqslant n_{\mathrm{RX}}\leqslant N_{\mathrm{RX}}$ 且 $1\leqslant n_{\mathrm{TX}}\leqslant N_{\mathrm{TX}}$），

将公式（8-16）代入公式（8-14），那么就会得到两个阵列中天线的距离为

$$d_{n_{\mathrm{RX}},n_{\mathrm{TX}}} = d(\theta_{n_{\mathrm{RX}},n_{\mathrm{TX}}}) \tag{8-17}$$

需要考虑的是，当两边天线数相同时，在 $N_{\mathrm{TX}} = N_{\mathrm{RX}} = N$ 的情况下，天线间的距离 $d_{n_{\mathrm{RX}},n_{\mathrm{TX}}}$ 只与 $(n_{\mathrm{RX}} - n_{\mathrm{TX}})$ 及 N 的模有关。

假设两个 CAA 中的天线阵元都具有相同的极化方向，使用自由空间传递函数公式（8-8）及发射和接收天线组间的距离公式（8-17）来表示 MIMO 信道矩阵的表达式为

$$h_{n_{\mathrm{RX}},n_{\mathrm{TX}}} = h(d(\theta_{n_{\mathrm{RX}},n_{\mathrm{TX}}})) \tag{8-18}$$

当两端天线数相等时，即 $N_{\mathrm{TX}} = N_{\mathrm{RX}} = N$，矩阵 H 变为循环行列式，通过公式（8-18）可以看出，它继承了 $d(\theta_{n_{\mathrm{RX}},n_{\mathrm{TX}}})$ 只与 $(n_{\mathrm{RX}} - n_{\mathrm{TX}})$ 及 N 的模相关的性质。这样信道矩阵可以通过 $N \times N$ 的单位离散傅里叶变换矩阵进行对角化：

$$T_N = [t_{p,q}] \tag{8-19}$$

$$t_{p,q} = \frac{1}{\sqrt{N}} \exp\left(-j2\pi \frac{(p-1)(q-1)}{N}\right) \tag{8-20}$$

通过上述分析，相关特征值分解可以表述为

$$H = T_N \Delta T_N^H \tag{8-21}$$

其中 Δ 包括了信道矩阵的特征值。把这个矩阵变成奇异值分解（SVD），同时按照降序排列，奇异值是非负的实数。特征分解的表达如下：

$$H = \tilde{T}_N \tilde{\Delta} \tilde{T}_N^H \tag{8-22}$$

在这种情况下，信道矩阵公式（8-2）的奇异值分解就可以表示为

$$U = \tilde{T}_N S \tag{8-23}$$

$$\Sigma = abs(\tilde{\Delta}) \tag{8-24}$$

$$V = \tilde{T}_N \tag{8-25}$$

如果 δ_L 是在 Δ 中的第 L 个特征值（对角线元素），那么 S 中的第 L 个对角线元素为 $s_L = \exp(j\angle\tilde{\delta}_L)$。其中 S 是一个对角矩阵，以单位复数为对角线元素。根据相关公式（8-3）和（8-4），考察公式（8-22）离散傅里叶变换的方式，重新排序而得到的接收与发射两端的指向因子（beam-formers），可以得出结论：在自由空间方案中，通过 CAA 方案产生线性相位的旋转，并用于近似模拟射电波束 OAM 态，与标准的 MIMO 理论导出的本征模式相一致。

8.2.4 波前性质及信道容量模拟

若 $V = T_N$，根据公式（8-25）计算在空间中一点的接收信号：

$$e = GT_N e_k \tag{8-26}$$

根据公式（8-26），e_k 是该点上的一个单位矢量，并且与模式量子数 L 相一致。其中 G 是从发射端阵列到单一的接收天线间的信道矩阵，而这个单一天线就表示在空间中被研究的点。孔径 D_{T} 是发射 CAA 的直径，为 $2R_{\mathrm{TX}}$，传输距离分别为整个 CAA 的 1/4、4 和 400 倍的瑞利距离 d_{R}，其数学表达式为

$$d_{\mathrm{R}} = \frac{{D_{\mathrm{T}}}^2}{2\lambda} \tag{8-27}$$

根据公式（8-6）及公式（8-13），由于强度较大，计算系统的增益表明 OAM 模式适合在通信中使用；当传播距离为几倍瑞利距离时，模式特征明显，螺旋相位图样清晰，但是所有的非零 OAM 模式信号强度随着传输距离的增加迅速减小，所以，系统的归一化增益下降很快。这表明在实际的信噪比和上述传输距离下，非零 OAM 模式将失去系统扩容的作用。这样，会影响到分布相参雷达的成像效果。

在瑞利距离之内，以 OAM 为基础的 MIMO 通信系统的容量增益几乎达到了理论最大，分别为 SISO（单发单收）系统信道容量的 4、8、16 倍，但在远距离的情况下，信道容量下降很快。为进一步说明这种情况，根据公式（8-13）计算 3 种不同配置的通信系统的信道容量增益。3 种不同的配置如下：4×4、8×8、16×16 的天线以及在 30dB 的总接收信噪比。在 1000 倍瑞利距离的条件下，容量增益接近 1，说明在存在信噪比的情况下只有一个模式（L=0）可以携带信息，非零 OAM 模式没有实现多路复用增益。

8.2.5 小结分析

通过 MIMO 理论分析得出结论，利用 OAM 信道本征模型的传播方式存在于传统的 MIMO 理论中；RF-OAM 模式在阵元排列和传播环境有需求时会自动生成，并且受限于上述传输效率过低的情况；OAM-MDM 技术应用在无线通信系统中存在瓶颈。在天线数目增加的情况下，系统会有新的特性显现。而 MIMO 理论完全没有对 OAM 物理量的特性进行研究，所以不能完全决定 RF-OAM 是否能用于通信系统中。增益的主要影响因素为接收信号的强度 P。非零量子数的 RF-OAM 模式的接收强度过小的原因是生成的模式以能量扩散的方式进行传播。这使得波束尺寸随着传播距离的增大而增大，导致单位面积功率快速变小，从而影响增益。

8.3 基于强度控制板的系统优化解决方案

8.3.1 优化装置介绍

图 8-2 所示为一个振幅型菲涅尔波带片，它的功能相当于射频波段的波束准直器，可以使波束传播方式转变，控制波束线性动量的方向（能量传播的方向）。为了解决 RF-OAM 通信系统致命性的扩散问题，在 RF-OAM 波传播路径上设置两个强度干涉板，阻止接收功率 P 的大幅下降，防止波束的继续扩大，其作用是使平行传播的波束转变为发散或汇聚的波束，使发散的波束转变为平行传播波束。

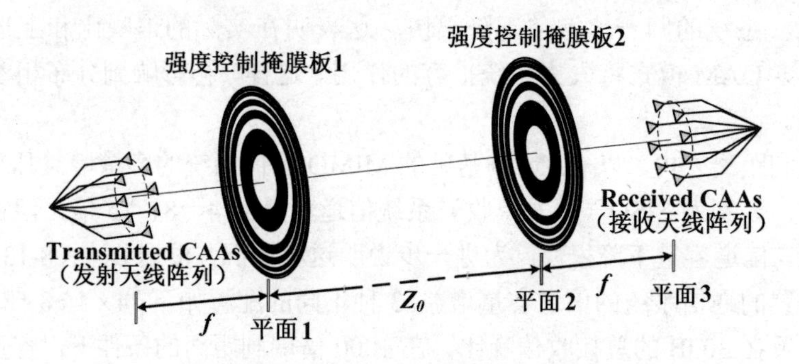

图 8-2 RF-OAM 系统优化结构图

CAAs－环形天线阵列；f－强度控制板的焦距；Z_0－平行传播的距离；

平面 1、平面 2 和平面 3－波束传播的关键横截面

发射 CAA 和接收 CAA 放在两个强度调制板的焦平面内，如图 8-2 所示。CAA 生成的 RF-OAM 模式的能量传播方式近似球面波波束，是发散传播的。第一个强度控制板使波束从发散状态转变为近平行状态，保持波束的尺寸基本不变，防止单位面积的功率由于扩散而大幅下降的现象产生，实现低损耗的远距离传输；第二个强度控制板实现与第一个强度控制板相反的功能，使平行传播的波束转变为汇聚波束，加大 RF-OAM 信号单位面积的功率，从而提高接收功率 P 。

强度控制板的尺寸相当于观察视野的尺寸，超出强度控制板尺寸的 RF 信号全部没有经过准直处理，扩散到传播通道之外的空间中。在与传输轴垂直的平面上，RF-OAM 的强度分布图样是环状的，最大功率环的半径随着模式量子数的绝对值的增加而增加。设计合理的强度控制板的尺寸，可以滤除多余高量子数 OAM 模式。也就是说强度控制板只改变低量子数模式的传播方式，滤除高量子数的 OAM 模式。

8.3.2 强度控制板原理

惠更斯-菲涅尔原理是强度控制板制作的依据。强度控制板可以工作在不同的波段，实现对应的菲涅尔波带片透镜（FZPL）。该强度控制板是射频波段最简单的 FZPL，它包含多个同心的透射和反射波带，可以实现对 RF 信号的聚焦和反聚焦。强度控制板在角向上没有产生任何的强度或相位的控制；仅在径向上对 RF-OAM 波束进行强度分布控制。因此，它不会对 RF-OAM 波束的相位关键参数进行改变。RF-OAM 波束保持原有的 OAM 模式，仅仅改变传播方式。对于信号波长为λ，菲涅尔波带级数为 m，给定的焦距为 f，FZPL 的各级波带的半径为

$$b_m = \sqrt{m\lambda f} \tag{8-28}$$

根据公式（8-28）可以设计任意波段、任意焦距的强度控制板。表 8-1 为根据公式（8-28）计算的强度控制板的各波带半径值，其中焦距 $f = 40\lambda$，单位为 $\sqrt{\lambda}$。

表 8-1 焦距为 $f = 40\lambda$ 的各级波带半径　　单位：$\sqrt{\lambda}$

m	1	2	3	4	5	6	7	8	9	10	11
b_m	6.30	8.91	10.91	12.60	14.09	15.43	16.67	17.82	8.90	19.92	20.89
Δb	6.30	2.61	2.00	1.69	1.49	1.34	1.24	1.15	1.08	1.02	0.97
m	12	13	14	15	16	17	18	19	20	21	22
b_m	21.82	22.72	23.57	24.40	25.20	25.98	26.73	27.46	28.17	28.87	29.55
$\Delta\rho$	0.93	0.89	0.86	0.83	0.80	0.78	0.75	0.73	0.71	0.70	0.68

8.4 本章小结

为了解决 CAA 生成的 RF-OAM 波束的扩散问题，提高接收功率及相位准确度，系统中加入两个强度控制板组成的优化模块，设计了基于 OTTD 技术的 RF-OAM 通信系统的优化方案。对 RF-OAM 传输过程的各个关键平面的信号电场进行了数值模拟分析，证明了优化方案的可行性。提出了带有信道预处理概念的 RF-OAM 系统，这为射频波段 OAM-MDM 技术在分布式相参雷达等方面的应用提供了理论参考。

8.5 参考文献

[1] Padgett M, Bowman R. Tweezers with a twist[J]. Nature Photonics, 2011,

5(6):343-348.

[2] Dennis M R, King R P, Jack B, et al. Isolated optical vortex knots[J]. Nature Physics, 2010, 6(2):118-121.

[3] Bernet S, Jesacher A, Fürhapter S, et al. Quantitative imaging of complex samples by spiral phase contrast microscopy[J]. Optics Express, 2006, 14(9):3792-3805.

[4] Elias N M I. Photon orbital angular momentum in astronomy[J]. Astronomy and Astrophysics, 2008, 492(3):883-922.

[5] Gabriel M, Juan P T, Lluis T. Twisted photons[J]. NATURE PHYSICS, 2007, 3(5):305-310.

[6] Gibson G, Courtial J, Padgett M, et al. Free-space information transfer using light beams carrying orbital angular momentum[J]. Optics Express, 2004(22):5448-5456.

[7] Shapiro J H, Massachusetts I O T D. The Quantum Theory of Optical Communications[J]. IEEE Journal of Selected Topics in Quantum Electronics, 2009, 15(6):1547-1569.

[8] Djordjevic I B. Deep-space and near-Earth optical communications by coded orbital angular momentum (OAM) modulation[J]. Optics Express, 2011, 19(15):14277-14289.

[9] P. Lu, D. Liu, D. Huang, J. Sun. Study of temperature stability for fiber-optic Mach-Zehnder interferometer filter in Proceedings of the 3rd International Conference on Microwave and Millimeter Wave Technology (ICMMT 2002), 1087-1089 (2002).

[10] S. F, L. A, M. P. Advances in optical angular momentum[J]. Laser & Photonics Reviews, 2008, 2(4):299-313.

[11] Yao A, Padgett M. Orbital angular momentum: origins, behavior and applications[J]. Advances in Optics and Photonics, 2011, 3(2):161-204.

[12] Dholakia K, čižmár T. Shaping the future of manipulation[J]. Nature Photonics, 2011, 5(6):335-342.

[13] Paterson L. Controlled rotation of optically trapped microscopic particles[J]. Science, 2001, 292(5518):912-914.

[14] Macdonald M P, Paterson L, Volke-Sepulveda K, et al. Creation and manipulation of three-dimensional optically trapped structures[J]. Science, 2002, 296(5570):1101-1103.

[15] A. H. Gnauck, R. W. Tkach, A. R. Chraplyvy, T. Li. High-capacity optical transmission systems[J]. J. Lightwave Technol, 2008, 26(9):1032-1045.

[16] Gnauck A H, Winzer P J, Chandrasekhar S, et al. Spectrally Efficient Long-Haul WDM Transmission Using 224-Gb/s Polarization-Multiplexed 16-QAM[J]. Journal of Lightwave Technology, 2011, 29(4):373-377.

[17] Uchida M. Generation of electron beams carrying orbital angular momentum[J]. Nature, 2010, 464(7289):737-739.

[18] Tamburini F, Mari E, Thide B, et al. Experimental verification of photon angular momentum and vorticity with radio techniques[J]. Applied Physics Letters, 2011, 99(20):204102.

[19] Fabrizio T, Elettra M, Anna S, et al. Encoding many channels on the same frequency through radio vorticity: first experimental test[J]. New Journal of Physics, 2011, 14(3):811-815.

[20] Yan Y, Xie G, Lavery M P, et al. High-capacity millimetre-wave communications with orbital angular momentum multiplexing[J]. Nat Commun, 2014, 5:243-247.

[21] Thidé B, Then H, Sjöholm J, et al. Utilization of photon orbital angular momentum in the low-frequency radio domain[J]. Physical Review Letters, 2007, 99(8):567-572.

[22] Chang-Hasnain C J, Chuang S L. Slow and Fast Light in Semiconductor Quantum-Well and Quantum-Dot Devices[J]. Journal of Lightwave Technology, 2006, 24(12):4642-4654.

[23] Corral J L, Marti J, Fuster J M, et al. True time-delay scheme for feeding optically controlled phased-array antennas using chirped-fiber gratings[J]. IEEE Photonics Technology Letters, 1997, 9(11):1529-1531.

[24] Corral J L, Marti J, Regidor S, et al. Continuously variable true time-delay optical feeder for phased-array antenna employing chirped fiber grating[J]. IEEE Transactions on Microwave Theory and Techniques, 1997, 45(8):1531-1536.

[25] S. N K, V. V K, M. V S, et al. The Phase Rotor Filter[J]. Journal of Modern Optics, 1992, 39(5):1147-1154.

[26] V. V, E. A. Spiral-type beams: optical and quantum aspects[J]. Optics Communications, 1996, 125: 302-323.

[27] Masajada J. Synthetic holograms for optical vortex generation: Image evaluation[J]. Optik, 1999:391-395.

[28] Zmuda H, Soref R A, Payson P, et al. Photonic beamformer for phased array

antennas using a fiber grating prism[J]. IEEE Photonics Technology Letters, 1997, 9(2):241-243.

[29] Jianping Y, Jianliang Y, Yunqi L. Continuous true-time-delay beamforming employing a multiwavelength tunable fiber laser source[J]. IEEE Photonics Technology Letters, 2002, 14(5):687-689.

[30] Yunqi L, Jianliang Y, Yao J. Continuous True-Time-Delay Beamforming For Phased Array Antenna Using A Tunable Chirped Fiber Grating Delay Line[J]. IEEE Photonics Technology Letters, 2002, 14(8):1172-1174.

[31] Yunqi L, Jianping Y, Jianliang Y. Wideband true-time-delay unit for phased array beamforming using discrete-chirped fiber grating prism[J]. Optics Communications, 2002, 207: 177-187.

[32] Liu Y, Yao J, Yang J. Wideband true-time-delay beam former that employs a tunable chirped fiber grating prism[J]. Appl Opt, 2003, 42(13):2273-2277.

[33] Tae J E, Sun-Jong K, Tae-Young K, et al. Realization of true-time-delay using cascaded long-period fiber gratings: theory and applications to the optical pulse multiplication and temporal encoder/decoder[J]. Journal of Lightwave Technology, 2005, 23(2):597-608.

[34] Yongfeng W, Chaowei Y, Shanguo H, et al. Optical true time-delay for two-dimensional phased array antennas using compact fiber grating prism[J]. Chinese Optics Letters, 2013, 11(10):100606-100609.

[35] Chao F, Shanguo H, Xinlu G, et al. Compact high frequency true-time-delay beamformer using bidirectional reflectance of the fiber gratings[J]. Optical Fiber Technology, 2013, 19(1):60-65.

[36] 张光义，赵玉洁. 相控阵雷达技术[M]. 北京：电子工业出版社，2006.

[37] 李建强，徐坤. 面向宽带无线接入的光载无线系统[M]. 北京：电子工业出版社，2009.

[38] H. B. Voelcker. Toward a unified theory of modulation part I: phase-envelope relationships[J]. Proc. IEEE, 1966, 54(3):340-353.

[39] Zeng F, Wang J, Yao J. All-optical microwave bandpass filter with negative coefficients based on a phase modulator and linearly chirped fiber Bragg gratings[J]. Optics letters: A publication of the Optical Society of America, 2005, 30(10):2203-2205.

[40] Jianping Y, Qing W. Photonic Microwave Bandpass Filter With Negative Coefficients Using a Polarization Modulator[J]. IEEE Photonics Technology

Letters, 2007, 19(9):644-646.

[41] Qing W, Jianping Y. Multitap Photonic Microwave Filters With Arbitrary Positive and Negative Coefficients Using a Polarization Modulator and an Optical Polarizer[J]. IEEE Photonics Technology Letters, 2008(2):78-80.

[42] Yunqi L, Jianliang Y, Jianping Y. Wideband true-time-delay unit using discrete-chirped fiber Bragg grating prism[J]. Lasers and Electro-Optics, 2001. CLEO/Pacific Rim 2001. The 4th Pacific Rim Conference on. 2001: II.

[43] Jianliang Y, Yunqi L, Jianping Y. Wideband True-Time-Delay System Using Fiber Bragg Grating Prism Incorporated With A Wavelength Tunable Fiber Laser Source[J]. Microwave Photonics, 2001. MWP '01. 2001 International Topical Meeting on. 2002: 125-128.

[44] Shanguo H, Jie L, Yingbo Y, et al. The further investigation of the true time delay unit based on discrete fiber Bragg gratings[J]. Optics & Laser Technology, 2012, 44(4):776-780.

[45] Jing Z, Hanyi Z, Wanyi G, et al. A high-resolution compact optical true-time delay beamformer using fiber Bragg grating and highly dispersive fiber[J]. Optical Fiber Technology, 2014, 20(5):478-482.

[46] Xueming L, Yongkang G, Leiran W, et al. Identical Dual-Wavelength Fiber Bragg Gratings[J]. Journal of Lightwave Technology, 2007, 25(9):2706-2710.

[47] M. G. Xu, L. Reekie, Y. T. Chow, et al. Optical In-fiber Grating High Pressure Sensor[J]. ELECTRONICS LETTERS, 1993, 4(29):398-399.

[48] Sasaki S, Mcnulty I. Proposal for generating brilliant x-ray beams carrying orbital angular momentum[J]. Physical Review Lettersm, 2008, 100(12):3436-3440.

[49] Mohammadi S M, Daldorff L K S, Bergman J E S, et al. Orbital Angular Momentum in Radio—A System Study[J]. IEEE Transactions on Antennas and Propagation, 2010, 58(2):565-572.

[50] Gao X, Huang S, Song Y, et al. Generating the orbital angular momentum of radio frequency signals using optical-true-time-delay unit based on optical spectrum processor[J]. Optics Letters, 2014, 39(9):2652.

[51] Xiaoke Y, Huang T X H, Minasian R A. Tunable and Reconfigurable Photonic Signal Processor With Programmable All-Optical Complex Coefficients[J]. IEEE Transactions on Microwave Theory and Techniques, 2010, 58(11):3088-3093.

[52] Yi X, Huang T X H, Minasian R A. Photonic Beamforming Based on Programmable Phase Shifters With Amplitude and Phase Control[J]. IEEE

Photonics Technology Letters, 2011, 23(18):1286-1288.

[53] A. M W. Femtosecond Pulse Shaping Using Spatial Light Modulators[J]. Review of Scientific Instruments, 2000, 71(5):1929-1960.

[54] Edfors O, Johansson A J. Is Orbital Angular Momentum (OAM) Based Radio Communication an Unexploited Area?[J]. IEEE Transactions on Antennas and Propagation, 2012, 60(2):1126-1131.

[55] Lo E S, Chan P W C, Lau V K N, et al. Adaptive Resource Allocation and Capacity Comparison of Downlink Multiuser MIMO-MC-CDMA and MIMO-OFDMA[J]. IEEE Transactions on Wireless Communications, 2007, 6(3):1083-1093.

[56] Emre T. Capacity of multi-antenna Gaussian channels[J]. EUROPEAN TRANSACTIONS ON TELECOMMUNICATIONS, 1999, 10(6):585-595.

[57] B. Ning, D. Hou, P. Du, J. Zhao. Long-term repetition frequency stabilization of passively mode-locked fiber lasers using high-frequency harmonic synchronization[J]. IEEE J. Quantum Electron, 2013, 49(6):503-510.

[58] Hristov, H. D, Herben, et al. Millimeter-wave Fresnel-zone plate lens and antenna[J]. IEEE Transactions on Microwave Theory and Techniques, 1995, 43(12):2779-2785.

第9章　基于光真延时的新型光控波束形成

9.1　引言

OTTD 技术因具有大瞬时带宽、低损耗、抗电磁干扰、平行信号处理能力等优势而被研究人员特别关注。它可以为未来的相控阵新型雷达系统提供可扩展的方案。OTTD 模块可以应用到 ROF 系统中。近年来，基于 OAM-MDM 技术的无线通信系统是 OTTD 技术与 CAA 技术相结合的产物，可提高系统的频谱利用率和通信容量。对于新型光控波束形成网络（OBFN）技术，其最初的形成使用了 OTTD 技术，通过控制输入射频信号的频率可以灵活控制波束指向。其优势是对光源的要求降低，结构相对简单。该技术可以减少天线阵元使用数目，优化系统软硬件设计。同时，该技术抵抗噪声性能强，可提高系统精度，可用于新型的分布式相参雷达。

9.2　新型循环附加 OTTD 原理

为了提高雷达系统的延时精度以及提升工作带宽，目前国内外相关的科学研究人员研发丰富的 OTTD 结构来构建波束形成网络。新型的延时方案应用光谱处理器（OSP），从时间域信号处理转变到频谱域信号处理，实现可远程控制的多路 OTTD 链路。有人提出一种新型循环附加光真延时技术（CAO-TTD），它利用在相邻天线阵元馈电信号的延时差中加入额外的等于整数倍微波周期的时间延迟，在实现波束控制的同时实现光谱滤波。

为方便理解基于恒定 OTTD 的新型 OBFN 技术，这里介绍一种基于 OTTD 的波束形成原理——循环附加光真延时技术（CAO-TTD）原理。该原理与传统的 OTTD 不存在器件上的差异，只是在传统的 OTTD 基础上引入额外的时间延迟，所以这种光处理不会引起额外的插入损耗，仅仅是在实现大延时上可能存在微小的功率损耗问题。CAO-TTD 既可以使用基于色散的 OTTD 模块，也可以用基于路径选择的 OTTD 模块来实现。该技术根据天线阵元的干涉原理，使用引入额外延时的延时模块，达到 OBFN 更好的效果。

图 9-1 所示为 CAO-TTD 结构原理的示意图。传统的 OTTD 实现方法与微波的延时是类似的。这里使用相控阵原理来分析说明 CAO-TTD 波束形成器的性能特点。阵列天线的远场的辐射强度 I 一般可以表达为

$$I(\theta,f)=\sum_{n=0}^{N-1} I_n \exp\left[j\frac{2\pi fn\Lambda}{c}\left(\sin\theta+\frac{c\tau}{\Lambda}\right)\right] \tag{9-1}$$

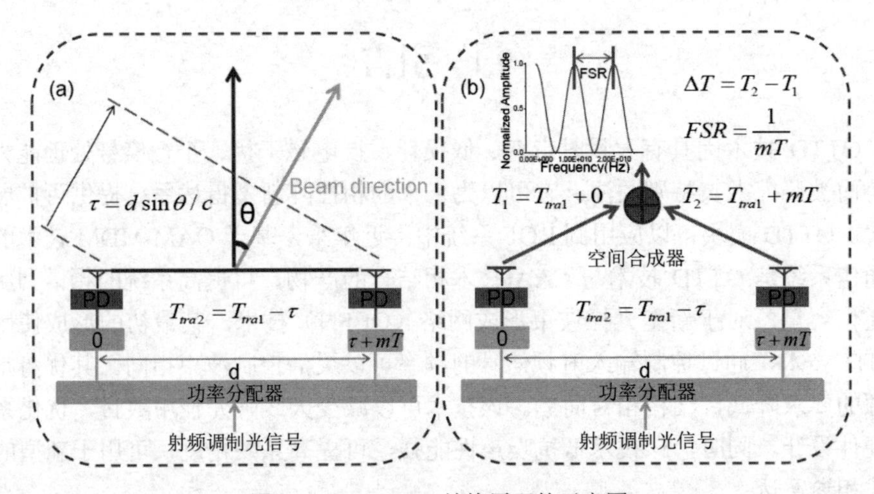

图 9-1　CAO-TTD 结构原理的示意图

式中，f 为 RF 信号的频率；N 为阵列天线阵元数；θ 为扫描角度；I_n 为阵元权重；c 为光速；Λ 为相邻天线间距；τ 为相邻阵元的延时差值。根据基于 OTTD 的波束形成器的原理，在波束指向角度 $\theta_{\max}=-\arcsin(c\tau/\Lambda)$ 时，远场辐射强度 I 达到最大值。

在 CAO-OTTD 的原理中，引入额外的等于整数倍 RF 信号周期的时间延迟作为附加的延时差，远场的辐射强度 I 可以用数学表述为

$$I(\theta,f)=\sum_{n=0}^{N-1} I_n \exp\left[j\frac{2\pi fn\Lambda}{c}\left(\sin\theta+\frac{c\tau}{\Lambda}\right)\right]\times\exp(j2\pi fnmT_{\mathrm{RF}}) \tag{9-2}$$

式中，$\exp\left[j\frac{2\pi fn\Lambda}{c}\left(\sin\theta+\frac{c\tau}{\Lambda}\right)\right]$ 为空间滤波（spatial filtering）因子；m 为一个整数；T_{RF} 为 RF 信号的周期；$\exp(j2\pi fnmT_{\mathrm{RF}})$ 为频率滤波（spectral filtering）因子。波束将在波束指向角度 $\theta_{\max}=-\arcsin(c\tau/\Lambda)$ 时，远场辐射强度 I 叠加达到最大值，带宽方面将受到频率滤波因子的影响。这个原理的优势是在实现空间滤波（波束指向形成）的同时实现了频率滤波。

9.3 基于恒定 OTTD 的新型光控波束形成器

9.3.1 装置原理分析

如图 9-2 所示，整个波束系统的工作原理关键在于数学上重新分配延时差值，而非具体 OTTD 的实现方案。所以图 9-2 仅给出 OTTD 链路的概念，而 OTTD 具体实现的方案可以灵活多样地设计。如图 9-2 虚框中所示，通过电光调制器把 RF 信号调制到光上，形成带有射频信息的光信号。通过 1:N 分光器把光信号送入 N 路 OTTD 链路中得到相应的延时值，并通过光电探测器将转变为带有相应延时的 RF 信号馈入阵列天线中，通过各个天线阵元将 RF 信号辐射到自由空间，依据干涉原理实现波束指向。这里可以依据传统相控天线阵雷达原理来加深相关理解。远场的辐射强度 I 的数学表达式为

$$I(\theta,f)=\sum_{n=0}^{N-1}I_n\exp\left[j\frac{2\pi fn\Lambda}{c}\left(\sin\theta+\frac{c\tau}{\Lambda}\right)\right] \tag{9-3}$$

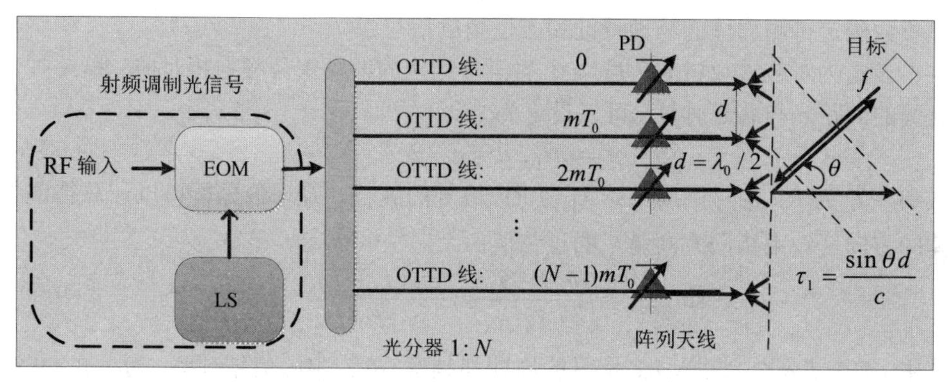

图 9-2 基于恒定 OTTD 技术的 OBFN 原理图（波束指向 θ 与 RF 信号频率 f 一一对应）

EOM—电光调制器；LS—光源；PD—光电解调器

式中，I_n 为阵元权重；Λ 为相邻天线间距；θ 为扫描角度；f 为 RF 信号的频率；c 为光速；N 为阵列天线阵元数；τ 为相邻阵元的延时差值。根据 OTTD 波束形成的机理，在波束指向角度 $\theta_{\max}=-\arcsin(c\tau/\Lambda)$ 时，远场辐射强度 I 达到最大值。

在 CAO-OTTD 的原理中，对延时差 τ 进行数学上的重新分配，在延时差中引入额外的等于整数倍 RF 信号周期的时间延迟；将相邻阵元的馈电延时差分为两部分，并且保持总延时差 τ 恒定。这样可以得到不同于传统波束形成器的额外优

势参数。远场的辐射强度 I 可以改写为

$$I(\theta,f)=\sum_{n=0}^{N-1} I_n \exp\left[j\frac{2\pi fn\Lambda}{c}\left(\sin\theta+\frac{c\tau_1}{\Lambda}\right)\right]\times\exp(j2\pi fn\tau_2) \tag{9-4}$$

公式（9-4）中 τ_1 和 τ_2 是总延时差 τ 分出的两个部分，定义 τ_2 的数学表达式为

$$\tau_2 = mT \tag{9-5}$$

此处，T 是 RF 信号的周期，m 为整数。再通过 τ 和 τ_2 来定义 τ_1，可以把公式（9-4）改写为

$$I(\theta,f)=\sum_{n=0}^{N-1} I_n \exp\left[j\frac{2\pi fn\Lambda}{c}\left(\sin\theta+\frac{c(\tau-\tau_2)}{\Lambda}\right)\right]\times\exp(j2\pi fnmT) \tag{9-6}$$

通过式（9-6）并对应 CAO-OTTD 的原理，波束指向 $\theta_{\max}$ 可以用数学表达式表述为

$$\theta_{\max} = -\arcsin[c(\tau-mT)/\Lambda] \tag{9-7}$$

对于一个恒定的总延时 τ，波束指向只与 RF 信号的周期有关，即控制波束指向可由改变射频信号的频率来实现。这可以作为新型分布式相参雷达扩展原理。如图 9-2 所示，当 RF 信号被待测物体反射且被雷达接收成像时，可以根据反射信号的频率参数确定待测物体的物理特征和方位角度信息。

设定为对应波束指向角度为 0°的值与相应的射频信号频率相对应。PAA 阵元之间的间距 d 与总延时量 τ 可以设定为

$$\tau = mT_0,\ d=\lambda_0/2 \tag{9-8}$$

式中，T_0 为 RF 信号的周期；λ_0 为 RF 信号的波长。经理论分析可以计算待测物体的方向（波束指向方向角）的正弦值：

$$\sin\theta_{\max}=\frac{2m(T-T_0)}{T_0}=\frac{2m(f_0-f)}{f} \tag{9-9}$$

式中，T 和 f 分别为输入 RF 信号的周期和频率；f_0 为中心信号频率。对公式（9-9）的函数关系进行分析得：出射波束指向准确度随 RF 信号的频率变化的灵敏程度与整数值 m 紧密相连，就是说，整数值 m 的取值决定着整个系统的空间滤波特性参数。

9.3.2 数值模拟分析

可以通过模拟来进一步说明理论的可行性。图 9-3 和图 9-4 为远场强度的模拟图。设置参数如下：天线阵列阵元数为 8；相邻天线距离为 0.75cm；中心 RF 信号的频率为 20GHz；相邻天线的距离等于中心 RF 信号波长的一半。

如图 9-3 所示，远场强度方向模拟图是由一个恒定的时间延迟模拟得到的，

其设计的 5 个不同的输入 RF 信号通过了恒定 OTTD 波束形成器。天线阵元数为 N=8，整数值 m 为 3，设定的 RF 信号中心频率为 20GHz，从①～⑤依次代表 18GHz、19GHz、20GHz、21GHz 和 22GHz。由图 9-3 可知，不同的频率的 RF 信号被辐射到不同的方向，形成不同的波束指向。图 9-3 说明这种新型的波束形成方案可以通过控制输入信号的频率控制波束指向。可以看出，这种控制方法与传统的基于 OTTD 的 OBFN 是有一定区别的。这为分布式相参雷达的波束形成提供了新的设计思路。

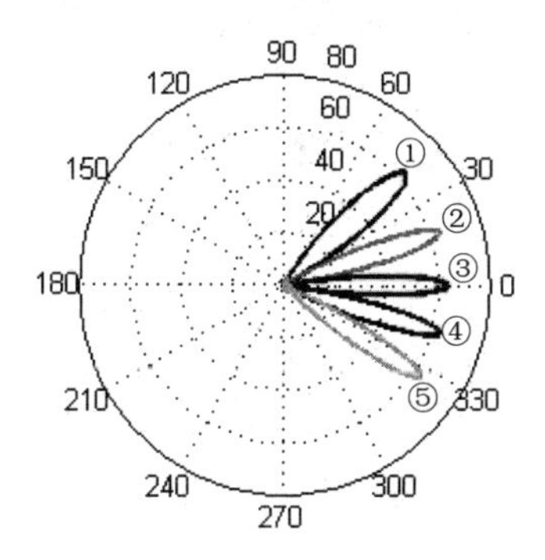

图 9-3　基于恒定 OTTD 技术的 OBFN 的远场强度方向模拟图

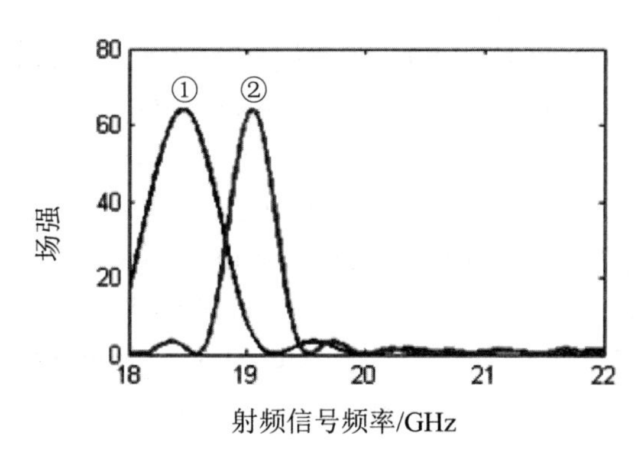

图 9-4　观察方位角 θ 为 30°的远场强度模拟图

①－m=3；②－m=5

图 9-4 为远场强度模拟图，表示在观察的方向角 $\theta = 30°$ 时，RF 信号的强度与 RF 信号频率的关系，亦可以是在这个方向上接收到信号的频谱。两条曲线是在不同的 m 值下进行模拟得到的，曲线①的整数值 m 为 3，曲线②的整数值 m 为 5。通过对两条曲线进行比较发现，曲线②明显比曲线①细锐，这说明，在天线阵元个数相同的条件下，整数值 m 越大，相同方向接收到的信号强度谱线越细锐。

也可以认为当物体在$\theta = 30°$的方向时，虽然两个系统的中心反射谱不同，但是，整数值m为5的比整数值m为3的系统的反射谱更加窄带，即空间滤波的效果更强。这个性质对探测雷达来说是一个提高探测精度的有效方法。

这种对相邻阵元馈电信号的延时差恒定的OBFN与传统的PAA扫描角度控制方式不同，它通过控制输入射频信号的频率控制波束指向，结构相对简单，尤其对光源的要求由连续可调的激光器或激光阵列降低为固定波长激光器。而且相对于传统的OTTD模块，能够使空间滤波的效果加强，也可以减少天线阵元数目，精简系统复杂程度。并且该技术不涉及其他的噪音来源，不影响系统精度。

9.4 本章小结

经过本节内容的分析发现，CAO-OTTD这种方案抛弃了传统OTTD链路的大带宽的优势。但是，作者通过深入分析拆解延时原理发现，可以实现一种新型的通过射频信号波长控制扫描方向的雷达系统。这种应用恒定OTTD技术的新型雷达系统，比传统光控相控阵天线系统更加简单，并且具备扫描探测功能。

9.5 参考文献

[1] Yi X, Li L, Huang T X H, et al. Programmable multiple true-time-delay elements based on a Fourier-domain optical processor[J]. Optics Letters, 2012, 37(4):608-610.

[2] Gao X, Huang S, Song Y, et al. Generating the orbital angular momentum of radio frequency signals using optical-true-time-delay unit based on optical spectrum processor[J]. Optics Letters, 2014, 39(9):2652-2655.

[3] Changming C, Yunji Y, Fei W, et al. Ultra-Long Compact Optical Polymeric Array Waveguide True-Time-Delay Line Devices[J]. IEEE Journal of Quantum Electronics, 2010, 46(5):754-761.

[4] Yeniay A, Renfeng G. True Time Delay Photonic Circuit Based on Perfluorpolymer Waveguides[J]. IEEE Photonics Technology Letters, 2010, 22(21):1565-1567.

[5] Howley B, Wang X, Chen M, et al. Reconfigurable Delay Time Polymer Planar Lightwave Circuit for an X-band Phased-Array Antenna Demonstration[J]. Journal of Lightwave Technology, 2007, 25(3):883-890.

[6] Grosskopf G, Eggemann R, Ehlers H, et al. Maximum directivity beam-former at

60 GHz with optical feeder[J]. IEEE Transactions on Antennas and Propagation, 2003, 51(11):3040-3046.

[7] Grosskopf G, Eggemann R, Zinal S, et al. Photonic 60-GHz maximum directivity beam former for smart antennas in mobile broad-band communications[J]. IEEE Photonics Technology Letters, 2002, 14(8):1169-1171.

[8] G. G. Silica Based Optical Beam Former for 60 GHz Array Antennas[J]. Fiber and Integrated Optics, 2010, 22(1):35-46.

[9] G P, H E. Optical beam forming of MM-wave array antennas in a 60 GHz radio over fiber system[C]. 2003,551-553.

[10] Song Y, Li S, Zheng X, et al. True time-delay line with high resolution and wide range employing dispersion and optical spectrum processing[J]. Optics Letters, 2013, 38(17):3245-3248.

[11] Chan P W C, Lo E S, Lau V K N, et al. Performance Comparison of Downlink Multiuser MIMO-OFDMA and MIMO-MC-CDMA with Transmit Side Information-Multi-Cell Analysis.[J]. IEEE Transactions on Wireless Communications, 2007, 6(6):2193-2203.

[12] Rusek F, Persson D, Lau B K, et al. Scaling Up MIMO: Opportunities and Challenges with Very Large Arrays[J]. Signal Processing Magazine, IEEE, 2013, 30(1):40-60.

[13] Zhang H, Liu Z, Zheng X. X-band continuously variable true-time delay lines using air-guiding photonic bandgap fibers and a broadband light source[J]. Optics Letters, 2006, 31(18):2789-2791.

[14] Xiaoxiao X, Xiaoping Z, Hanyi Z, et al. Optical beamforming networks employing phase modulation and direct detection[J]. Optics Communications, 2011, 284(12):2695-2699.

[15] Ying Y, Yi D, Dawei L, et al. A 7-bit photonic true-time-delay system based on an 8×8 MOEMS optical switch[J]. Chinese Optics Letters, 2009(2):118-120.

[16] Chao F, Shanguo H, Xinlu G, et al. Compact high frequency true-time-delay beamformer using bidirectional reflectance of the fiber gratings[J]. Optical Fiber Technology, 2013, 19(1):60-65.

[17] Poynting J H. The wave motion of a revolving shaft, and a suggestion as to the angular momentum in a beam of circularly polarised light[J]. Proc. R. Soc. Lond. A, 1909(82):560-567.

[18] Wolfgang P S. Quantum Optics: Optical Coherence and Quantum Optics[J].

Science, 1996(5270):1897-1898.

[19] S. F, L. A, M. P. Advances in optical angular momentum[J]. Laser & Photonics Reviews, 2008, 2(4):299-313.

[20] Yao A, Padgett M. Orbital angular momentum: origins, behavior and applications[J]. Advances in Optics and Photonics, 2011, 3(2):161-204.

[21] Dholakia K, čižmár T. Shaping the future of manipulation[J]. Nature Photonics, 2011, 5(6):335-342.

[22] Paterson L. Controlled rotation of optically trapped microscopic particles[J]. Science, 2001, 292(5518):912-914.

[23] Macdonald M P, Paterson L, Volke-Sepulveda K, et al. Creation and manipulation of three-dimensional optically trapped structures[J]. Science, 2002, 296(5570):1101-1103.

[24] Padgett M, Bowman R. Tweezers with a twist[J]. Nature Photonics, 2011, 5(6):343-348.

[25] Dennis M R, King R P, Jack B, et al. Isolated optical vortex knots[J]. Nature Physics, 2010, 6(2):118-121.

[26] Bernet S, Jesacher A, Fürhapter S, et al. Quantitative imaging of complex samples by spiral phase contrast microscopy[J]. Optics Express, 2006, 14(9):3792-3805.

[27] Elias N M I. Photon orbital angular momentum in astronomy[J]. Astronomy and Astrophysics, 2008, 492(3):883-922.

[28] Gabriel M, Juan P T, Lluis T. Twisted photons[J]. NATURE PHYSICS, 2007, 3(5):305-310.

[29] Gibson G, Courtial J, Padgett M, et al. Free-space information transfer using light beams carrying orbital angular momentum[J]. Optics Express, 2004(22):5448-5456.

[30] Shapiro J H, Massachusetts I O T D. The Quantum Theory of Optical Communications[J]. IEEE Journal of Selected Topics in Quantum Electronics, 2009, 15(6):1547-1569.

[31] S. N K, V. V K, M. V S, et al. The Phase Rotor Filter[J]. Journal of Modern Optics. 1992, 39(5):1147-1154.

[32] V. V, E. A. Spiral-type beams: optical and quantum aspects[J]. Optics Communications, 1996, 125: 302-323.

[33] Masajada J. Synthetic holograms for optical vortex generation : Image evaluation[J]. Optik. 1999:243-247.

[34] Uchida M. Generation of electron beams carrying orbital angular momentum.[J]. Nature, 2010, 464(7289):737-739.

[35] Tamburini F, Mari E, Thide B, et al. Experimental verification of photon angular momentum and vorticity with radio techniques[J]. Applied Physics Letters, 2011, 99(20):204102.

[36] Fabrizio T, Elettra M, Anna S, et al. Encoding many channels on the same frequency through radio vorticity: first experimental test[J]. New Journal of Physics, 2011, 14(3):811-815.

[37] R. F. Holloway, W. H. Weedon, B. Houshmand, R. Roll. Next generation W-band radar testbed. Radar Conference, 65-71 (2007).

[38] Djordjevic I B. Deep-space and near-Earth optical communications by coded orbital angular momentum (OAM) modulation[J]. Optics Express, 2011, 19(15):14277-14289.

[39] Awaji Y, Wada N, Toda Y. Demonstration of spatial mode division multiplexing using Laguerre-Gaussian mode beam in telecom-wavelength[C]. 2010:784-787.

[40] Gnauck A H, Winzer P J, Chandrasekhar S, et al. Spectrally Efficient Long-Haul WDM Transmission Using 224-Gb/s Polarization-Multiplexed 16-QAM[J]. Journal of Lightwave Technology, 2011, 29(4):373-377.

[41] Thidé B, Then H, Sjöholm J, et al. Utilization of photon orbital angular momentum in the low-frequency radio domain[J]. Physical Review Letters, 2007, 99(8):125-128.

[42] Chang-Hasnain C J, Chuang S L. Slow and Fast Light in Semiconductor Quantum-Well and Quantum-Dot Devices[J]. Journal of Lightwave Technology, 2006, 24(12):4642-4654.

[43] Corral J L, Marti J, Regidor S, et al. Continuously variable true time-delay optical feeder for phased-array antenna employing chirped fiber grating[J]. IEEE Transactions on Microwave Theory and Techniques, 1997, 45(8):1531-1536.

[44] Zmuda H, Soref R A, Payson P, et al. Photonic beamformer for phased array antennas using a fiber grating prism[J]. IEEE Photonics Technology Letters, 1997, 9(2):241-243.

[45] Yunqi L, Jianliang Y, Yao J. Continuous True-Time-Delay Beamforming For Phased Array Antenna Using A Tunable Chirped Fiber Grating Delay Line[J]. IEEE Photonics Technology Letters, 2002, 14(8):1172-1174.

[46] Yunqi L, Jianping Y, Jianliang Y. Wideband true-time-delay unit for phased array

beamforming using discrete-chirped fiber grating prism[J]. Optics Communications, 2002, 207: 177-187.

[47] Liu Y, Yao J, Yang J. Wideband true-time-delay beam former that employs a tunable chirped fiber grating prism.[J]. Appl Opt, 2003, 42(13):2273-2277.

[48] Tae J E, Sun-Jong K, Tae-Young K, et al. Realization of true-time-delay using cascaded long-period fiber gratings: theory and applications to the optical pulse multiplication and temporal encoder/decoder[J]. Journal of Lightwave Technology, 2005, 23(2):597-608.

[49] Yongfeng W, Chaowei Y, Shanguo H, et al. Optical true time-delay for two-dimensional phased array antennas using compact fiber grating prism[J]. Chinese Optics Letters, 2013, 11(10):100606-100609.

[50] Sasaki S, Mcnulty I. Proposal for generating brilliant x-ray beams carrying orbital angular momentum[J]. Physical Review Letters, 2008, 100(12):3436-3440.

[51] Mohammadi S M, Daldorff L K S, Bergman J E S, et al. Orbital Angular Momentum in Radio—A System Study[J]. IEEE Transactions on Antennas and Propagation, 2010, 58(2):565-572.

[52] Gao X, Huang S, Song Y, et al. Generating the orbital angular momentum of radio frequency signals using optical-true-time-delay unit based on optical spectrum processor[J]. Optics Letters, 2014, 39(9):2652.

第 10 章　光空分复用技术在雷达中的应用

1965 年，华裔物理学家高锟研发出作为通信系统的传输媒质——低损耗光纤，1970 年，美国康宁公司研制出了 20dB 损耗的光纤，同时，在室温下连续工作的 GaAlAs 激光器问世，开启了光纤通信发展的新时代。在信息化时代，光纤传输已经成为信息网络中重要的信息交换平台，承担着海量信息数据传输的重任。时代的发展和需求需要新型的通信手段和方法来解决相关问题。随着各种新业务的涌现，信息容量需求呈爆炸式增长，对数据传输速率的要求越来越高。

光纤通信传输技术先后经历了几个重要的发展阶段：WDM 和掺铒光纤放大器（Erbium-doped Optical Fiber Amplifier，EDFA）的结合、高频谱效率的高阶调制格式、时分复用（Time Division Multiplex，TDM）技术。其发展历程如图 10-1 所示。随着光纤通信的发展，光通信的波段从 850nm 转向 1310nm 和 1550nm 波段，损耗降低到了 0.2dB/km，介质由多模光纤到单模光纤，抗色散光纤也得到应用。单模光纤通信系统展现出了强大的性能优势，成为通信的主要手段。

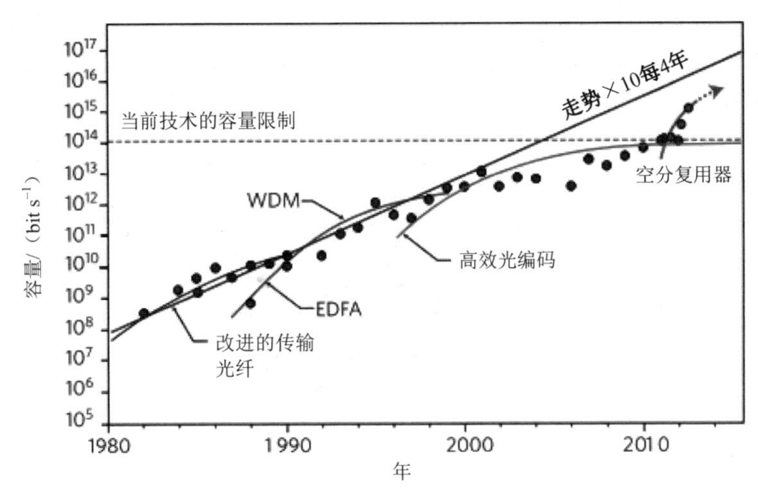

图 10-1　光纤通信技术的发展历程与网络容量需求[6]

20 世纪初期是 WDM 技术的快速发展时期，随着 EDFA 的问世，其在 1550nm 波段优越的放大性能促使单模光纤通信往 1550nm 波段飞速演进；光纤通信传输容量得到迅速提升；WDM 技术光纤通信容量提高了两个数量级。20 世纪 90 年代出现第一批 Tb/s 的传输系统，将波分复用扩展到 C 波段和 L 波段，将光纤通信容量再次提高将近一个数量级，但由于缺少 C+L 波段的集成放大平台，在技术和商业应用上存在一定的局限性。

随着数字信号处理（Digital Signal Processing，DSP）技术和光器件技术的发展，基于高阶调制格式的数字相干检测光通信技术通过高频谱利用率，进一步提高了光纤通信系统的通信容量。当前，数字相干光纤通信系统已经商用。另外，数字相干光纤通信技术还使得偏振复用技术成为现实，将信道容量大幅度提高。

单位物理信道的容量公式为

$$C=\frac{1}{2}\log\left(1+\frac{P_s}{\sigma^2}\right)=\frac{1}{2}\log(1+SNR) \tag{10-1}$$

式中，P_s 为信号功率；SNR 为信噪比；σ^2 为噪声功率。从式（10-1）可以看出，单位物理信道容量 C 与 SNR 密切相关，SNR 越大，信道容量 C 越大，呈对数增长。那么未来若要提高单位物理信道容量 C，就需要进一步提高 SNR，从式（10-1）可知只能通过提高信号功率 P_s 来实现。而随着信号功率 P_s 增加，单位物理信道容量 C 只是呈对数型增长。因此，从单位比特信息的功率消耗量的视角来看，不能通过无限增加信号功率 P_s 的方法来满足呈指数型增长的信道容量需求。另外，信号功率 P_s 增加到一定程度，将引起光纤的非线性效应，如图 10-2 所示。因此，光纤的非线性效应决定了能在光纤中传输的信号功率上限。多个研究表明，100Tb/s 是普通单模光纤传输系统的容量极限。因此，探寻新的光纤通信技术势在必行。

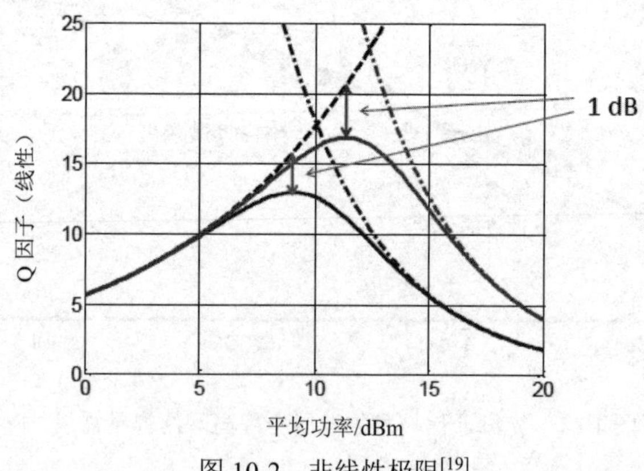

图 10-2 非线性极限[19]

偏振、频率、幅度、相位、时隙和空间位置等参数是光场的基本参数，如图

10-3 所示。光场自由度是每个变量都有的属性。光波的幅度、频率、偏振态及相位要素均已经被研究利用，只有空间维度$\psi(x,y)$是没有被充分发掘的空间。

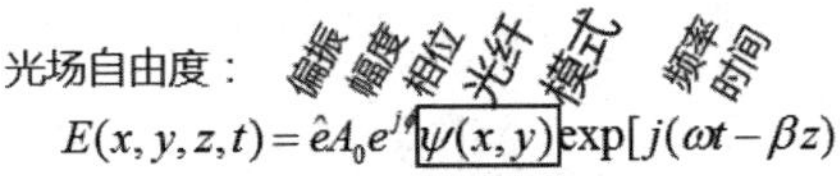

光场自由度：偏振 幅度 相位 光纤 模式 频率 时间

$$E(x,y,z,t)=\hat{e}A_0e^{j\varphi}\boxed{\psi(x,y)}\exp[j(\omega t-\beta z)$$

图 10-3 光场的表达式

在通信技术的发展中，最早采用的复用方式为时分复用（TDM）技术。TDM 技术是将时间分成若干时隙，每个时隙按照一定的规则调制信息，把不同的时隙按照一定的原则分配给不同的信道，从而达到提高传输速率的目的。

频分复用（FDM）技术是对频率维度的复用，是继 TDM 技术后研制出的复用方式。TDM 是从时间维度进行的复用，如果把时域信号进行傅里叶变换，就可实现信号频域分析；在频率维度，将频域按照一定的规则分成不同的信道来调制信息，就是常见的 FDM 技术，如图 10-4 所示。在通信系统中，不同的频率与不同波长相对应，那么对频率的复用技术常常称为波分复用（WDM）技术。为了充分利用频谱资源，通过划分最小化频率间隔，研发了正交频分复用（Orthogonal Frequency Division Multiplexing，OFDM）。其目前也在光纤通信中得到了应用。通过调制格式和子载波功率，研发了离散多载波调制（Discrete Multi-Tone Modulation，DMT），目前该技术已在高速短距离的链路上得到了应用。

相位调制和幅度调制是成熟的调制方式，相位调制如 BPSK、QPSK，幅度调制如 OOK 等。结合了幅度调制和相位调制的方式——正交幅度调制（QAM），其星座图如图 10-4 所示。最简单的 QAM 星座图为矩形星座图，另外还有迭代极性调制（Iterative Polar Modulation，IPM）星座图。

利用电磁波的矢量特性，可将其分解为两个正交的偏振方向。利用这种偏振维度进行复用的信息传输即为偏振复用（Polarization Division Multiplexing，PDM）技术。随着相干光通信和数字信号处理技术的快速发展，PDM 技术也发展得比较快。在两个正交的偏振方向上，传输两路独立的信息，传输容量大幅度提高，如图 10-4 所示。

另外，电磁波还具有空间维度信息。利用空间上 M 个并行的空间信道来传输独立的信息，从而实现空间复用技术。该技术其实已经在多种场景中得到应用，如蜂窝无线通信系统、带状光纤光缆和多天线技术。在光纤通信中，有多根光纤并行传输的多纤技术，而且正交维度、频率维度、时间维度和偏振维度均已经充分利用，唯独空间维度的利用还有较大的提升空间。

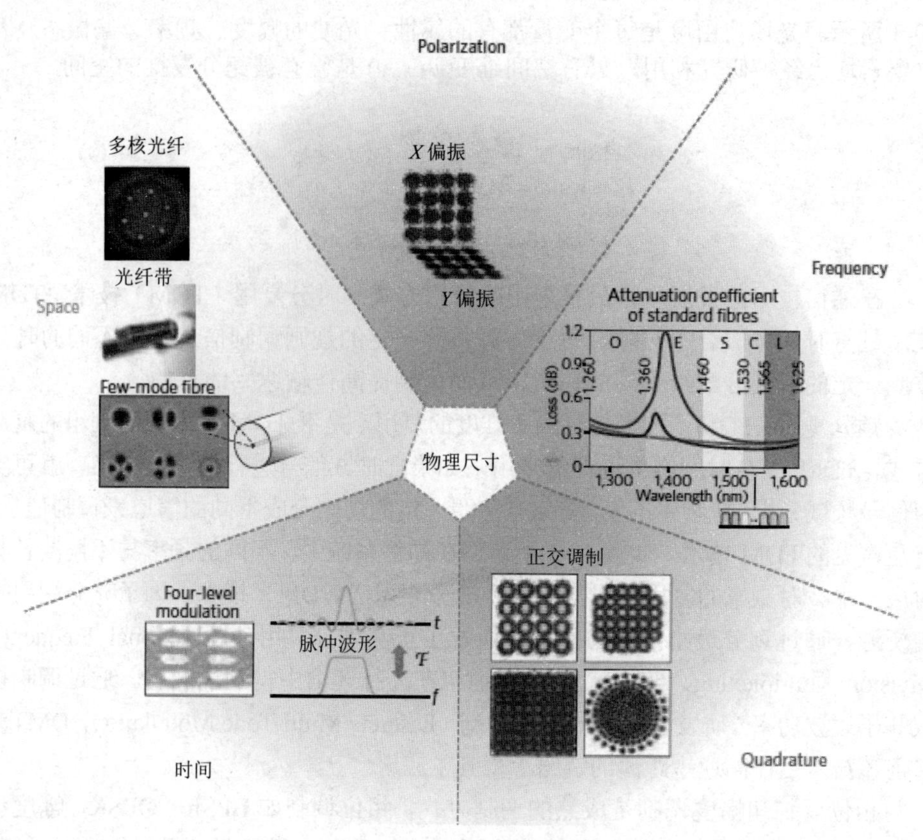

图 10-4 光波的物理维度

随着技术的发展，WDM 技术通过 N 个波长的复用，将光纤的信道容量提高了 N 倍。呈指数型增长的容量需要利用单模光纤（Single Mode Fiber，SMF）的 WDM 数字相干光通信系统的所有维度信息，如 SMF 光波的幅度、偏振态、频率以及相位。若要成倍地增加整个光纤的信道容量，需要在利用 SMF 的基础上，探索除SMF之外的新的物理维度。考虑到无线通信中的多输入多输出（Multiple Input Multiple Output，MIMO）技术平台，在光通信中，空间是永恒的话题，是处于 WDM 之外的一个新的物理维度。因此，基于空间维度的空分复用（Space Division Multiplexing，SDM）技术应运而生。2009 年，日本 Nakazawa 教授首次提出基于“3M”的空分复用技术，即多模光纤（Multi-Mode Fiber）、多纤（Multi-Fiber Multiplexing）和多芯光纤（Multi-Core Fiber）复用，并认为空分复用技术是光纤通信的第二次创新发展。空分复用技术在分布式相参雷达中的应用前景光明。

10.1　空分复用技术的演进

空分复用是利用空间信道来提高光通信容量的复用技术，既可以应用于波导型光通信中，也可以应用于自由空间光通信。图 10-5 给出了空分复用技术的演进过程。图 10-5（a）是 SDM 最简单的形式，由多个并行的单模光纤和器件组成物理上相互并行的空间通道，每个空间通道为现在已使用的 WDM 系统。理论上 M 个并行的 WDM 系统能够增加 M 倍系统信息传输能力，但系统的能量损耗和开销也增加了 M 倍。因此，人们更期望传输设备能持续减小每比特的能量损耗和开销，这样才能满足未来以指数形式增加的网络传输信息的需求。如果 SDM 系统能够在商业网络和系统中得到发展和应用，SDM 技术必须使用大量集成和共享的空间信道系统组件，这样才能尽量降低成本和减少资源开销。集成 SDM 系统如图 10-5（b）和（c）所示，其包括光放大器、可重构光分/插复用器、网络单元转发器及传输波导等器件。在传输波导中，信号可以在少模/多模光纤中以正交的空间模式传播，也可以在多芯光纤的单个芯中传播。通过器件集成演变到链路集成的过程，可以减小安装费用，从而满足商业应用的需求。

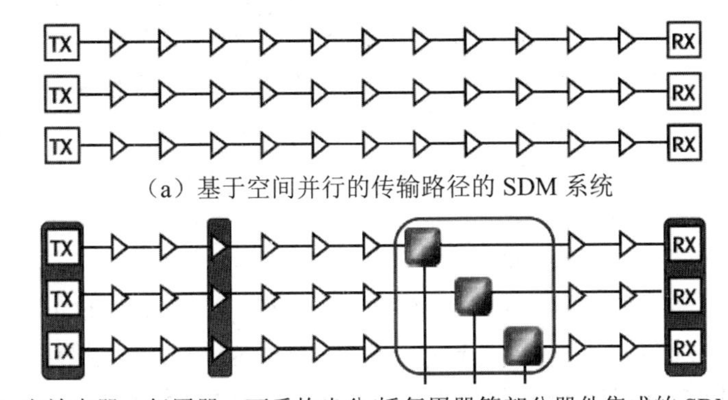

（a）基于空间并行的传输路径的 SDM 系统

（b）光放大器、复用器、可重构光分/插复用器等部分器件集成的 SDM 系统

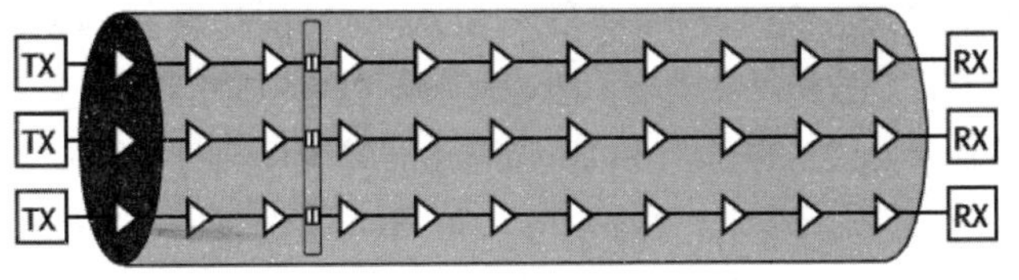

（c）从长远来看，光纤链路、器件等所有路径都集成的 SDM 系统[5]

图 10-5　空分复用技术的演进

10.2 空分复用技术及其研究现状

10.2.1 空分复用技术的发展

空分复用技术自提出以来，多次实验测试结果显示其频谱利用率已经超过了单模光纤的非线性香农极限，如图 10-6 所示。2011 年，Xiang Liu 等人实现信道内频谱效率为 8.6b/s/Hz，在 76.8km 的 7 芯光纤中传输 1.12-Tb/s 和 32-QAM-OFDM 信号，单根光纤的总频谱效率为 60 b/s/Hz。2012 年，Sakaguchi J 等人在 10.1km 长的 19 芯光纤中，实现 19×100×172-Gb/s SDM-WDM-PDM-QPSK 的传输，速率达到 305Tb/s。AH Gnauck 等人在 845km 的 7 芯光纤中，成功实现了频谱效率达到 42.2b/s/Hz，完成速率为 603Gb/s 的 16QAM-OFDM-PDM 信号的传输。Hidehiko Takara 等人在 52km 的环状排列的 12 芯光纤中实现了 1.01-Pb/s（12 SDM/222 WDM/456Gb/s）的 32QAM 信号的传输，频谱效率达到 91.4 b/s/Hz。Chandrasekhar S 等人报道了总频谱效率距离乘积为 40320 km·b/s/Hz 的实验。在 2688km 长的低串扰 7 芯光纤中，实现了 10 ×128Gb/s PDM-QPSK 的 WDM 信号和 SDM 信号的传输。2013 年，Takahashi H 等人在 6160km 的 7 芯光纤中传输 40×28Gb/s PDM-QPSK 信号，容量距离积为 177Pb/s.km，总速率为 28.8Tb/s。Sakaguchi Jun 等人实现了 36 芯 3 模式的光纤传输，总的空间信道达到 108 个。Igarashi Koji 等人在弱耦合 9.8km 的 19 芯 6 模式的光纤中实现了空间信道为 114 的空分复用。Roland Ryf 等人在接收端利用 12×12 的 MIMO 数字信号处理，总的频率利用率为 32b/s/Hz，在 177km 的少模光纤中传输 32 路 WDM×12 路偏振模式的波束。2014 年，van Uden RGH 等人在 7 芯 3 模式的光纤中，频谱利用率为 102b/s/Hz，实现了总速率为 255Tb/s 的数据速率。T.

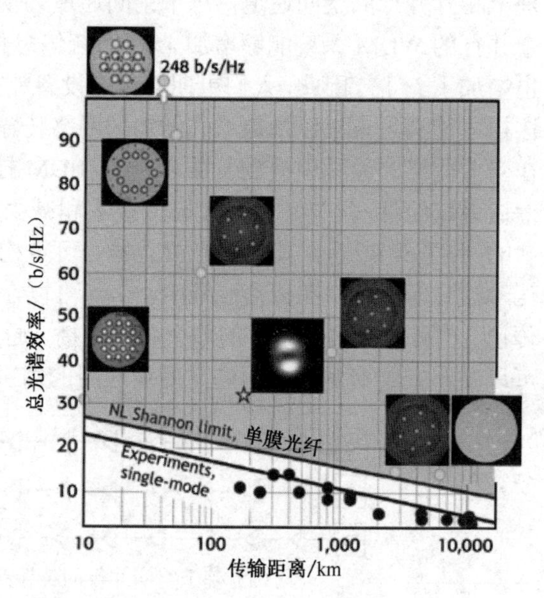

图 10-6 多种类型空分复用系统的测试记录

Mizuno 等人在 40km 的 12 芯 3 模式的光纤中实现了多芯少模传输，频谱利用率达到 248b/s/Hz。2015 年，Takeshima Koki 等人在 2520km 的 7 芯光纤中实现了 73×100Gb/s DP-QPSK 信号传输，速率达到 51.1Tb/s。

根据传输模式，SDM 技术可分为基于少模光纤（Few Mode Fibers，FMFs）或者多模光纤（Multi-mode Fibers，MMFs）的模分复用技术（Mode Division Multiplexing，MDM）、基于光子轨道角动量的轨道角动量复用技术（Orbital Angular Momentum，OAM）、联合多芯少模（Multi-Core and Few Mode Fibers，MCF-FMF）的空分复用技术以及基于多芯光纤（Multi-Core Fibers，MCFs）的多芯空分复用技术。如图 10-7 所示，用于空分复用的光纤有少模光纤（FMFs）、环状光纤（Ring-Core Fibers，RCFs）、多模光纤（MMFs）、多芯光纤（MCFs）、多芯多模光纤（Hybrid MCF-MMFs）、光子晶体光纤（Hollow-Core Fiber，HCF）。

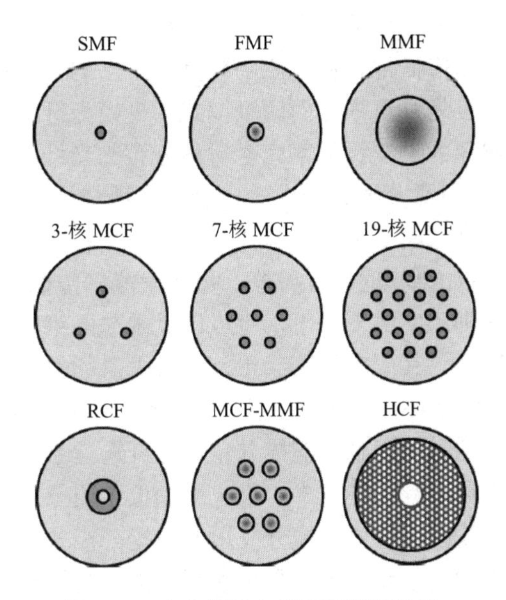

图 10-7 空分复用中的不同类型光纤

10.2.2 模分复用技术

空分复用技术是指将多模光纤/少模光纤中不同的模式作为独立的信道承载不同的信息，基于模式之间的正交性，并复用在同一根光纤中传输的技术。根据传输波导的不同，模分复用分为基于少模光纤的复用和基于多模光纤的复用。2013 年至 2014 年，Ryf Roland 等人在 17km 的传统的 50um 渐变折射率多模光纤中实现了速率为 23Tb/s 的信号传输。Roland Ryf 等人在 177km 的少模光纤中传输 32 路 WDM×12 路空间和偏振模式，在接收端利用 12×12 的 MIMO 数字信号处理，总的频率利用率为 32b/s/Hz。由于存在的模式的区别，传输过程中较少模光纤的模式串扰小于多模光纤。因此，基于少模光纤的模分复用得到的关注更多。

根据模式激励和复用形态，模分复用有两种分类，一种是混合模式激励和复用的方法；另一种是选择性模式激励和复用的方法。在选择性模式激励和复用的方法中，模式激励时尽可能精确地激励出需要的光纤模式，然后将不同的信息独立地调制到不同的光纤模式上，在弱耦合或者无耦合的光纤中传输。模式激励时不需要精确地激励出每个空间模式，在混合模式激励和复用的方法中，是将来自单模光纤的多个输入信息同时混合地复用到少模光纤的一组正交模式上。由于耦合效应，在传输的过程中模式之间相互串扰，接收端需要联合 MIMO 技术和相干检测才能解复用出串扰在一起的信号。一般传输信道为强耦合信道，与弱耦合相比，强耦合的信道能够降低混合模式激励和复用方法的数字信号处理复杂度。简并模式之间的相干长度为几百米，而两个模式的少模光纤中相干长度为几千米，耦合和串扰是不可避免的。在折射率完全对称分布的光纤中，两种简并模式（如 LP_{11a} 和 LP_{11b}）的传播常数相同，因此一定会相互耦合。

从传输容量的角度考虑，模分 WDM 技术和复用技术一样，是在单根光纤中存在 M 个并行信道，如果模间串扰可控，那么就能将传输的容量扩展 M 倍，同时，在极大提高频谱利用率的情况下，可以满足未来网络容量的需求。模分复用作为一种新的通信技术，其研究刚刚起步，还有大量的技术问题和科学问题需要解决，诸如多模/少模光纤设计和模式平稳放大器技术的革新等。在这些问题中，首先要解决的是模式控制的问题。在模分复用光纤通信系统中，模式控制的内涵包含模式激励、模式转换等关键技术。模式激励位于模分复用光纤通信系统发射机最前端，产生系统需要的模式是模分复用的前提。模式转换广泛位于模分复用光纤通信系统的模式前端单元，模分复用光网络数据交换核心节点是模分复用的关键。

10.3 模式控制研究现状

自 2009 年以来，各国对模分复用技术展开了广泛研究。作为模分复用技术的关键技术之一，模式控制技术主要有以下几种实现方案：空间相位调制型模式分析、模式选择性耦合器、锥形模式选择性耦合器、全光纤型模式控制、Y 型结模式转换器、长周期光栅型模式控制。

10.3.1 模式控制方案

1. 空间相位调制型模式分析

利用空间光调制器或者相位板等空间相位敏感器件来实现空间相位调制。对光波的波前进行空间相位调制，再通过后端光学系统处理，经过傅里叶变换或者足够长的距离传输后，衍射获得新的相位和幅度分布。那么若要得到需要的相位和幅度分布，就需要对相位板或者空间光调制器进行特定设定。最简单的设置方法是直接取光场的相位，得到相位板或者 SLM 的相位函数。由于少模/多模光纤中的光场常常是纯实数的拉盖尔高斯函数，相位板或者 SLM 就可以设置为二进制相位函数，那么相位就是简单的 0、π 分布。波兰华沙工业大学的 Grzegorz Stepniak 等人将 SLM 设置为相位函数的目标模式，配合孔径光阑的空间滤波作用，实现了模式选择性激励，但存在较严重的衍射条纹，且只能在高阶模式与基模之间转换。Joel Carpenter 等人利用智能算法对 SLM 进行设置，实现了较精确的常见模式转换，但这种转换仅限于高阶模式与基模之间的转换。法国阿尔卡特－朗讯贝尔实验室的 M.Salsi 等人将 SLM 分块利用，每块进行 0、π 的二进制简单设置，实现了 LP_{01}、LP_{11a} 和 LP_{11b} 的解复用和模式复用。另外，相位板或者 SLM 还可以进行较复杂的设置，法国 CAILabs 的 Guillaume Labroille 等人基于酉变换原理，将一组来自单模光纤的基模分别选择性激励在各自的高阶模式上，并复用在一起，同时完成模式的选择性激励和复用。

2. 模式选择性耦合器

在两个光纤或多个纤芯之间实现模式能量交换的器件通常称为模式选择性耦合器。英国南安普顿大学的 R. Ismaeel 等人、韩国中央大学的 K. Y. Song 等人分别利用各种光纤技术实现了模式选择性耦合器。模式选择性耦合器的作用是将单模光纤中的 LP_{01} 模转换到少模光纤中的高阶模，为了使得两个模式之间的能量可以充分转换，需要匹配少模光纤与单模光纤的纤芯尺寸，从而实现模式之间传播常数的匹配。为了匹配尺寸，日本 NTT 公司的 N. Hanzawa 等人在光子集成电路中实现了模式的选择性耦合和复用。澳大利亚的 N. Riesen 等人利用激光注入技术在光子芯片上实现了双芯和三芯模式选择性耦合器。K. Y. Song 和 R. Ismaeel 等人的做法是先对少模光纤或单模光纤做预拉锥，拉到合适的尺寸以后再熔融拼接。

3. 锥形模式选择性耦合器

N. Riesen 等人提出的锥形模式选择性耦合器是一种具有很高带宽的模式转换器。不同于模式选择性耦合器通过模式传播常数匹配来实现模式转换，锥形模式选择性耦合器实现模式转换的原理是模式之间传播常数的缓慢交叉。在交叉区域，能量在两个模式之间往复振荡，逐渐地随着传播常数分开，能量也几乎完全地转换到了吸引力更强的臂中去。锥形耦合器带宽宽、损耗小，但是相比传统的耦合器，其制作难度更大。最近 S. Gross 等人利用激光注入技术在光子芯片中实现锥形模式选择性耦合器。另外，在光子晶体光纤中利用后处理技术实现锥形模式选择性耦合器也是一种可行的方案。

4. 全光纤型模式控制

美国贝尔实验室的 R. Ryf 等人通过光场传输实现耦合和复用技术，提出了基于入射点场分布的模式耦合器。模式耦合器相当于酉变换的作用，并不依赖于波长，而且还具有模式相关性损耗特别小的优点。Chen Haoshuo 等人在光子集成电路中实现了这种模式耦合器，极大地提高了其集成性。2007 年，英国巴斯大学的 K. Lai 等人基于光子晶体光纤技术提出了两种不依赖于波长的全光纤型模式转换器：一种使用光子晶体光纤后处理技术选择性地坍缩空气孔，从而改变波导结构；另一种利用套圈技术将两根常用单模光纤塞入光子晶体光纤后拉锥。J. Savolainen 等人给出了一种宽带模式转换方案，利用超短激光脉冲技术在少模光纤的局部微小地改变折射率分布，基模光经过这个区域会激励出某一高阶模，数次经过即可达到理想的消光比，这种方案的带宽有 200 纳米。S. Yerolatsitis 和 S. G. Leon-Saval 等人分别利用光纤技术和光子晶体后处理技术实现了模式选择性激励光子灯笼。随后，Huang Bin 等人制作了模组选择性光子灯笼。相比传统的光子灯笼，这类光子灯笼的入射端由几根不同型号的单模光纤组成，每根（组）光纤跟输出端的某一（组）模式一一对应，传输时也具有一一对应的转换关系。光子灯笼兼容性好、损耗小，具有很大的应用前景。目前为止，由光场的绝热传输实现模式转换的最典型例子是光子灯笼。光子灯笼的入射端是几根单模光纤，在几根单模光纤的外围套上毛细管，然后对毛细管熔融缓慢拉锥，拉锥过程中单模光纤的纤芯逐渐消失，包层融合在一起成为新的纤芯，毛细管成为新的包层，最终输出端是少模光纤。从单模端入射的 LP01 模会激励出一系列正交的光纤模场。

5. Y 型结模式转换器

Y 型结模式转换器是近乎无损的器件，它的转换功能也跟波长无关，但是作为平板波导器件没法激励出高阶的光纤模式。J. D. Love 等人指出对称和非对称的 Y 型结模式转换器可以实现模式的变化，在对称的 Y 型结模式转换器中，如果在两个臂中入射相位相反的基模，在根部就会激励出二阶模，在非对称的 Y 型结模式转换器中，从两个臂的细臂入射的基模光会慢慢衍化为二阶模，从粗臂入射的基模光会衍化为基模。

6. 长周期光栅型模式控制

基于少模光纤的长周期光栅是一种简单有效的模式转换方法。R.C.Youngquist 等人便根据光栅的作用在一根双模光纤中实现了 LP01 模与 LP11 模的转换。最近几年，墨尔本大学的 Li An 等人做了很多工作，他们设计了 4 种金属光栅，具体的方案是用金属光栅去挤压双模光纤（Two Mode Fiber，TMF），利用光栅的周期性去匹配 TMF 中 LP01 模与 LP11 模之间的传播常数差，实现相位匹配。G. M. Fernandes 等人利用声光效应，T. Hellwig 等人通过脉冲的非线性自诱导作用分别在光纤中产生了光栅，实现了模场之间的转换。

10.3.2 模式控制技术的未来需求

各种模式实现方案各有优势和劣势。例如基于波导型的模式控制方案集成性较好，插入损耗相对较小，但激励的模式也有限，不够灵活，激励的精度也不可能太高。空间相位调制型模式控制方案灵活性高、转换精度高、重构性强，能够较精确地转换高阶模式，但插入损耗较大。上述各种模式控制主要集中在基模与高阶模式之间的相互转换。

模分复用技术不仅通过增加“空间模式”这一新的物理维度来提高传输系统的容量，同时也在网络层面新增了“空间模式”这个交换的颗粒度。高阶模式转换是实现以模式为颗粒度的数据交换的重要手段。采用 SLM 实现高阶模式之间的转换是较好的选择。SLM 在传统单模光纤系统和网络中被用作网络器件的关键组件，如制作波长选择开关（Wavelength Selective Switch，WSS）。基于 SLM 的模式激励方案具有可重构性强、灵活性高、转换精度高等优点，而且能够通过计算机软件灵活设置相位函数，实现编程控制，为融入网络互连开辟了新的途径，从而为未来应用在模式选择开关、光控波束形成网络、可重构光分插复用器等及分布式相参合成雷达技术发展提供一定的基础。

10.4 本章小结

作为模式激励的一种形式，基模到高阶模的转换主要存在于发射端的模式激励以及模式复用中，把承载不同信息的基模转换到少模光纤/多模光纤的高阶模式上，从而解决模分复用光纤通信系统源和模分复用空间解调的问题。高阶模与高阶模之间的转换主要是应用在光网络数据交换核心节点中，进行以模式为交换颗粒度的路由交换。可采用位反射型 SLM 进行模式控制，并提出不同模式转换方法。随着不断的研发，新的能量转换方法和设计方案会不断出现，并将会不断推进空分复用技术的发展和应用。

10.5 参考文献

[1] Torrengo E, Makovejs S, Millar D S, et al. Influence of Pulse Shape in 112-Gb/s WDM PDM-QPSK Transmission[J]. IEEE Photonics Technology Letters, 2010, 22(23):1714-1716.

[2] Takahashi H, Al Amin A, Jansen S L, et al. Highly Spectrally Efficient DWDM Transmission at 7.0 b/s/Hz Using 8 65.1-Gb/s Coherent PDM-OFDM[J]. Journal of Lightwave Technology, 2010, 28(4):406-414.

[3] Chralyvy A. Plenary paper: The coming capacity crunch[C]. proceedings of the ECOC'09 35th European Conference on, Vienna, Austria, F, 2009. IEEE.

[4] Sperti D, Salsi M, Koebele C, et al. Experimental investigation of modal crosstalk using LCOS-based spatial light modulator for mode conversion[C]. proceedings of the European Conference and Exposition on Optical Communications, F, 2011. Optical Society of America.

[5] Sillard P, Bigot-Astruc M, Molin D. Few-Mode Fibers for Mode-Division-Multiplexed Systems[J]. Journal of Lightwave Technology, 2014, (99):1-1.

[6] Antonio Mecozzi C A, Mark Shtaif. Optical nonlinearities in space-division multiplexed transmission[C]. proceedings of the Optical Fiber Communication Conference, Los Angeles, California, F 2015/03/22, 2015. Optical Society of America.

[7] Nakamura K G, Takahashi H, Ishioka K, et al. Mode selective Excitation of Coherent Phonons in Bismuth by Femotosecond Pulse Pair[J]. Springer Series Chem, 2009, 92:223-225.

[8] Morioka T, Awaji Y, Ryf R, et al. Enhancing optical communications with brand new fibers[J]. IEEE Communications Magazine, 2012, 50(2):s31 - s42.

[9] Sakaguchi J, Puttnam B J, Klaus W, et al. 19-core fiber transmission of 19×100×172-Gb/s SDM-WDM-PDM-QPSK signals at 305Tb/s[C]. proceedings of the Optical Fiber Communication Conference and Exposition (OFC/NFOEC), 2012 and the National Fiber Optic Engineers Conference, F, 2012.

[10] Gnauck A H, Chandrasekhar S, Liu X, et al. WDM transmission of 603-Gb/s superchannels over 845 km of 7-core fiber with 42.2 b/s/Hz spectral efficiency[C]. proceedings of the Optical Communications (ECOC), 2012 38th

European Conference and Exhibition on, F, 2012.
[11] Takara H, Sano A, Kobayashi T, et al. 1.01-Pb/s (12 SDM/222 WDM/456 Gb/s) Crosstalk-managed Transmission with 91.4-b/s/Hz Aggregate Spectral Efficiency[C]. proceedings of the European Conference and Exhibition on Optical Communication, Amsterdam, F 2012/09/16, 2012. Optical Society of America.
[12] Ryf R, Randel S, Gnauck A H, et al. Mode-Division Multiplexing Over 96 km of Few-Mode Fiber Using Coherent 6×6 MIMO Processing[J]. J Lightwave Technol, 2012, 30(4):521-531.
[13] Chen H, Sleiffer V, Uden R V, et al. 3 MDM×8 WDM×320-Gb/s DP-32QAM Transmission over a 120km Few-Mode Fiber Span Employing 3-Spot Mode Couplers[C]. proceedings of the 2013 18th OptoElectronics and Communications Conference held jointly with 2013 International Conference on Photonics in Switching, Kyoto, F 2013/06/30, 2013. Optical Society of America.
[14] Ryf R, Fontaine N K, Chen H, et al. 23~Tbit/s Transmission over 17-km Conventional 50 um Graded-Index Multimode Fiber[C]. proceedings of the Optical Fiber Communication Conference: Postdeadline Papers, San Francisco, California, F 2014/03/09, 2014. Optical Society of America.
[15] Randel S, Ryf R, Sierra A, et al. 6×56-Gb/s mode-division multiplexed transmission over 33-km few-mode fiber enabled by 6×6 MIMO equalization[J]. Opt Express, 2011, 19(17):16697-16707.
[16] Chen H S, Koonen A M J. LP01 and LP11 mode division multiplexing link with mode crossbar switch[J]. Electronics Letters, 2012, 48(19):1222-1223.
[17] Li A, Chen X, Al Amin A, et al. Fused Fiber Mode Couplers for Few-Mode Transmission[J]. Ieee Photonic Tech L, 2012, 24(21):1953-1956.
[18] Chan W Y, Chan H P. Reconfigurable two-mode mux/demux device[J]. Opt Express, 2014, 22(8):9282-9290.
[19] Giles I, Obeysekara A, Chen R, et al. Fiber LPG Mode Converters and Mode Selection Technique for Multimode SDM[J]. IEEE Photonics Technology Letters, 2012, 24(21):1922-1925.
[20] Salsi M, Koebele C, Sperti D, et al. Transmission at 2x100Gb/s, over two modes of 40km-long prototype few-mode fiber, using LCOS based mode multiplexer and demultiplexer[C]. proceedings of the National Fiber Optic Engineers Conference, F, 2011. Optical Society of America.

[21] Fontaine N K, Ryf R, Leon-Saval S G, et al. Evaluation of Photonic Lanterns for Lossless Mode-Multiplexing[C]. proceedings of the European Conference and Exhibition on Optical Communication, Amsterdam, F 2012/09/16, 2012. Optical Society of America.

[22] S. M. Gu, C. Li, X. Gao, Z. Y. Sun, G. Y. Fang. Terahertz aperture synthesized imaging with fan-beam scanning for personnel screening[J]. IEEE Trans. Microw. Theory Tech, 2012, 60(12):3877-3885.

[23] Bai N, Li G F. Adaptive Frequency-Domain Equalization for Mode-Division Multiplexed Transmission[J]. Ieee Photonic Tech L, 2012, 24(21):1918-1921.

[24] Bai N, Ip E, Wang T, et al. Multimode fiber amplifier with tunable modal gain using a reconfigurable multimode pump[J]. Opt Express, 2011, 19(17):16601-16611.

[25] Lan M, Gao L, Yu S, et al. An arbitrary mode converter with high precision for mode division multiplexing in optical fibers[J]. J Mod Optic, 2014, 62(5):348-352.

[26] Xie Y W, Fu S N, Zhang M M, et al. Optimization of few-mode-fiber based mode converter for mode division multiplexing transmission[J]. Opt Commun, 2013, 306:185-189.

[27] Yerolatsitis S, Gris-Sanchez I, Birks T A. Adiabatically-tapered fiber mode multiplexers[J]. Opt Express, 2014, 22(1):608-617.

[28] Kasahara M, Saitoh K, Sakamoto T, et al. Design of Few-Mode Fibers for Mode-Division Multiplexing Transmission[J]. IEEE Photonics Journal, 2013, 5(6):7045-7050.

第 11 章 总结与展望

本书总结该学科相关基础知识，介绍了最常用的新型光子器件的原理、结构、正确的使用方法和注意事项；对已有的光控相移技术方案进行了较为详细的学习和调研；对各种方案的优缺点进行了分析比较。DACSR 系统中光控相移技术的发展方向是波束延时精度更高、频率稳定度更好和输出稳定性更强，要求系统简单化和实用化，研究波束延时精度和相位噪声抑制成为该技术的关键。本书提出了一种以相位补偿实现光子相移的方法，延时处理单元使用了 LCFBG，相位补偿单元由 PM 来实现。同时研究了 LCFBG 的结构和光学特征，完成了 LCFBG 参数的设计，大延时（1ns）、带宽（2nm）、很好的延时线性度（延时抖动峰峰值小于 8ps）和高反射率（99.9%）为将光控相移技术应用于 DACSR 系统奠定了基础。

DACSR 系统要求波束延时精度高、频率稳定度好和相位噪声低等。信号相位参数容易遭受各类噪声的干扰，易引起频率的不稳定和输出功率的波动，导致波束延时精度的降低，分辨力和探测能力下降，同时，容易产生谐波分量，导致能量弥散，使得雷达的远距离探测能力减弱。为了克服上述缺点，考虑调制信息的安全性，讨论确定了以光谱分离处理技术保护了调制信息安全，从而降低了调制信息被干扰的可能性。实验结果验证了方案的可行性。

本书兼顾 DACSR 分布灵活性、频率稳定度和输出稳定性等参数，搭建了基于负反馈技术的光子相移系统射频信号光纤远距离稳定传输实验平台，其可应用在 OBFN、远距离探测、DACSR 重构和星际通信等领域。因为光纤远距离传输过程容易受到温度和机械应力的干扰，所以较易产生相位漂移和输出功率抖动，导致相移系统的参数降级等。研究表明，系统应具备自身调整的功能，由此引入了负反馈技术，增加系统的自愈能力，保证系统长期稳定运行。

考虑到频率稳定是考察通信系统的关键指标之一，本书对频率稳定度进行了深入的研究，尤其在雷达系统、空间探测以及星际通信等领域。近年来，频率稳定度指标由 10^{-8} 提高到 10^{-16}，甚至达到更高数量级。评估频率稳定度的方法主要有功率谱分析法和 Allan 方差分析法。功率谱分析法属于频域分析法，Allan 方差分析法属于时域分析法。两种分析方法结合使用能够较准确地评估系统稳定性情况，为 DACSR 光纤拉远分布研究打下基础。

光子射频相移技术是微波光子学领域中的重要组成部分，本书进行了深入的研究和探索，为了推动该技术的发展，下面对本领域的未来发展趋势做几点分析：

（1）微波光子信号处理系统实现高频宽带、波束延时精度高、频率稳定度好和输出稳定性高的目标，目前为雷达通信系统研究的主要方向之一。

（2）光子器件具有低损耗、高带宽、抗电磁干扰、灵活的可调性和重构性等方面的优点。目前，微波光子系统没有彻底解决复杂度和成本等问题，未来的趋势应该是系统简单化易重构、集成化程度高。

（3）对于稳定的通信系统应用来说，尤其是雷达系统、星际通信和空间探测等领域，对波束延时精度和频率稳定度指标提出了更高的要求，要求系统输出有更高的稳定性。在以后的 DACSR 系统研究中，频率的精度和稳定度必定成为研究的热点之一。

附录 I　常用符号和缩略词索引

简写	英文名	中文名
OBFN MZM	Optical Beam Forming Network Mach-Zehnder Modulator	光控波束形成网络 马赫曾德尔调制器
ASE	Amplified Spontaneous Emission	放大器自发辐射
CFBG	Chirp Fiber Bragg Grating	啁啾布拉格光纤光栅
PM	Phase Modulator	相位调制器
DPMZM	Dual-DACSRallel MZM	双平行马赫曾德调制器
DACSR	Phased Array Radar	分布式阵列相参合成雷达
ESA	Eleetrical Spectrum Analyzer	电频谱分析仪
EDFA	Ethium-Doped Fiber Amplifier	掺饵光纤放大器
RF	Radio Frequency	射频
FBG	Fiber Bragg Grating	布拉格光纤光栅
ROF	Radio Over Fiber	光载无线
OTTD	Optical True Time Delay	光真延时
SBS	Stimulated Brillouin Scattering	布里渊散射
TLS	Tunable Light Source	可调光源
PD	Photo-Detector	光电探测器
NF	Noise Figure	噪声系数
PBS	Polarization Beam Splitter	偏振分束器
PBC	Polarization Beam Combiner	偏振合束器
FS	Frequency Stability	频率稳定度
EOM	Electro-Optic Modulator	电光调制器
PMF	Polarization Maintaining Fiber	保偏光纤
LDR	Linearity Dynamic Range	线性动态范围
SFDR	Spur-Free Dynamie Range	无杂散动态范围
SMF	Single Mode Fiber	单模光纤
MMF	Multimode Fiber	多模光纤

续表

简写	英文名	中文名
DDMZM	Double Drive Mach-Zehnder Modulator	双驱马赫曾德尔调制器
OBPF	Optical Band Pass Filter	光带通滤波器
OC	Optical Coupler	光耦合器
LCSLM	Liquid Crystal Spatial Light Modulator，	液晶空间光调制器
HMT	Heterodyne Mixing Technology	外差混频技术
POLM	Polarization Modulator	偏振调制器
PMF	Polarization Maintaining Fiber，	保偏光纤
I-MZM	Intensity Mach-zehnder modulator	强度调制器
OSA	Optical Spectrum Analyzers,	光谱分析仪
VNA	Vector Network Analyzer	矢量网路分析仪
SNR	Signal Noise Ratio，	信噪比
GDR	Group Delay Ripple	延时抖动
MWPPS	Microwave Photonic Phase Shifter	微波光子相移器
LCFBG	Linearly Chirped Fiber Bragg Grating	线性啁啾布拉格光纤光栅

附录 II 学术成果与参与课题

论文成果

[1] **Wensheng Zhai,** Xinlu Gao, Wenjing Xu, Mingyang Zhao, Mutong Xie, Shanguo Huang, Wanyi Gu. Microwave photonic phase shifter with spectral seDACSRation processing using a linear chirped fiber Bragg grating[J]. Chinese Optics Letters, 2016, 14(4):16-19.

[2] **Wensheng Zhai**, Shanguo Huang , Xinlu Gao ,Mutong Xie, Mingyang Zhao, Wenjing Xu, Wanyi Gu. Adaptive RF Signal Stability Distribution Over Remote Optical Fiber Transfer Based on Photonic Phase Shifter[C]//ECOC 2016; 42nd European Conference on Optical Communication; Proceedings of. VDE, 2016:1-3.

[3] **Wensheng Zhai,** Shanguo Huang, Xinlu Gao, Wenjing Xu,Mingyang Zhao, Mutong Xie,Wanyi Gu. Microwave Photonic Phase Shifter Using Linear Chirped Fiber Bragg Grating and Optical Phase Modulator[J]. Asia Communications and Photonics Conference (2016).

[4] **Wensheng Zhai,** Xinlu Gao, Shanguo Huang, Wenjing Xu,Mingyang Zhao, Mutong Xie,Wanyi Gu. Radio Frequency Stability Transmission over Fiber Link Based on Photonic Phase Shifter[J]. Asia Communications and Photonics Conference. (2016).

[5] **Wensheng Zhai**, Yunxia Xin, Shanguo Huang, Xinlu Gao, Wenjing Xu, Mingyang Zhao, Mutong Xie, Wanyi Gu. Phase noise suppression for RF signal remote fiber transmission using phase balance compensation feedback network in phase shifter[J]. Optik, 2019, 177:131-135. （SCI 检索）

[6] Xinlu Gao, Shanguo Huang, Yongfeng Wei, **Wensheng Zhai**, Wenjing Xu, Shan Yin, Jing Zhou, Wanyi Gu. An orbital angular momentum radio communication system optimized by intensity controlled masks effectively: Theoretical design and experimental verification[J]. Applied Physics Letters, 2014, 105(24):8185.

[7] Mingyang Zhao, Xinlu Gao, Mutong Xie, **Wensheng Zhai,**Wenjing Xu,

Shanguo Huang, Wanyi Gu. Measurement of the rotational Doppler frequency shift of a spinning object using a radio frequency orbital angular momentum beam[J]. Optics Letters, 2016, 41(11):2549.

[8] Chao Gao,Shanguo Huang,Jinghua Xiao,Xinlu Gao,Qian Wang,Yongfeng Wei,**Wensheng Zhai,**Wenjing Xu,Wanyi Gu. Compensation of chromatic dispersion for full-duplex ROF link with vector signal transmission using an optical phase shifter[J]. Chinese Optics Letters, 2015, 13(1):010604-010604.

[9] **翟文胜**，辛运霞．基于 PM 和 CFBG 的宽带微波光子相移系统[J]．光通信技术，2019，43（3）：40-43．（中文核心）

专利及标准

[1] 徐文静，黄善国，高欣璐，翟文胜、赵明阳、谢牧彤、顾婉仪，60GHz 毫米波 RoF 系统及方案—IEEE 11aj group standard（标准，编号：11-14/0721r0）

[2] 徐文静，黄善国，高欣璐，翟文胜、赵明阳、谢牧彤、顾婉仪，瞬时频率测量方法及系统（国家发明专利，申请号：201610128450.8.）

参与课题

[1] 国家科技重大专项：面向分布式相参 ISAR 雷达的高精度光控波束形成机理研究（61690195）。

[2] 国家重大科学研究计划（国家 973 项目）：超宽光频谱延时机理与毫米波光真延时器（2012CB315604）。

[3] 青年基金项目：基于微波光子射频涡旋波接收技术研究（61605015）。

[4] 国家自然科学基金项目：光控射频涡旋电磁波的发射技术研究（61575028）。

[5] 优秀青年科学基金项目：光网络与光交换控制机理与技术（61622102）。